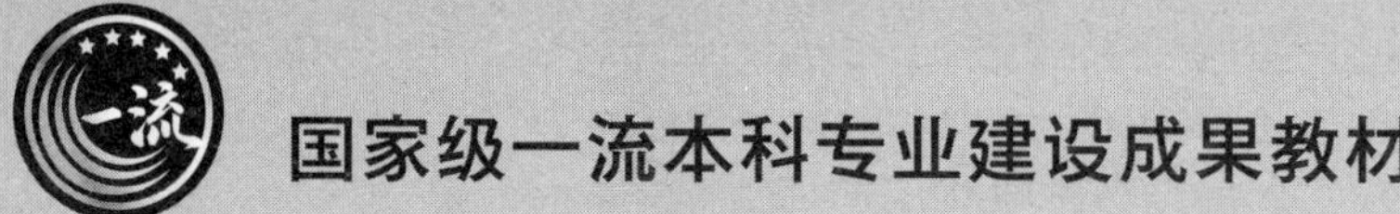

大学化学基础实验系列教材

荣获
中国石油和化学工业
优秀教材一等奖

分析化学实验

第二版

范春蕾　罗盛旭　罗明武　主编

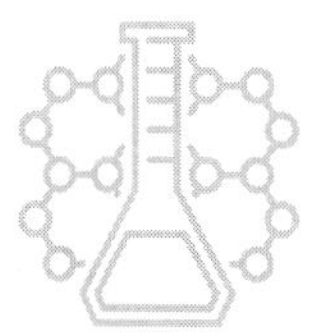

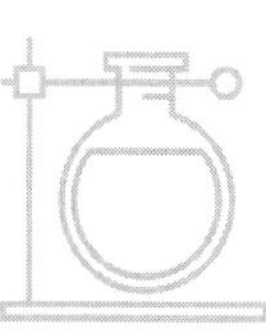

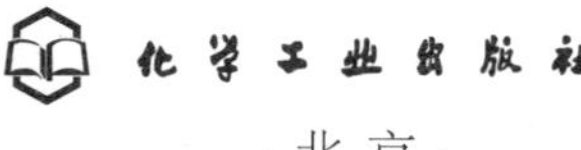

·北京·

内容简介

《分析化学实验》（第二版）分为六章，包括分析化学实验基础知识部分和实验部分。第 1～3 章是基础知识部分，主要介绍分析化学实验目的与基本要求、分析化学实验基本知识与基本技能、常用分析仪器及使用方法。第 4～6 章是实验部分，精选了 56 个实验，包括基础实验 34 个、综合实验 15 个和设计实验 7 个，主要内容涉及化学分析（酸碱滴定、配位滴定、氧化还原滴定、沉淀滴定、重量分析）及一些常用的仪器分析（电位分析、色谱分析、光学分析），实验的测试对象包括化学试剂、工业品、药物、食品、矿物、土壤、植物和水等。在实验的选编上，立足基础训练，重视综合性、设计性实验，丰富了练习题的形式与内容。全书编排层次分明，循序渐进，注意教材内容的应用性、实用性、适用性，强调培养学生严谨、实事求是的科学态度，确立严格的量的概念，提高观察、分析和解决问题的能力。

本书配有实验原理与操作步骤视频讲解，读者可扫描封底二维码观看。

本书可作为理、工、农、林类专业开设分析化学实验课程的教材，也可作为科研、生产部门相关专业人员的参考书。

图书在版编目（CIP）数据

分析化学实验 / 范春蕾，罗盛旭，罗明武主编. —2 版. —北京：化学工业出版社，2022.7（2025.2 重印）
ISBN 978-7-122-41156-3

Ⅰ. ①分… Ⅱ. ①范… ②罗… ③罗… Ⅲ. ①分析化学-化学实验-高等学校-教材 Ⅳ. ①O652.1

中国版本图书馆 CIP 数据核字（2022）第 057445 号

责任编辑：徐雅妮　孙凤英
责任校对：王　静　　　　装帧设计：李子姮

出版发行：化学工业出版社（北京市东城区青年湖南街 13 号　邮政编码 100011）
印　　装：大厂回族自治县聚鑫印刷有限责任公司
787mm×1092mm　1/16　印张 14¼　字数 345 千字　　2025 年 2 月北京第 2 版第 3 次印刷

购书咨询：010-64518888　　　　售后服务：010-64518899
网　　址：http://www.cip.com.cn
凡购买本书，如有缺损质量问题，本社销售中心负责调换。

定　　价：39.00 元　

大学化学基础实验系列教材

编 委 会

《分析化学实验》（第二版）

编写人员

主　编　范春蕾　罗盛旭　罗明武

副主编　梁志群　张绍芬　梁振益

编　者　范春蕾　罗盛旭　罗明武　梁志群　张绍芬
　　　　梁振益　林　塬　南皓雄　张　盛　胥　涛

序

实验教学是大学本科教育的重要组成部分，是培养学生动手能力、实践能力、创新能力的关键环节。围绕高校本科人才培养目标，改革实验教学课程体系，完善实验教学内容，优化实验课程间的衔接并形成系列，是做好实验教学的重要方面。大学化学基础实验，包括无机化学实验、分析化学实验、有机化学实验和物理化学实验等，是高等院校化学化工及相关的理、工、农、医等专业的重要基础课程。通过四大化学实验课程的学习，不仅可加深学生对大学化学基础理论及知识的理解，还可正确和熟练地掌握基础化学实验基本操作技能，培养学生严谨、实事求是的科学态度，提高观察、分析和解决问题的能力，为学习后续课程及将来从事科研工作打下扎实的基础。

海南大学是海南省唯一的世界一流学科建设高校，海南大学化学学科融合了原华南热带农业大学和原海南大学的学科优势，具有较鲜明的特色。经过两校合并以来的发展，其影响力不断提升，根据基本科学指标数据库（ESI），至 2020 年 5 月，海南大学化学学科进入全球前 1%。同时，海南大学理学院在学校抓源头、抓基础、抓规范、抓保障、抓质量的“五抓”建设中，不断提高人才培养的标准与质量，使大学化学基础实验教学达到了新的高度。本次再版的大学化学基础实验系列教材，是国家级一流本科专业建设成果教材，按照全面对标国内排名前列大学的专业培养方案要求，修编完成。保持了原四大化学实验内容的主干和衔接性，增加了一些新的实验项目，尤其是实验内容与要求提高至一流高校的标准，加强信息化技术的应用，力求在内容及结构编排上保持科学性、系统性、适用性、合理性和新颖性，兼备内容的深度与广度，循序渐进，帮助学生系统全面地掌握化学基础实验知识及操作技能。

本系列教材第二版由海南大学理学院博士生导师、海南大学教学名师工作室负责人罗盛旭教授组织修编，《无机化学实验》由冯建成教授负责、《分析化学实验》由范春蕾副教授负责、《有机化学实验》由朱文教授负责、《物理化学实验》由张军锋教授负责。

本系列教材适用面广，可作为普通高校化学化工类、材料类、生物类、农学类、海洋类、食品类、环境类、能源类、医学类等专业本科生实验教材。希望通过本系列教材的出版与推广使用，能够促进大学化学基础实验教学环节的完善与创新，为各类新型专业人才培养、夯实化学基础等提供教学支持。

大学化学基础实验系列教材编委会

前言

本教材是在海南大学理学院分析化学课程组多年的实验教学基础上，根据理、工、农、林类相关专业的特点，参考同类优秀教材编写而成。编写中立足基础训练，重视综合性、设计性实验，内容编排层次分明，循序渐进，注意教材内容的应用性、实用性、适用性，强调培养学生良好的科学素养和独立解决实际分析测试问题的能力。

《分析化学实验》第一版于 2016 年出版，被指定为海南大学理、工、农、林类专业分析化学实验课程教材，受到师生的好评，取得了良好的教学效果。为了适应高等学校理、工、农、林类专业教学改革的不断深入，结合同行与学生的建议，分析化学课程组对本书进行了再版。

本次修订在第一版的基础上对实验内容做了调整。其中，第 1 ~ 3 章是实验基础知识部分，基本框架不变。第 4 ~ 6 章的实验部分，由原来的 50 个实验增加为 56 个，包括基础实验 34 个、综合实验 15 个和设计实验 7 个。重点对综合实验内容进行了调整，在第一版的基础上对内容进行了丰富。编写中继续突出强化基础实验部分练习题的内容，以引导学生加强思考与练习，将理论知识与实践知识很好地融会贯通。我们还录制了代表性实验的原理与操作步骤讲解视频，学生可扫描封底二维码观看学习。

参加第二版编写的同志有范春蕾、罗盛旭、罗明武、张绍芬、梁志群、林塬、南皓雄、张盛、胥涛。全书由范春蕾、罗盛旭、罗明武担任主编，梁志群、张绍芬、梁振益担任副主编，对全书进行组织、审阅和修改。最后由主编通读和审定。

本教材编写、出版过程中，得到了海南大学理学院的领导、教学同仁和化学工业出版社的支持与指导，在此一并致以衷心的感谢。

限于编者的水平，书中难免存在不尽完善和疏漏之处，恳请同行专家和读者批评指正。

编 者

2022 年 10 月于海南大学

第一版前言

分析化学实验是高等院校理、工、农、医等相关专业的重要基础课之一，是大学化学化工基础实验系列课程的重要组成部分。通过该课程的学习，可以加深对分析化学基础理论及知识的理解，正确和熟练地掌握分析化学实验技能和基本操作，培养学生严谨、实事求是的科学态度，确立严格的量的概念，提高观察、分析和解决问题的能力，为学习后续课程及科研工作打下良好的基础。

本教材在海南大学材料与化工学院分析化学课程组多年的实验教学经验基础上，从高等院校化学化工类专业人才的培养需要出发，兼顾其他理工、农医类相关专业的特点，参考同类优秀教材编写而成。编写中立足基础训练，重视综合性、设计性实验，内容编排循序渐进，注意教材内容的应用性、实用性和适用性，强调培养学生良好的科学素养和独立解决实际分析测试问题的能力。本书主要内容包括基础知识和实验两部分。第 1～3 章是实验基础知识部分，主要介绍分析化学实验目的与基本要求、分析化学实验基本知识与基本技能、常用分析仪器及使用方法。第 4～6 章是实验部分，精选了 50 个实验，包括基础实验 34 个、综合实验 8 个和设计实验 8 个，主要内容涉及化学分析（酸碱滴定、配位滴定、氧化还原滴定、沉淀滴定、重量分析）及一些常用的仪器分析（电位分析、色谱分析、光学分析），实验测试对象包括化学试剂、工业品、药物、食品、矿物、土壤、植物、蔬果和水等。编写中强化了练习题的内容，尤其在基础实验部分，增加了选择题和填空题，以引导学生加强思考与练习，将理论知识与实践知识很好地融会贯通。

本书由分析化学省级精品课程的 15 位教师共同编写完成，具体分工为：第 1 章（罗盛旭、梁志群），第 2 章（张绍芬、罗盛旭），第 3 章（梁振益、罗明武），第 4 章（范春蕾、罗盛旭、罗明武、梁志群、张才灵、张绍芬、梁振益、刘江、王江、王华明、刘坚），第 5 章（梁志群、刘江、张绍芬、牛成），第 6 章（梁志群、胡广林、甘长银、罗明武、刘江、胥涛），附录（张绍芬、梁志群），练习题（罗明武）。全书由罗盛旭、范春蕾担任主编，罗明武、梁志群、张绍芬、梁振益担任副主编，对全书进行组织、审阅和修改。最后由主编通读和审定。

本书在编写过程中，得到了海南大学材料与化工学院的支持和指导，得到海南省中西部高校提升综合实力工作资金项目的支持，在此一并致以衷心的感谢。

限于编者的水平，书中难免存在不尽完善之处，恳请同行专家和读者批评指正。

编　者

2015 年 10 月

目 录

第1章 分析化学实验目的与基本要求

1.1 学习分析化学实验的目的

分析化学是化学的重要分支学科之一。分析化学理论课和分析化学实验课是大学化学化工类及相关专业的重要基础课。两者皆单独设课，且后者往往占有更多的学时和学分，原因是分析化学是一门实践性很强的学科。分析化学实验课的任务是使我们进一步加深对分析化学基础知识、基本理论和分析方法基本原理的理解，正确和较熟练地掌握分析化学实验的技能与基本操作，树立严格的“量”的概念，培养严谨细致的工作作风和实事求是的科学态度，训练科学研究素质，提高观察、分析和解决问题的能力，为学习后续课程和将来从事科学研究及实际工作打下良好的基础。

分析化学实验是在教师指导下，学生独立地完成实验操作、观察和记录实验现象、发现和分析问题、归纳和总结知识、撰写报告和小论文等多方面的训练，使学生达到如下学习目的。

① 使学生系统、全面地加深对分析化学的基本理论和基本概念的理解，在此基础上掌握基本分析方法的原理及应用，并了解其相关应用领域。

② 对学生进行严格的分析化学实验基本操作与技能的训练，树立严格的“量”的概念，学会常用分析装置及仪器的使用。

③ 培养学生独立进行实验、组织与设计实验的能力。

④ 培养学生严谨认真和实事求是的科学态度、良好的实验作风和环境保护意识。

⑤ 培养学生综合应用分析化学及有关学科的知识，组织、完成分析实验任务和开展分析方法研究的能力，为后续的有关专业基础课程的学习打下基础。

1.2 分析化学实验课程基本要求

分析化学实验是在教师的正确引导下由学生独立完成的，因此实验效果能否达到分析化学实验的目的，与学生、教师的正确态度和方法密切相关。

学生是学习的主体，为了学好该课程并达到预期的目的，在学习过程中应做好以下几点。

① 课前必须认真预习，理解实验原理，了解实验过程和所用仪器的工作原理与基本结构组成，明确实验步骤，写好预习报告。

② 了解实验室和实验的注意事项，确保安全，明确突发事件的应急措施。

③ 了解相关分析方法的特点、应用范围及局限性。学习如何根据试样情况、分析目的、对结果的要求等，选择更适宜的分析方法和测试条件。

④ 学习和掌握相关分析方法的实验技术，包括样品处理方法和仪器操作方法，严格遵守操作规程，未经指导教师允许，不应随意改变仪器工作状态或随意更换、拆卸仪器的零部件。

⑤ 保持实验室内安静，以利于集中精力做好实验。保持实验台面清洁，玻璃器皿、仪器设备摆放整齐有序。爱护仪器和公共设施，公共药品用完后放回原处，仪器用完后恢复到初始状态。

⑥ 各种测量的原始数据和分析方法参数，必须随时记录在专用的实验记录本上，不得记在其他任何地方，不得涂改原始实验数据。

⑦ 学习和掌握实验数据的处理方法。化学分析的基本实验，其实验结果的相对平均偏差，一般要求不超过 0.3%。仪器分析的基本实验，一般要求实验结果的相对标准偏差不超过 5%。自拟方案和复杂组分的分析实验可适当放宽要求。

⑧ 实验过程注意节约使用实验耗材、水、气、电等。取用试剂时应看清标签，以免因误取而造成浪费和实验失败。洗涤仪器用水要遵循“少量多次”的原则。要树立环保意识，在保证实验准确度要求的情况下，尽量降低有毒有害化学物质的消耗和排放，废固与废液应收集和处理，切勿随意倒入水槽中，以免腐蚀下水道及污染环境。

⑨ 遵守实验室各项规章制度。爱护仪器设备，若发现仪器工作异常，应及时报告，不得擅自处理，更不得隐瞒。每次实验完毕，将仪器复原，罩好防尘罩，清洁、整理并清点器皿和物品，打扫卫生，切断水电，关好门窗，指导教师检查并签字后方可离去。

⑩ 第一次和最后一次实验课上，都要按照清单认真清点由个人保管使用的全套仪器、物品。实验中损坏或丢失的仪器、物品要及时去“仓库”登记领取，并且按有关规定进行赔偿。

教师是学习的主导者，在实验教学过程中应努力做到下述几点。

① 上好第一堂实验课。在第一次实验课上，讲清实验的整体安排、要求、注意事项和评分标准等，强调分析化学实验的重要性，激发学生学习兴趣。

② 实验前认真备课，凝练课堂讲授内容，以留出更多时间让学生动手操作。这主要包括需传授的基本知识、演示的实验操作以及上次实验存在的问题和本次实验成功的关键等。

③ 指导实验时，应坚守工作岗位，及时发现和纠正学生的操作错误与不良习惯；集中精力指导实验，不做其他杂事。

④ 仔细批改实验报告，及时归纳学生实验和实验报告中存在的问题，以便下次实验前总结。不定期组织学生举行实验专题讨论，交流实验方面的心得体会。

学生实验成绩评定应包括以下几方面的内容：①预习情况及实验态度；②实验操作技能与实验记录；③实验报告的规范性，实验结果的评价和有效数字的表达，实验中存在的问题分析；④实验考核成绩。

1.3 对实验数据记录、处理和实验报告的基本要求

1.3.1 实验数据记录的基本要求

实验中直接观察得到的数据称为原始数据，如称量的基准物质的质量、滴定中消耗的标准溶液的体积等。这些数据的记录应保证完整性、客观性与真实性，一份完整、翔实的实验记录可以为他人提供很有价值的参考资料，可以避免无意义的重复实验，甚至可以作为仲裁的依据。要做好数据记录，通常要注意以下几个方面。

① 必须如实、准确、清楚地用钢笔或签字笔记录所有的原始数据，不得随意更改或删减，也不能使用铅笔、红笔、橡皮和涂改液等。如果万一看错刻度或读错数据，需要修正时，应在原数据旁写上正确数据，用一条横线划去原数据（保留备查），并说明原因。例如，在读取滴定管读数时将 22.66 错看成 22.36，这时不可以直接将 3 涂改成 6，而应按如下方式改正：

$$\begin{aligned}&22.66\\ V=\ &\text{\sout{22.36}}\ (\text{看错})\end{aligned}$$

② 记录测量数据时，应注意有效数字的保留。如万分之一的分析天平应记录至 0.0001g，百分之一的天平应记录至 0.01g，滴定管与吸量管的读数应记录到 0.01mL，移液管与容量瓶的体积应记录四位有效数字，如用 25mL 移液管移取溶液，其所放出溶液的体积应记为 25.00mL，250mL 容量瓶中所盛溶液达到刻度线时溶液的体积应记为 250.0mL，总之，记录的有效数字位数要能正确反映仪器测量的精密度。

③ 实验数据应记录在专门标注好页码的实验记录本上，记录中不得撕去任何一页（也可记录在供学生实验专用的记录纸上）。原则上不能将实验数据记录在单页纸或小纸片上，否则万一遗忘或遗失都将造成不可挽回的损失。

④ 有些实验应注意记录有关的实验条件，如温度、大气压、湿度、仪器及参数、校正值等。记录数据时还应注明其实验内容（标题）及所用单位。对一些重要的实验现象也应予以记录。

⑤ 实验过程中，要养成及时记录实验数据的习惯。所有的测量数据与结果，包括应记录的测量仪器的参数及基本信息，都应准确、真实地记录下来。切不可凭主观臆断拼凑或伪造数据，或者强迫自己回忆已忘记的未及时记录的数据与结果。

⑥ 分析实验中的数据记录都应清楚、整洁、明了，一般采用表格形式。例如，用基准物质邻苯二甲酸氢钾（KHP ）标定 NaOH 溶液浓度的数据记录，见表 1.1。

表 1.1 邻苯二甲酸氢钾基准物质标定 NaOH 溶液浓度

项目	1	2	3
m_{KHP} +称量瓶（倾出前）/g	16.1511	15.6181	15.1125
m_{KHP} +称量瓶（倾出后）/g	15.6181	15.1125	14.5811
m_{KHP}/g	0.5330	0.5056	0.5314
V_{NaOH}（终读数）/mL	25.08	23.84	24.96
V_{NaOH}（初读数）/mL	0.02	0.04	0.03
V_{NaOH}/mL	25.06	23.80	24.93

⑦ 实验过程中的每一个数据都应记录下来，即使在重复测量时，出现完全相同的数据也要完整地记录下来，因为这表示另一次操作的结果。

⑧ 实验结束后，实验数据应请老师签字，才允许离开。

1.3.2 实验数据处理的基本要求

定性分析实验中的实验数据一般较少，处理比较简单。而定量分析实验中的实验数据较多，为了做到简单、明了、正确地处理实验数据，通常采用表格的形式将原始实验数据以及对数据处理后的实验结果表示出来，并对结果进行误差分析。定量分析一般平行测量 3 次，需要用平均值（或置信区间）来表示测量结果，用相对平均偏差（或标准偏差）来衡量分析结果的精密度。现以邻苯二甲酸氢钾（KHP）标定氢氧化钠的实验为例，数据处理见表 1.2。

表 1.2 邻苯二甲酸氢钾标定氢氧化钠溶液

项目	1	2	3
m_{KHP}+称量瓶（倾出前）/g m_{KHP}+称量瓶（倾出后）/g m_{KHP}/g	16.1511 15.6181 0.5330	15.6181 15.1125 0.5056	15.1125 14.5811 0.5314
V_{NaOH}（终读数）/mL V_{NaOH}（初读数）/mL V_{NaOH}/mL	25.08 0.02 25.06	23.84 0.04 23.80	24.96 0.03 24.93
c_{NaOH}/(mol/L)	0.1042	0.1038	0.1044
平均浓度/(mol/L)	0.1041		
个别测定值的偏差 d_i/(mol/L)	0.0001	−0.0003	0.0003
相对平均偏差 $\overline{d}_r$ /%	0.2		

浓度：$c_{NaOH}=\dfrac{m_{KHP}\times 1000}{M_{KHP}V_{NaOH}}$ （mol/L）

平均浓度：$\overline{c}=\dfrac{c_1+c_2+c_3}{3}$

绝对偏差：$d_i=c_i-\overline{c}$

平均偏差：$\overline{d}=\dfrac{|c_1-\overline{c}|+|c_2-\overline{c}|+|c_3-\overline{c}|}{3}$

相对平均偏差：$\overline{d}_r=\dfrac{\overline{d}}{\overline{c}}\times 100\%$

1.3.3 实验报告的基本要求

实验报告是培养学生归纳、总结与分析问题能力的有效途径。实验完毕，学生应根据实验记录进行整理，应用专门的实验报告本或报告纸，及时认真地完成实验报告，在离开实验室前或在指定的时间交给实验指导教师。

实验报告一般包括以下内容。

① 实验名称。

② 实验时间、地点、室温、指导教师等基本信息。

③ 实验目的。

④ 实验原理：一般简要地用文字或化学反应方程式说明，不能简单地照抄教材。例如，对于滴定分析，通常应有标定和滴定反应方程式，基准物质和指示剂的选择，标定和滴定的计算公式等。对涉及特殊仪器装置的实验，应画出实验装置图。

⑤ 实验的主要仪器与试剂：普通仪器应写出规格，大型仪器应标明型号与生产厂家。试剂应注明浓度。

⑥ 实验步骤：实验步骤的书写应简明扼要，一般采用流程图的形式，也可分步列出。特别注意，实验方法和试剂用量与实验教材不一致时，要按实验时的方法和用量去写。

⑦ 实验数据的记录与处理：定量分析实验数据的记录与处理通常采用表格形式，表格下面应列出处理数据时的计算公式，且应写出实验结果的详细计算过程，如果有相似的多组数据，可仅列出一组数据的计算过程。

⑧ 结果讨论与问题分析：针对实验中的现象、测定结果或产生的误差等尽可能地结合本课程有关理论进行认真讨论，并对出现问题进行分析，提出自己的见解或体会，以提高自己的分析问题、解决问题的能力，也为以后的科学研究论文的撰写打下一定的基础。同时，还可解答实验后面所附的思考题。

对于综合性实验报告，除一般实验报告的基本内容外，重点突出对实验对象、复杂样品的处理和多种方法综合运用的分析、总结。

对于设计性实验报告，除一般实验报告的基本内容外，应重点突出对实验方案设计和实验方案实施中出现的问题进行分析，进而对方案设计提出修正意见。对实验结果与预期结果进行比较分析，提出自己的见解，总结收获和体会。

实验报告的价值在于用自己的话去表达所获得的感性认识，从而得出结论或规律。

第2章 分析化学实验基本知识与基本技能

2.1 分析化学实验室安全规则

分析化学实验室安全包括人身安全和实验室本身（如仪器、设备等）的安全，涉及化学药品、电、气、水等的使用，主要应预防由化学药品引起的中毒，实验操作过程中发生的烫伤、割伤和腐蚀等，因高压电源、高压气体、燃气、易燃易爆化学品等产生的火灾、爆炸事故，以及自来水泄漏事故，等等。为确保人身安全，实验室、仪器和设备的安全，以及环境不受污染，必须严格遵守以下实验室安全规则。

① 实验室内严禁吸烟、饮食，勿以实验容器用作水杯、餐具，实验操作时应使口、鼻远离有毒、刺激的试剂或样品，实验结束后要仔细洗手。不可将化学试剂带离实验室。

② 制备和使用有毒、有刺激性、恶臭的气体，如氮氧化物、Br_2、Cl_2、H_2S、SO_2、氢氰酸等，消化样品和加热或蒸发 HCl、HNO_3 等，以及敞开操作挥发性有机物时，应在通风橱内进行。挥发性试剂用后要随手盖紧瓶塞，置阴凉处存放。

③ 使用 KCN、As_2O_3、$HgCl_2$ 等剧毒品时要特别小心。不得入口或接触到伤口，氰化物不能加入酸，否则产生 HCN（剧毒）。使用汞时应避免泼洒在实验台或地面上，万一发现少量汞洒落，应尽量收集干净，然后在可能洒落的地方撒上一些硫黄粉，最后清扫干净，并集中作固体废物处理。用过的废物不可乱扔、乱倒，应回收或进行特殊处理。

④ 使用浓酸、浓碱及其他具有强烈腐蚀性的试剂时，操作要小心。防止腐蚀皮肤和衣物等。少量浓酸、浓碱若溅到身上应立即用水冲洗，若洒到实验台上或地面时要立即用水冲稀后擦净。浓、热的高氯酸遇有机物易发生爆炸，若试样为有机物，应先加浓硝酸将其破坏，再加入高氯酸。

⑤ 使用可燃性有机试剂时，要远离火源及其他热源。低沸点、低闪点的有机溶剂不得在明火或电炉上直接加热，而应在水浴、油浴或可调电压的电热套中加热。

⑥ 一切电器设备在使用前，应检查是否漏电，使用时先接好线路再插上电源。实验结束后，必须先切断电源，再拆线路。

⑦ 使用高压气体钢瓶时，要严格按照规程操作。例如，在原子吸收光谱实验室中所用的各种火焰，其点燃与熄灭的原则是燃气要“迟到早退”，即先开助燃气，再开燃气；先关燃气，再关助燃气。乙炔钢瓶应存放在远离明火、通风良好、温度低于 35℃的地方。钢瓶在更换前仍应保持一定的压力。

⑧ 使用煤气或天然气灯时，应先点火，再开气。火源要与其他物品保持适当的距离，人不得较长时间离开，以免火焰熄灭而漏气。用完或气供应临时中断时，应立即关闭气阀门。如遇气泄漏，应停止实验，进行检查。

⑨ 使用自来水后要及时关闭龙头，遇停水时要立即关闭龙头，以防来水后发生跑水。离开实验室前应检查自来水龙头是否完全关闭。

⑩ 如果发生烫伤或割伤，可先用实验室的小药箱进行简单处理，然后尽快去医院进行医治。

⑪ 实验过程中万一发生火灾，不要惊慌，应尽快切断燃气源，用石棉布或湿抹布熄灭（盖住）火焰。密度小于水的非水溶性有机溶剂着火时，不可用水浇，以防止火势蔓延。电器着火时，不可用水冲，以防触电，应立即关闭电源，使用干冰或干粉灭火器。着火范围较大时，应尽快用灭火器扑灭，并根据火情来决定是否报警。

⑫ 实验室应保持整洁，废纸等应投入废物桶内，废液、固体废物等应按照环保的要求进行妥善处理。

2.2 纯水的制备和检验

2.2.1 分析实验室用水的规格

分析化学实验对水的质量要求较高，实验室用于溶解、稀释和配制溶液的水，都必须先经过净化。分析要求不同，对水质纯度的要求也不同。故应该根据不同的要求，采用不同的净化方法制得纯水。

无论用什么方法制备的纯水都不可避免地含有杂质，而且随制备方法和所用仪器材质的不同，其杂质的种类和含量也会有所不同。我国已颁布了《分析实验室用水规格和试验方法》（GB/T 6682—2008），规定了分析实验室用水的级别、技术指标、制备方法及检验方法。表 2.1 中列出了引自该标准的分析实验室用水级别与主要技术指标。

表 2.1 分析实验室用水的级别及主要技术指标

指标名称	一级	二级	三级
pH 范围（25℃）	—	—	5.0～7.5
电导率（25℃）/(mS/m)	≤0.01	≤0.10	≤0.50
可氧化物质（以 O 计）/(mg/L)	—	≤0.08	≤0.4
蒸发残渣（105℃±2℃）/(mg/L)	—	≤1.0	≤2.0
吸光度（254nm，1cm 光程）	≤0.001	≤0.01	—
可溶性硅（以 SiO_2 计）/(mg/L)	≤0.01	≤0.02	—

上述指标中，电导率是纯水质量的综合指标。实际工作中，人们往往习惯于用电阻率代替电导率来衡量水的纯度，两者互为倒数可换算。这样上述一、二、三级水的电阻率应分别等于或大于 10MΩ·cm、1MΩ·cm 和 0.2MΩ·cm。一级水和二级水的电阻率必须在线测量。纯水在存放和与空气接触过程中，由于容器材料中可溶解成分的引入和对空气中 CO_2

等杂质的吸收，都会引起电阻率的改变。水越纯，其影响越显著，一级水必须临用前制备，不宜存放。

一、二、三级水可满足通常各种分析实验的要求，但实际工作中，若有的实验对水有特殊的要求，则还需检验相关的项目。纯水制备不易，也较难于保存，应根据实验中对水的质量要求选用适当级别的纯水，并注意尽量节约用水，养成良好的习惯。一级水用于有严格要求的分析实验，包括对颗粒有要求的实验，如高效液相色谱用水。二级水用于无机痕量分析等实验，如原子吸收光谱用水。三级水用于一般的化学分析实验。通常，普通蒸馏水保存在玻璃容器中，去离子水保存在聚乙烯塑料容器内，用于痕量分析的高纯水，则需要保存在石英或聚乙烯塑料容器中。

2.2.2 纯水的制备

分析实验室制备纯水常用蒸馏法、离子交换法和电渗析法等，近年来发展起来的方法有反渗透法（RO）、电去离子法（EDI）等。

（1）蒸馏法

蒸馏法是将自来水在蒸馏器中加热汽化，然后将蒸汽冷凝得到蒸馏水的方法。常用的蒸馏器有玻璃、铜及石英等。该法能除去水中的不挥发性杂质及微生物等，可达到三级水的标准，但还是含有少量的金属离子、二氧化碳等杂质。蒸馏器的材质不同，带入蒸馏水中的杂质也不同。如用玻璃蒸馏器，会含有较多的 Na^+、SiO_3^{2-} 等；用铜蒸馏器，则含有较多的 Cu^{2+} 等。为了提高蒸馏水的纯度，可以进行重蒸馏，并弃去头尾段不收集。重蒸馏时可加入适当的试剂，以抑制某些杂质的挥发。如加入甘露醇能抑制硼的挥发，加入碱性高锰酸钾可破坏有机物并防止二氧化碳的蒸出。二次蒸馏水一般可达到二级标准。第二次蒸馏通常采用石英亚沸蒸馏器，其特点是在液面上方加热，使液面始终处于亚沸状态，可使水蒸气带出的杂质减至最低。蒸馏法的设备成本低，操作简单，但能耗高，产率低。

（2）离子交换法

离子交换法是将自来水通过内装有阳离子和阴离子交换树脂的离子交换柱时，阳离子和阴离子交换树脂分别将水中的杂质阳离子和阴离子交换为 H^+和 OH^-，从而达到净化水的目的。使用一段时间后，离子交换树脂的交换能力下降，可以分别用 5%～10%的 HCl 溶液和 NaOH 溶液处理阳离子交换树脂和阴离子交换树脂，使其恢复离子交换能力，这叫做离子交换树脂的再生。再生后的离子交换树脂可以重复使用。

阳离子交换树脂与水中的杂质阳离子发生交换：

$$2RSO_3H+Ca^{2+} \underset{\text{再生}}{\overset{\text{交换}}{\rightleftharpoons}} (RSO_3)_2Ca+2H^+$$

$$Pb^{2+} \qquad\qquad Pb$$

$$\searrow 5\%\sim10\%HCl$$

阴离子交换树脂与水中的杂质阴离子发生交换：

$$R—\overset{+}{N}R_3\overset{-}{O}H+NaCl \underset{\text{再生}}{\overset{\text{交换}}{\rightleftharpoons}} R—NR_3Cl+NaOH$$

$$\searrow 5\%\sim10\%\ NaOH$$

处理水时，先让水流过阳离子交换柱和阴离子交换柱，然后再流过阴、阳离子混合交换柱，以使水进一步纯化。净化水的质量与交换柱中树脂的质量、柱高、柱直径以及水流量等因素都有关系。一般树脂量多、柱高和直径比适当、流速慢，交换效果好。

离子交换法去离子效果好（去离子水因此而得名），成本低，但设备及操作较复杂，不能除掉水中的非离子型杂质，常含有微量的有机物。

（3）电渗析法

电渗析法是在离子交换技术的基础上发展起来的一种方法，它是在直流电场的作用下，利用阴、阳离子交换膜对原水中存在的阴、阳离子选择性渗透的性质而除去离子型杂质。与离子交换法相似，电渗析法也不能除掉非离子型杂质，但电渗析器的使用周期比离子交换柱长，再生处理比离子交换柱简单。好的电渗析器制得的纯水其电阻率为 0.20～0.30MΩ·cm，相当于三级水的质量水平。由于其能耗低，也常作为离子交换法的前处理步骤。

（4）反渗透法（RO）

RO 是当今最先进、最节能的有效分离技术之一，具有能耗低、无污染、工艺先进、操作简便等优点。用一块半透性膜把纯水和待处理水隔开，纯水有一种向待处理水内渗透的趋势，直至待处理水的液面比纯水液面高出一定的高度，即待处理水一侧的压力比纯水一侧的压力高出一定的数值后，水的渗透才停止，其高出的压力称为渗透压。若在待处理水一侧施加一个比渗透压还大的压力，渗透过程便逆转，即水从待处理水一侧向纯水一侧渗透，称为反渗透。利用反渗透的分离特性可以有效地除去待处理水中的溶解盐、胶体、有机物和细菌等杂质。

（5）电去离子法（EDI）

EDI 是 20 世纪 90 年代才逐步成熟的纯水、高纯水生产技术，是纯水生产领域一项具有革命性的技术突破。它是将电渗析与离子交换有机结合而形成的新型膜分离技术，在外加电场的作用下，使离子交换、离子迁移、树脂电再生三个过程相伴发生，相互促进。它既保留了电渗析可连续脱盐及离子交换树脂可深度脱盐的优点，又克服了电渗析浓差极化所造成的不良影响及离子交换树脂需用酸碱再生的麻烦和造成的环境污染，从而可以使制水过程长期连续进行，并能获得高质量的纯水，整个过程相当于连续获得再生的混床离子交换。

目前，纯水的常用制备方法如下。

三级水：可用蒸馏、去离子（离子交换及电渗析法）或反渗透等方法制取。

二级水：可用多次蒸馏或离子交换等方法制取。

一级水：可用二级水经过石英设备蒸馏或离子交换混合床处理后，再经 0.2μm 微孔滤膜过滤来制取。

纯水中，三级水使用最为普遍，其原因一是直接用于一般的化学分析实验，二是用于制备二级水乃至一级水。三级水过去多采用蒸馏的方法制备，故通常称为蒸馏水。为节省能源和减少污染，目前多改用离子交换法、电渗析法或反渗透法制备。

2.2.3 水的检验

纯水的水质检验有物理方法和化学方法两类。物理方法为测定纯水的电导率或电阻率。化学方法为测定纯水的 pH、硅酸盐、氯化物、硫酸盐及某些金属离子如 Ca^{2+}、Mg^{2+}、Cu^{2+}、Pb^{2+}、Zn^{2+}、Fe^{3+}等。

在生产和科学实验中，用作表示水的纯度的主要指标是水中的含盐量（即各种盐类的阳、阴离子数量）的大小，而水中含盐量的测定较为复杂，通常用水的电阻率或电导率来间接表示。由于实验室制备各级纯水所用的原水为自来水，水质较好，因此纯水通常利用电导仪或兆欧表测定水的电阻率进行检验是简便而实用的方法。水的电阻率越高，表示其中的离子越少，一般来讲水的纯度越高。25℃时，一次蒸馏水（玻璃）电阻率在 0.35MΩ · cm 左右，离子交换水的电阻率在 0.5MΩ · cm 以上，而超纯水的电阻率大于 10MΩ · cm。

特殊情况下，如制备纯水所用的原水质量不佳，或生物化学、医药化学等方面的某些实验用水要求较高，则往往还需要对纯水的其他相关项目进行检验。如采用化学方法来检验纯水的 pH、氯化物、硫酸盐及 Ca^{2+}、Mg^{2+}等。

① 酸碱度：要求新制纯水的 pH 值为 6～7。在空气中放置较长的纯水，因溶解有 CO_2，pH 值可降至 5.6 左右。实验操作：取水样 10mL 两份，一份加甲基红指示剂（1g/L 乙醇溶液）两滴，不显红色；另一份加溴百里酚蓝［1g/L 乙醇水溶液（1+4）］，不显蓝色；则酸碱度为合格，否则不合格。也可用精密 pH 试纸或用各种类型的酸度计测定。

② 氯离子：取 10mL 被检测水，用 HNO_3 酸化，加 1%的 $AgNO_3$ 溶液 2 滴，摇匀后无浑浊现象为合格。据此判断是否有超标氯离子存在。

③ 硫酸根离子：用 $BaCl_2$ 溶液检验 SO_4^{2-}。实验操作：在 1mL 水样中，加入 2 滴 2mol/L HCl 再加入 2 滴 1mol/L $BaCl_2$ 溶液，观察现象，判断有无 SO_4^{2-}。

④ 钙离子：用钙指示剂检验 Ca^{2+}。游离的钙指示剂呈蓝色，在 pH>12 的碱性溶液中，它能与 Ca^{2+}结合显红色。在此 pH 值时，Mg^{2+}不干涉 Ca^{2+}的检验，因为 pH>12 时，Mg^{2+}已生成 $Mg(OH)_2$ 沉淀。

⑤ 镁离子：用镁试剂检验 Mg^{2+}。在 3mL 水样中，加入 2 滴 6mol/L NaOH，再加镁试剂 2 滴，观察现象，依据是否呈天蓝色判断有无 Mg^{2+}。

2.3 化学试剂的分类和选用

分析化学实验中所用试剂的质量，直接影响分析结果的准确性，因此应根据所做实验的具体情况，如分析方法的灵敏度与选择性、分析对象的含量及对分析结果准确度的要求等，合理选择相应级别的试剂，在既能保证实验正常进行的同时，又可避免不必要的浪费。另外试剂应合理保存，避免沾污和变质。

2.3.1 化学试剂的分类

化学试剂产品已有上万种，而且随着科学技术和生产的发展，新的试剂种类还将不断产生，世界各国对化学试剂的分类以及分级标准都不尽一致。国际标准化组织（ISO）近年来已陆续颁布了很多种化学试剂的国际标准。国际纯粹与应用化学联合会（IUPAC）对化学标准物质的分级也有规定。我国化学试剂的产品标准有国家标准（GB）、化工行业标准（HG）及企业标准（QB）三级。近年来，陆续有一些化学试剂的国家标准在建立或修订过程中不同程度（即等同、等效或参照）地采用了国际标准或国外的先进标准。

化学试剂按其组成和结构可分为无机试剂和有机试剂两大类。按其用途又可分为标准试剂、一般（通用）试剂、特效试剂、指示剂、溶剂、仪器分析专用试剂、高纯试剂、有机合成基础试剂、生化试剂、临床试剂、电子工业专用试剂、教学用实验试剂等门类。本书只简要地介绍标准试剂、一般试剂、高纯试剂和专用试剂。

（1）标准试剂

标准试剂是用于衡量其他（欲测）物质化学量的标准物质，习惯上称为基准试剂，其特点是主体含量高而且准确可靠，其产品一般由大型试剂厂生产，并严格按国家标准进行检验。我国规定滴定分析第一基准和滴定分析工作基准的主体含量分别为 100%±0.02%和 100%±0.05%。主要国产标准试剂的类别及用途见表 2.2。

表 2.2 主要国产标准试剂的类别及用途

类别（级别）	主要用途
滴定分析第一基准	滴定分析工作基准试剂的定值
滴定分析工作基准	滴定分析标准溶液的定值
滴定分析标准溶液	滴定分析法测定物质的含量
杂质分析标准溶液	仪器及化学分析中作为微量杂质分析的标准
一级 pH 基准试剂	pH 基准试剂的定值和高精密度 pH 计的校准
pH 基准试剂	pH 计的校准（定位）
热值分析试剂	热值分析仪的标定
气相色谱分析标准	气相色谱法进行定性和定量分析的标准
临床分析标准溶液	临床化验
农药分析标准试剂	农药分析
有机元素分析标准	有机物的元素分析

（2）一般试剂

一般试剂是实验室最普遍使用的试剂，其规格是以其中所含杂质的多少来划分，包括通用的一、二、三、四级试剂和生化试剂等。一般试剂的级别、名称（符号）、标签颜色和适用范围列于表 2.3。

表 2.3 一般化学试剂的规格及选用

级别	中文名称	英文符号	适用范围	标签颜色
一级	优级纯（保证试剂）	G.R.	精密分析实验	绿色
二级	分析纯（分析试剂）	A.R.	一般分析实验	红色
三级	化学纯	C.P.	一般化学实验	蓝色
四级	实验试剂	L.R.	一般化学实验辅助试剂	棕色
生化试剂	生化试剂、生物染色剂	B.R.	生物化学及医用化学实验	咖啡色、玫瑰色

（3）高纯试剂

高纯试剂的最大特点是其杂质含量很低（比优级纯或基准试剂都低），而且规定检测的杂质项目比同种优级纯或基准试剂多 1～2 倍，但其主体成分含量与优级纯或基准试剂相当。该种试剂主要用于微量或痕量分析中试样的分解和试液的制备，可最大限度地减少空白值带来的干扰，提高测定结果的可靠性。选用高纯试剂时应注意产品标签上标示的杂质含量是否符合实验要求。

（4）专用试剂

专用试剂顾名思义是指具有专门用途的试剂。与高纯试剂类似，专用试剂不仅主体含量较高，而且杂质含量很低。所不同的是，专用试剂要求在特定的用途中有干扰的杂质成分只须控制在不致产生明显干扰的限度以下。例如，“光谱纯”试剂，是以光谱分析时出现的干扰谱线强度须控制在不致产生明显干扰的限度以下；“色谱纯”试剂，是在最高灵敏度下无杂质峰的出现为限；“放射化学纯”试剂，是以放射性测定时出现干扰的核辐射强度来衡量其限度的。专用试剂的品种繁多，除了上面所述试剂外，还有核磁共振分析用试剂、生产金属氧化物半导体电路用的“MOS”试剂、生产光导纤维用的光导纤维试剂等。

化学工作者必须对化学试剂标准有明确的认识，做到合理使用化学试剂，既不超规格引起浪费，又不随意降低规格影响分析结果的准确度。

2.3.2 化学试剂的选用

分析化学实验中化学试剂的选用十分重要。应根据所做实验的要求，包括分析方法及其灵敏度与选择性、分析对象的含量及对分析结果准确度的要求等，合理地选择相应级别的试剂。由于不同级别的同一种试剂其价格相差很大，选用试剂的级别应就低不就高，以免造成不必要的浪费。试剂的选用应考虑以下方面。

① 滴定分析中常用的标准溶液，一般应先用分析纯试剂进行粗略配制，再用工作基准试剂进行标定。在某些情况下（例如对分析结果要求不很高的实验），也可以用优级纯或分析纯试剂代替工作基准试剂。如果实验所用标准溶液的量很少，也可用工作基准试剂直接配制标准溶液。滴定分析中所用的其他试剂一般为分析纯。

② 仪器分析实验中一般使用优级纯、分析纯或专用试剂，痕量分析时应选用高纯试剂。

③ 很多种试剂就其主体含量而言，优级纯和分析纯相同或相近，只是杂质含量不同。如果实验对所用试剂的主体含量要求高，应选用分析纯试剂（在常量化学分析中往往如此）；如果所做实验对试剂的杂质含量要求很严格，则应选用优级纯试剂。

④ 如果现有试剂的纯度不能满足某种实验的要求，或对试剂的质量有怀疑时，可对试剂进行适当的检验或进行一次乃至多次提纯后再使用。

⑤ 试剂在使用和存放过程中要保持清洁，防止污染或变质。用盖盖严，多取的试剂一般不允许倒回原试剂瓶。氧化剂、还原剂必须密封、避光存放，易挥发及低沸点试剂应低温存放，易燃、易爆试剂要有安全措施，剧毒试剂要专门保管。发现试剂瓶标签脱落或字迹不清，应及时贴好新标签。

本书除指明的试剂规格外，一般用分析纯。

2.4 标准物质、溶液和计量保证

2.4.1 标准物质

标准物质是由国家最高计量行政部门（现为国家市场监督管理总局）颁布的一种计量标准，起到校准仪器或评价测量方法、统一全国量值的作用。在工农业生产、科学研究、商品检验、环境监测、临床化验等诸多领域中，都需要相应的测试手段或分析方法。为了保证分析、测试结果准确可靠，并具有公认的可比性，必须使用标准物质校准仪器、标定溶液浓度和评价分析方法。因此，标准物质是测定物质成分、结构或其他有关特性量值的过程中不可缺少的一种计量标准器具。

标准物质的定义：标准物质（reference material，RM）指已确定其一种或几种特性，用于校准测量器具、评价测量方法或确定材料特性量值的物质。该定义由国际标准化组织（ISO）的标准物质委员会于 1981 年提出，已为国际计量局（BIPM）等国际组织所确认。我国亦接受了该定义，并于 1986 年由国家计量局予以颁布。它在化学测量、生物测量、工程测量与物理测量领域得到了广泛的应用。

标准物质的特征是：材质均匀、性能稳定、批量生产、准确定值、有标准物质证书（其中标明标准值及定值的准确度等内容）。此外，某些标准物质的样品还具有系列化的特征，以使所选用的标准样品与待测样品的组成或特性近似，从而消除由待测样品与标准样品两者间由于主体成分性质的差异给测定结果带来的系统误差。例如，分析一磁铁矿样品时，为评价分析方法和考核操作技术，应选用与样品成分相近的磁铁矿标准物质，而不应使用其他种类的铁矿标准物质。

最早的具有现代科学技术含义的标准物质，由美国国家标准局（现为国家标准技术研究院，简称 NIST）于 1906 年制备和颁布，是冶金物质/标准样品（4 种铁，4 种钢）。我国于 1952 年首次发布的也是冶金标准物质（2 种铁，3 种钢），至今在冶金行业已发布了数百种标准物质（即矿物、纯金属、合金、钢铁等标准样品）。近年来，化工、石油、地质、建材等工业部门也都开展了标准物质的研制与应用。例如，2021 年国家市场监督管理总局新批准国家一级标准物质 345 项、国家二级标准物质 1774 项；至 2022 年，中国计量科学研究院可提供有证标准物质 1900 种，其中一级标准物质 833 种、二级标准物质 1067 种。

我国的标准物质分为两个级别。一级标准物质是统一全国量值的一种重要依据，由国家计量行政部门审批并授权生产，由中国计量科学研究院组织技术审定。一级标准物质采用绝对测量法定值或由多个实验室采用准确可靠的方法协作定值，定值的准确度要具有国内最高水平。它主要用于标准方法的研究与评价、二级标准物质的定值和高精准确度测量仪器的校准。二级标准物质由国务院有关业务主管部门（即各部委）审批并授权生产，采用准确可靠的方法或直接与一级标准物质相比较的方法定值，定值的准确度应满足现场（即实际工作）测量的需要，一般要高于现场测量准确度的 3～10 倍。二级标准物质主要用于现场分析方法的研究与评价、现场实验室的质量保证及不同实验室间的质量保证。二级标准物质通常称为工作标准物质，它的产品批量较大，通常的分析实验中所用的标准样品都是二级标准物质。参照国际上常用的分类方法，我国的标准物质分为以下 13 个类别：钢铁、有色金属、建筑材料、核材料与放射性、高分子材料、化工产品、地质、环境、临床化学与医药、食品、能源、工程技术、物理学与物理化学。

化学试剂中属于标准物质的品种并不多。目前，我国的化学试剂中只有滴定分析基准试剂和 pH 基准试剂属于标准物质，其产品只有几十种。

我国规定第一基准试剂（一级标准物质）的主体含量为 99.98%～100.02%，其值采用准确度最高的精确库仑滴定法测定。工作基准试剂（二级标准试剂）的主体含量为 99.95%～100.05%，以第一基准试剂为标准，用称量滴定法定值。工作基准试剂是滴定分析实验中常用的计量标准，可使被标定溶液的不确定度在±0.2%以内。常用的工作基准试剂（滴定分析）见表 2.4。

表 2.4　滴定分析中常用的工作基准试剂

试剂名称	主要用途	使用前的干燥方法	国家标准编号
氯化钠	标定 $AgNO_3$ 溶液	500～550℃灼烧至恒重	GB 1253—2007
草酸钠	标定 $KMnO_4$ 溶液	105℃±5℃干燥至恒重	GB 1254—2007
无水碳酸钠	标定 HCl、H_2SO_4 溶液	270～300℃干燥至恒重	GB 1255—2007
三氧化二砷	标定 I_2 溶液	含浓 H_2SO_4 的干燥器中干燥至恒重	GB 1256—2008
邻苯二甲酸氢钾	标定 NaOH、$HClO_4$ 溶液	105～110℃干燥至恒重	GB 1257—2007
碘酸钾	标定 $Na_2S_2O_3$ 溶液	180℃±2℃干燥至恒重	GB 1258—2008
重铬酸钾	标定 $Na_2S_2O_3$、$FeSO_4$ 溶液	120℃±2℃干燥至恒重	GB 1259—2007
氧化锌	标定 EDTA 溶液	800℃灼烧至恒重	GB 1260—2008
乙二胺四乙酸二钠	标定金属离子溶液	硝酸镁饱和溶液恒湿器中放置 7 天	GB 12593—2007
溴酸钾	标定 $Na_2S_2O_3$ 溶液	180℃±2℃干燥至恒重	GB 12594—2008
硝酸银	标定卤化物及硫氰酸盐溶液	含浓 H_2SO_4 的干燥器中干燥至恒重	GB 12595—2008
碳酸钙	标定 EDTA 溶液	110℃±2℃干燥至恒重	GB 12596—2008

pH 基准标准试剂（一级标准物质）是用氢-银、氯化银电极，无液体接界电池定值的基准试剂，pH（S）的总不确定度为±0.005 。pH 基准试剂（二级标准物质）是以 pH 基准标准试剂的量值为基础，用双氢电极、有液体接界电池进行对比定值的基准试剂，pH（S）的总不确定度为±0.01。pH 基准标准试剂按规定方法配制的溶液称为 pH 标准缓冲溶液，它通常只用于 pH 基准标准试剂的定值和高精度 pH 计的校准。pH 基准标准试剂按规定方法配制的溶液称为 pH 标准缓冲溶液，它主要用于 pH 计的校准（定位）。

常用的 pH 标准缓冲溶液见表 2.5。

表 2.5　几种常用 pH 标准缓冲溶液

pH 标准缓冲溶液	pH 标准值（25℃）
饱和酒石酸氢钾	3.56
0.050mol/kg 邻苯二甲酸氢钾	4.00
0.025mol/kg 磷酸氢二钠-0.025mol/kg 磷酸二氢钾	6.86
0.010mol/kg 四硼酸钠	9.18

分析化学实验中除了基准试剂，还经常使用一些非试剂类的标准物质，如纯金属、合金、矿物、纯气体或混合气体、药物、标准溶液等。

2.4.2　标准溶液

标准溶液是已确定其主体物质浓度或其他特性量值的溶液。分析化学实验中常用的标准溶液主要有三类，即滴定分析用标准溶液、仪器分析用标准溶液和 pH 测量用标准缓冲溶液。

（1）滴定分析用标准溶液

滴定分析中标准溶液用于测量试样中的主体成分或常量成分，其浓度值的不确定度一般在±0.2%左右。配制方法一般有两种：直接法和间接法。直接法是准确称取一定量的工作基准试剂或相当纯度的其他物质，溶解后，在容量瓶内稀释到一定体积，然后算出该溶液的准确浓度。这种做法比较简单，但成本很高，不宜大量使用，而且很多标准溶液没有适用的标准物质供直接配制（如 HCl、NaOH 溶液等）。普遍使用的是间接法，该法是先用分析纯试剂配成接近所需浓度的溶液，再用适当的工作基准试剂或其他标准物质进行标定。

配制这类标准溶液时一般应注意以下几点。

① 选用符合实验要求的纯水。配位滴定和沉淀滴定用的标准溶液对纯水的质量要求较高，一般应高于三级水的指标，其他标准溶液通常使用三级水。配制 NaOH、$Na_2S_2O_3$ 等溶液时，要使用临时煮沸并快速冷却的纯水。配制 $KMnO_4$ 溶液则加热至微沸 15min 以上并放置一周（以除去水中的还原性物质，使溶液比较稳定），再用微孔玻璃漏斗过滤，滤液需储存于棕色瓶中。

② 基准试剂要预先按规定的方法进行干燥（参照表 2.4）。经热烘干或灼烧干燥的试剂，如果是易吸湿的（如 Na_2CO_3、NaCl 等），放置一周后再使用时应重新干燥。

③ 当某溶液可用多种标准物质及指示剂进行标定时（如 EDTA 溶液），原则上应使标定时的实验条件与测定试样时的相同或相近，以避免可能产生的系统误差。使用标准溶液时的室温与标定时若有较大差别（相差 5℃以上），应重新进行标定或根据温差和水溶液的膨胀系数进行浓度校正。总之，不能以为标准溶液一旦配成就可永远如初地使用。

④ 标准溶液均匀密闭存放，避免阳光直射甚至完全避光。长期或频繁使用的溶液应装在下口瓶中或有虹吸管的瓶中，进气口应安装过滤管，内填适当的物质（例如，钠石灰可过滤 CO_2 及酸气，干燥剂可过滤水汽）。较稳定的标准溶液的标定周期为 1～2 个月；有些溶液的标定周期很短，如 Fe^{2+}溶液；有的溶液甚至需在使用当天进行标定，如卡尔•费休试剂（遇水较快分解）。溶液标定周期的长短，除与溶质本身性质有关外，还与配制方法、保存方法及实验室的环境有关。浓度低于 0.01mol/L 的标准溶液不宜长期存放，应在临用前用较高浓度的标准溶液进行定量稀释。

⑤ 当对实验结果的精确度要求不是很高时，可用优级纯或分析纯代替同种的基准试剂进行标定。

（2）仪器分析用标准溶液

仪器分析方法很多，各有特点。不同的仪器分析实验对试剂的要求可能不同；同种仪器分析方法，当分析对象不同时所用试剂的级别也可能不同。配制仪器分析用标准溶液可能要用到专用试剂、高纯试剂、纯金属及其他标准物质、优级纯及分析纯试剂等。

配制这类标准溶液时一般应注意以下方面。

① 对纯水的要求都比较高，水质规格一般要在二级到三级之间。电化学分析、原子吸收光谱分析和高效液相色谱分析等对水质要求最高，通常要将二级水再经石英蒸馏器或其他设备进一步提纯。

② 溶解或分解标准物质时所用的试剂一般为优级纯或高纯试剂。当市售的试剂纯度不能满足实验要求时，则需自行提纯。

③ 仪器分析用标准溶液的浓度都比较低，常以 μg/mL 或 mg/mL 表示。稀溶液的保质期较短，通常配成比使用浓度高 1～3 个数量级浓溶液作为储备液，使用前进行稀释，有时还需对储备液进行标定。为了保证一定的准确度，稀释倍数高时应采取逐次稀释的做法。

④ 必须注意选用合适的容器保存溶液，以防止存放过程中容器材料溶解或对标准溶液吸附而可能对标准溶液造成污染或改变其浓度，如有些金属离子标准溶液宜在聚乙烯瓶中保存。

⑤ 仪器分析用标准溶液种类很多、要求各异，应根据具体情况并参考有关资料来选择配制方法。

（3）pH 测量用标准溶液

用 pH 计测量溶液的 pH 时，必须先用 pH 标准缓冲溶液对仪器进行校准，亦称定位。

pH 标准缓冲溶液是具有准确 pH 的专用缓冲溶液，要使用 pH 基准试剂进行配制。当进行较精确测量时，要选用接近待测溶液 pH 的标准缓冲溶液校准 pH 计。

有的 pH 基准试剂有袋装产品，使用很方便，不需要进行干燥和称量，直接将袋内的试剂全部溶解并稀释至规定的体积（一般为 250mL），即可使用。

缓冲溶液一般可保存 2～3 个月，若发现浑浊、沉淀或发霉现象，则不能继续使用。

2.4.3 计量保证

计量是现代化建设中一项必不可少的技术基础。计量保证的目的是在测量统一的前提下，以准确可靠的测量结果来满足企业及社会的需要。过去在我国，临床检验的结果不能跨医院使用、不同实验室的测定结果互不承认等现象严重存在。产生这些现象的原因是没有计量保证体系，各实验室有各自的标准，导致测量数据没有可比性或可比性差。因此计量保证是计量科学研究中的主要课题之一。

计量保证的定义是：用于保证计量安全及相应测量准确度的所有法律、法规、技术手段、组织机构及必需的全部活动。任何一个计量或测量过程，其计量或测量准确度，除了计量器具的因素外，还受到操作者、环境和方法等因素的影响。如何保证计量或测量的质量，使其在全国乃至国际上具有公认的可比性和足够高的复现性，是计量保证体系的功能，其能否发挥作用直接与计量学和计量管理密切相关。化学，尤其是分析化学工作离不开测量，因此，化学工作者有必要具备一些计量学的基本知识，在此简要介绍一些计量学与计量管理的基本概念和基本知识。

随着科技、生产和社会的发展，计量的概念早已从“度量衡”逐步发展并形成了一门研究测量理论和测量实践的综合性学科——计量学。其基本内容有：计量单位与单位制，用于复现计量单位的基准及标准的建立和保存，量值的传递，量值的溯源，计量误差与数据处理，物理常数和材料特性的测定，计量管理等。

计量源于测量而又严于测量，计量就是准确统一的测量。计量应具有如下特点。

① 准确性：这是计量的基本特点，计量如果没有准确性，其量值就不具备社会实用价值。因此计量不仅要测出被计量的量的数值，还必须给出该量值的误差范围（通常以不确定度表示）。

② 一致性：在计量单位统一和规定的计量条件下，无论何时、何地、何人所进行的测量，其计量结果均应在给定的误差范围内一致。

③ 溯源性：准确一致的计量结果，其量值都必须由相同的基准传递而来。任何量值的准确一致都是相对的，就一国而言，所有量值都应溯源于国家基准；就世界而论，量值应溯源于国际基准或相应的约定基准。如果量出多源，就可能造成技术和应用上的混乱。

④ 法制性：计量本身具有社会性，因此就必须有一定的法制保障。量值的准确一致，不仅要有一定的技术手段，而且要有相应的法律和行政管理。

1985 年我国颁布了《计量法》及二十几个配套法规。国家市场监督管理总局和两千多个地方行政管理部门形成了比较完整的计量监督管理网络。中国计量科学研究院、中国测试技术研究院和国家标准物质研究中心等，是国家计量科研基地。

（1）计量单位和计量器具

标准数据、测量数据和测量结果都必须使用法定计量单位。SI 国际单位制定义的基本量及其单位有质量（kg）、长度（m）、时间（s）、温度（K）、电流（A）、光强（cd）、物质的量（mol）7 个，还定义了一些基本导出单位，如容量等。国际单位制构成了一个连贯的体系，应用于几乎全部的科研领域和广泛的商业活动中。我国的法定计量单位由国际单位制单位和国家选定的非国际单位制单位组成，1984 年国家颁布了《中华人民共和国法定计量单位》，随后又陆续颁布了有关量和单位的 15 项国家标准《量和单位》（GB 3100～3102—1993）。这些标准对各种量和单位的名称、符号、定义都做了明确规定。

计量器具的含义是指能直接或间接测出被测对象量值的装置、仪器仪表、量具和用于统一量值的标准物质。按技术性能和用途，计量器具可分为计量基准器具、计量标准器具和工作计量器具。

计量基准器具简称计量基准，是统一全国量值最高依据的计量器具，具有保存、复现和传递计量单位量值的 3 种功能，是统一全国量值的法定依据。计量基准器具通常有国家计量基准（主基准）、国家副计量基准和工作计量基准之分。主基准是量值传递的起点和量值溯源的终点。国家副计量基准通过与主基准比对或校准确定量值，主要用于代替国家基准的日常使用。工作计量基准主要是用于代替国家副基准的日常工作，避免国家副基准或国家基准因频繁使用而丧失其应有的计量学特性。

计量标准器具简称计量标准，是指准确度低于计量基准、用于检定工作计量器具的标准器具。日常所用的工作基准试剂、pH 基准试剂、二等标准砝码等都属于计量标准器具。计量标准器具是计量检定系统中的重要环节，在量值传递中起着枢纽作用。

工作计量器具是指一般日常工作中所用的可单独地或与辅助设备一起直接或间接确定被测对象量值的器具或装置。实验室所用的天平、砝码、滴定管等都是工作计量器具。

显然，以上三级计量器具的准确度是递减的。

（2）量值的传递

秦始皇统一度量衡就是我国古代的量值传递。量值传递的定义是通过计量器具的检定或校准，将国家计量基准所复现的计量单位的量值通过各等级计量标准由上而下传递到工作计量器具的活动。量值传递是统一计量器具量值的重要手段，是保证计量结果准确和一致的基础。量值传递是自上而下、由高等级向低等级传递的，是国家为了公平交易、公共安全和其他公众利益采取的措施，由国家法制计量部门以及其他法定授权的计量机构或实验室执行，严格按有关的计量检定规程进行，体现了政府的意志，有强制性特点。

实现量值传递的主要手段是计量检定。所谓计量检定是查明和确认计量器具是否符合法定要求的程序，包括检查、测试、加标记和出具检定证书。主要有两种方式，一是逐级定点检定，即计量器具的生产单位或使用单位送往规定的计量检定机构，以取得测量数据和检定证书；二是对于不宜搬动的大型仪器设备，由检定机构进行巡回检定。这两种方式一般都是按产品批次或检定周期（一年或半年）进行的，不能有效地解决检定周期之间对使用中的被检器具计量性能的控制。近年来，计量保证方案（measurement assurance program，MAP）引起了很多国家的关注。采用 MAP 的实验室必须配备性能稳定的核查标准，并用其对本实验室的计量标准进行经常性的监督考核，使日常的计量性能处于受控之中。

随着我国改革开放及经济的发展，强化检定法制性的同时，对大量的非强制检定的计量器具为达到统一量值的目的，采用的主要方式是校准。校准是在规定的条件下，为确定测量装置或测量系统所指示的量值与对应的由标准所复现的量值之间关系的一组操作。可以包括的步骤有检验、矫正、报告或通过调整来消除被比较的测量装置在准确度方面的任何偏差。

目前，我国已形成了有层次、分区域设置的计量技术机构网络。这是实现量值传递，进行计量检定、校准等技术工作的物质保证。

（3）量值的溯源

各类检测实验室为客户提供的产品是测定数据，这些检测实验室要保证提供的检测数据是准确的，必须进行量值溯源。量值溯源是量值传递的逆过程，自下而上地进行比较联系，以保证测量结果的准确和统一。

《国际通用计量学基本术语》将溯源性定义为：通过一条具有规定不确定度的不间断的比较链，使测量结果或测量标准的值能够与规定的参考标准（通常是国家标准或国际标准）的值联系起来的特性。这里的不确定度可以理解为误差范围。

从此定义可见，溯源性是人为赋予结果的一种特性，其目的是保证测量结果的有效、可靠。每个可溯源的测量结果应附有合理评定的不确定度，没有不确定度的测量结果是不完整的。要实现测量结果的溯源，必须具备可以与测量结果相联系的系列参考标准，通常是国家计量基准、国家副计量基准、工作计量基准、计量标准等构成的国家测量标准体系。要有适当的比较方式作为基本比较链节构成比较链（溯源链），通过检定、校准、比对、测试等方式，才能使测量结果与参考标准联系起来。比较链必须是不间断的，没有溯源到国家标准或国际标准的测量不应是可溯源的。当一个测量结果的溯源性得到确认时，这个测量结果就是准确可靠的。

量值溯源要求实验室针对自己检测标准的相关量值，主动地与上一级检定机构取得联系，不受等级限制，追溯高于自己准确度（一般遵循 1/10 或 1/3 法则）的量值与之比较，确定自己的准确性。

（4）量值传递体系与量值溯源体系的比较

图 2.1 是量值传递体系与量值溯源体系比较的示意。

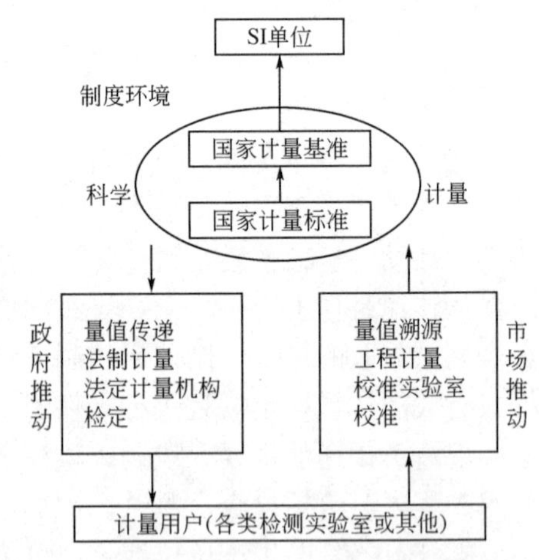

图 2.1　量值传递体系与量值溯源体系的比较

测量的量值传递的主体是政府主管部门授权的法定计量机构，涉及一些贸易结算、人身安全、环境保护等领域的测量器具用户，他们是量值传递的受体。由于这些测量关系到公平交易、公共安全和其他公众利益，所以政府有责任确保相关量值的准确一致。量值传递的主要方式是计量检定，政府通过制定行政和技术法规来推动，量值传递属于法制计量的范畴。

量值溯源是量值传递的逆过程，其行为的主体是各类进行测定并给出数据的测量执行者，其中包括各类检测实验室、校准实验室和其他计量用户。这些测量执行者为在竞争中取得优势，必须保证他们提供的数据的质量，因此产生了量值溯源的需求。这种需要来自于市场竞争的压力，并受到市场经济制度条件下形成的社会质量文化的影响。量值溯源的主要方式是校准和测量方法的比较，执行者主要是计量用户本身和提供校准服务的实验室，受益者是执行者本身，因此量值溯源比量值传递更具有主动性。量值溯源属于工程计量范畴。

为了保证量值传递和量值溯源，向法制计量和工程计量提供技术保障，必须研制和建立测量基（标）准，这是科学计量的主要任务。科学计量是国家科技基础条件的重要组成部分，涉及测量的量值传递和量值溯源体系的顶层部分，代表了国家的最高测量能力。发达国家均把建立和维护国家基（标）准、给各类测量实验室（计量用户）提供相关技术服务，为量值传递和溯源提供完善的技术条件作为政府职能。在我国，除国家计量实验室外，许多行业实验室和特殊企业都参加了科学计量活动，特别是在化学测量领域，形成了一个分散的基（标）准体系。

2.5 分析试样的采集、制备与分解

定量分析的一般步骤包括试样的采集与制备、试样的分解、干扰组分的分离、定量测定、数据处理及分析结果的表示。其中，试样的采集与制备、试样的分解是分析工作的关键步骤之一，关乎分析结果的可靠性和参考价值。要想从大量的待测物质中采集到能代表整批物质的小样，并制成待测样品，必须掌握适当的采样技术，遵守一定的规则，采用合理的制样和分解方法。

2.5.1 分析试样的采集与制备

2.5.1.1 固体样品的采集与制备

（1）土壤样品的采集与制备

1）土壤样品的采集

土壤样品的采集方法对分析结果和评价影响很大，采样时的误差往往比分析的测定误差更大。因而，必须严格采集，保证土样具有代表性，能正确真实地反映原采样地块的土壤情况。土样采集的时间、地点、层次、方法、数量等都由土样分析的目的来决定。

① 采样点的布设：由于土壤本身分布不均匀，应在多点采样后将其混合均匀成具有代表性的土壤样品。在同一个采样单元里，如果面积不太大（如在 1000～1500m^2 以内），可在不同方位上选择 5～10 个具有代表性的采样点。点的分布应依据土壤的全面情况而定，采用一定的方法布点（如梅花形布点法等），不可太集中，也不能选在采样区的边缘或某些特殊的位置（如堆肥旁）。

② 采样的深度：如果只是一般了解土壤的污染情况，采样量只需取 15cm 左右的耕层土壤和耕层以下 15～20cm 的土样。如果要了解土壤的污染深度，则应按土壤剖面层分层取样。

③ 采样量：一般要求采样量约 1kg。由于土壤样品不均匀需多点采样而取土量较大时，应反复以四分法缩分至所需量。

2）土壤样品的制备

① 风干：除了测定挥发性的酚、氰化物等不稳定组分需要用新鲜土样外，多数项目的样品需经风干，风干后的样品容易混匀，重复性和准确性都较好。风干的方法是将采得的土样全部倒在塑料薄膜上，压碎土块，除去植物残根等杂物，铺成薄层并经常翻动，在阴凉处使其慢慢风干。在此过程中要防止阳光直射和灰尘落入。

② 磨碎和过筛：风干后的土样，用有机玻璃棒（或木棒）碾碎后，通过 2mm 孔径的尼龙筛，以除去砂砾和生物残体，筛下样品反复按四分法缩分，留下足够供分析用的土样，再用玛瑙研钵进一步磨细，通过 0.25mm（60 目）孔径的尼龙筛，混匀装瓶备用。制备试样时，须避免样品受污染。

（2）植物样品的采集与制备

植物样品的分析结果是否有价值，首先取决于植物样品的采集、制备与保存技术是否正确。各类植物样品的采集和制备方法，随分析目的、分析项目、精度要求以及植物种类和生长条件而异，但都必须严格遵循植物采样原则，并对样品进行合理的制备和保存。

1）植物样品的采集

采样的一般原则如下。

① 代表性：采集样品能符合群体情况，采集时，不要选择田埂、地边及离田埂、地边 2m 范围以内的样品。土壤的不均一性会造成其上所生长植物生长状况的不均一。同时，施肥、灌溉和种植等农艺措施的差异也会影响植物生长状况的均一性。因此，要使样品有充分的代表性，其采样需符合统计学原理，即按照“多点、随机”的方法采样。

② 典型性：采样部位要能反映所要了解的情况，不能将植株各部位任意混合。

③ 适时性：根据研究需要，在植物不同生长发育阶段，定期采样。

采样量：样品经制备后所剩量应能满足分析之用，一般要求干重样品有 1kg 左右。如果用新鲜样品，以含水 80%～90%计，则需 5kg 左右。

采样方法：以梅花形布点法或交叉间隔布点法等布设多点采样，采 5～10 个试样混合成一个代表样品，按要求采集植株的根、茎、叶、果等不同部位。采集根部时尽量保持根部的完整。

2）植物样品的制备

① 鲜样的制备：测定植物中易变化的酚、氰、亚硝酸等污染物，以及瓜果蔬菜样品，宜用鲜样分析。其制备方法为：样品经洗净、擦干、切碎、混匀后，称取 100g 放入电动捣碎机的捣碎杯中，加同量蒸馏水，捣碎 1～2min，使之成浆状，供分析用。

② 干样的制备：用于干样分析的样品，应尽快洗净风干或放在 40～60℃鼓风干燥箱中烘干，以免发霉腐烂。样品干燥后，去除灰尘杂物，将其剪碎，用磨碎机粉碎并过筛（通过 1mm 或 0.25mm 的筛孔），处理后的样品储存在磨口玻璃广口瓶中备用。

（3）动物样品的采集与制备

① 血液：用注射器抽一定量血液，有时加入抗凝剂（如二溴酸盐），摇匀后即可。

② 毛发：采样后，用中性洗涤剂处理，用去离子水冲洗，再用乙醚或丙酮、酒精等洗涤，在室温下充分干燥后装瓶待用。

③ 肉类：将待测部分放在搅拌器中搅拌均匀，然后取一定的匀浆供分析用。若测定有机污染物，样品要磨碎，并用有机溶剂浸取；若分析无机物，则需进行灰化，并溶解无残渣，供分析用。

（4）其他固体试样的采集与制备

① 地质样品及矿样：可布设多点、多层次取样，即根据试样分布面积的大小，按一定距离和不同的地层深度采取。试样经磨碎后，按四分法缩分，直到所需的量。

② 制成的产品或商品：可按不同批号分别进行采样。对同一批号的产品，采样次数 S 可根据下式确定：

$$S=\sqrt{N/2}$$

式中，N 代表待测物的数目，件、袋、包、箱等。

取样后，充分混匀即可。

③ 金属制品：对组成均匀的金属片、板材和线材等，可将其对齐横切削一定数量的试样即可进行分析。但对钢锭和铸铁，由于表面与内部的凝固时间不同，铁和杂质的凝固温度也不一样，所以表面和内部组成不均匀，因此，采样时应用钢钻取不同部位、深度的碎屑混合。

2.5.1.2 液体样品的采集与制备

对于比较均匀的液体，直接在不同深度分别取样即可。对于池、江、河中的水样，需根据其宽度和深度情况确定取样面、取样点、取样方法。例如宽度大、水深的水域，可用断面布点法，采表层水、中层水和底层水供分析用；采样方法是将干净的空瓶子盖上塞子，塞子上系一根绳子，瓶底系一块重物（如石头等），沉入离水面一定深度，然后拉绳拔塞让水灌满瓶后取出。

对于黏稠的或含有固体的悬浮液以及非均匀的液体，应充分搅匀后取样，以保证所取样品具有代表性。采集水管中或有泵井水中的水样时，取样前需将水龙头或泵打开，先放 10～15min 的水后再取。

2.5.1.3 气体样品的采集

（1）采样方法

对于大气样品，根据被测组分在空气中存在状态、浓度以及测定方法的灵敏度，可用直接采样法和富集（浓缩）采样法取样。

1）直接采样法

直接采样法是采用容器（如注射器、塑料袋、采气管、真空瓶等）直接采集少量样品的方法。该法适用于大气中待测组分浓度较高或检测方法灵敏度高的情况。依使用容器的不同可区分为以下方法。

① 注射器法：采用注射器于现场抽取气体样品的方法。采样时，先用现场气体抽洗注射器 2～3 次，然后抽取所需体积的气体样品，密封进气口，将注射器进气口朝下垂直放置，带回实验室尽快分析。常用 100mL 注射器采集有机蒸气样品，多应用于气相色谱分析法。

② 塑料袋法：用塑料袋采集气体样品，应选择与样气中污染组分既不发生化学反应，也不吸附、不渗漏的塑料袋。常用的有聚四氟乙烯袋、聚乙烯袋、聚氯乙烯袋和聚酯袋等，为了减少对组分的吸附，可在袋内壁衬银、铝等金属膜。采样时，先用待测气体冲洗 2～3 次，再充满样气，夹封进气口即可。

③ 采气管法（置换法）：采气管是两端具有旋塞的管式玻璃容器，其体积一般为 100～1000mL。采样时，打开两端活塞，用抽气泵接在管的一端，迅速抽进比采气管容积大 6～10 倍的待测气体，使采气管中原有气体完全被置换出来，关上活塞即可。或将不与待测物质起反应的液体如水、食盐水等注满采气管，采样时放掉液体，待测气即充满采气管。

④ 真空瓶法：真空瓶是一种具有活塞的耐压玻璃瓶，容积一般为 500～1000mL。采样时，先用抽真空装置把真空瓶内的气体抽走，当瓶内真空度达到 1.33kPa 之后关闭活塞，然后在采样现场打开瓶塞，被采气体充入瓶内，随后关闭活塞，送实验室分析。

2）富集（浓缩）采样法

富集（浓缩）采样法是使大量的样气通过吸收液或固体吸收剂得到吸收或阻留，使原来浓度较小的污染物质得到浓缩，以利于分析测定。该法适用于气体样品中污染物浓度较低（mg/L～μg/L），而所用分析方法的灵敏度又不够高的情况，包括溶液吸收法、固体阻留法等。

① 溶液吸收法：是采集大气中气态、蒸气态及某些气溶胶态污染物质的常用方法。采样时，用抽气装置将一定流量的空气样品以气泡形式通过吸收液，气泡与吸收液界面上的物质或发生溶解作用或发生化学反应，很快地被吸收液吸收。采样后，倒出吸收液体进行测定，根据测定结果及采样体积即可计算出大气中污染物的浓度。常用的吸收液有水、水溶液、有机溶剂，选择吸收液时应根据待测物质的性质和所用分析方法而定，要求吸收液对待测物质吸收效率高，便于后续分析操作。

② 固体阻留法（填充柱阻留法）：在长6～10cm、内径3～5mm的玻璃管或塑料管内装填颗粒状填充剂，制成填充柱。采样时，让气样以一定流速通过填充柱，则待测组分因吸附、溶解或化学反应等作用而被阻留在填充剂上，达到浓缩采样的目的。采样后，通过加热解吸、吹气或溶剂洗脱，使待测组分从填充剂上释放出来并进行测定。

与溶液吸收法相比，固体阻留法具有多方面的优点。

① 可长时间采样，从而可测得大气在较长时间段内的平均浓度值，而溶液吸收法采样时间不宜过长，液体在采样过程中易于蒸发；

② 对气态、蒸气态和气溶胶态物质都有较高的富集效率，而溶液吸收法一般对气溶胶吸收效率要差些；

③ 浓缩在固体填充柱上的待测物质比在吸收液中稳定时间长，有时可放置几天或几周也不发生变化。因此，固体阻留法是大气污染检测中具有广阔发展前景的富集采样方法。

（2）采样量

采样前需计算出最小采气量，以保证能测出最高允许浓度水平的待测物质。若气体中待测物质浓度很高，则不受最小采气量的限制，可以少采些。

最小采气量计算公式为：

$$V=\frac{ac}{bd}$$

式中，V为最小采气体积，L；a为样品的总体积，mL；b为分析时所取样品的体积，L；c为测定方法的灵敏度，μg/mL；d为最高容许浓度，mg/m^3。

（3）采样点的选择

依据监测的目的选择采样点，同时应考虑工艺流程、生产情况、待测物质的物理化学性质、排放情况以及当时的气象条件等因素。例如生产过程是连续性的，可分别在几个不同地点、不同时间进行采样；如果生产过程是间断性的，可在待测物质产生前、产生后以及产生的当时，分别采样测定。每一个采样点必须同时平行采集两个样品，测定结果之差不得超过20%，采样时的温度和压力须记录。

2.5.2 分析试样的分解

试样分解是湿法分析中将试样内的待测组分定量转入适当溶液中的过程。试样可选用的分解方式有溶解法、熔融法和氧化法。选择分解方式应考虑分解完全、分解速率快、分离测定方便、准确度高、对环境无污染或很少污染等方面。

2.5.2.1 溶解法

溶解法简便快速，分解试样应尽可能采用此法。溶解试样时，首先选用水作溶剂，不溶于水的有机物可选择有机溶剂，而不溶于水的无机物，不少能溶于酸或碱的溶液，其中酸溶解法应用较广。下面介绍常用的酸、碱溶剂及其主要的溶解作用。

（1）盐酸

利用盐酸的强酸性、Cl^-的还原性和络合性，可分解金属电位序中氢以前的金属或合金、碳酸盐和磷酸盐等弱酸盐、多数金属氧化物（如铁、锰、钙、镁、锌、铅等的氧化物）、一些硫化物（如锰、锌、铁、镉、铅等的硫化物）、氟化物及以碱金属、碱土金属为主成分的矿物，可溶解灼烧过的 Al_2O_3、BeO 及某些硅酸盐。

用盐酸溶解试样和蒸发其溶液时，必须注意 As（Ⅲ）、Sb（Ⅲ）、Ge（Ⅳ）、Se（Ⅳ）、Sn（Ⅳ）、Te（Ⅳ）和 Hg（Ⅱ）等氯化物的挥发损失。

（2）硝酸

硝酸溶解试样时，兼有强酸的作用及强氧化作用，溶解能力强，溶解速率快。除贵金属（铂、金、某些稀有金属）、表面易钝化的金属（Al、Cr、Fe）及与 HNO_3 作用生成不溶性酸的金属（Te、W、Sn）外，浓硝酸几乎能分解所有的金属试样。几乎所有硫化物及其矿石皆可溶于硝酸。

试样中有机物的存在常干扰分析，可用浓硝酸加热氧化破坏除去。用硝酸溶解试样后，溶液中往往含有 HNO_2 和氮的低价氧化物，它们常能破坏某些有机试剂而影响测定，应煮沸除去。

（3）硫酸

硫酸的特点是沸点高（338℃），热的浓硫酸还具有强氧化、脱水能力。浓硫酸可分解硫化物、砷化物、氟化物、磷酸盐、锑矿物、铀矿物、独居石、萤石等，还广泛用于氧化金属 Se、As、Sn 和 Pb 的合金及各种冶金产品，但铅沉淀为 $PbSO_4$。硫酸还经常用于溶解以钙为主要组分的物质。利用硫酸的高沸点可除去试样中低沸点的 HCl、HF、HNO_3 等及氮的氧化物，并可破坏试样中的有机物。

（4）磷酸

热的浓磷酸具有较强的络合能力，分解矿物的能力强，可分解难溶的合金钢及矿石。磷酸可用来分解许多硅酸盐矿物、多数硫化物矿物、天然的稀土元素磷酸盐、四价铀和六价铀的混合氧化物。磷酸最重要的分析应用是测定铬铁矿、铁氧体和各种不溶于氢氟酸的硅酸盐中的二价铁。

尽管磷酸具有很强的分解力，但通常仅用于一些单项测定，而不用于系统分析。磷酸与许多金属，甚至在较强的酸性溶液中，亦能形成难溶的盐，给分析带来许多不便。

（5）高氯酸

浓热的高氯酸具有强的脱水和氧化能力，几乎与所有的金属（除金和一些铂系金属外）起反应，并将金属氧化为最高价态，只有铅和锰呈较低氧化态，即 Pb（Ⅱ）和 Mn（Ⅱ）。高氯酸还可溶解硫化物矿、铬铁矿、磷灰石、三氧化二铬以及钢中夹杂的氧化物。

在使用高氯酸时应注意安全。纯高氯酸是极其危险的氧化剂，放置时将爆炸，因而绝不能使用。热高氯酸遇有机物或某些还原剂易发生爆炸，因此对含有有机物和还原性物质的试样，应先用硝酸加热破坏，然后再用高氯酸分解，或直接用硝酸和高氯酸的混合酸分解，在氧化过程中随时补加硝酸，待试样全部分解后，才可停止加硝酸。一般来说，使用高氯酸时必须有硝酸存在，这样才较安全。

（6）氢氟酸

氢氟酸具有强络合能力，与 Si 形成挥发性 SiF_4，因此广泛应用于天然或工业生产的硅酸盐的分解。同时也适用于许多其他物质，如 Nb、Ta、Ti 和 Zr 的氧化物，Nb 和 Ta 的矿石及含硅量低的矿石。另外，含钨铌钢、硅钢、稀土、铀等矿物也可用氢氟酸分解。

在分解硅酸盐及含硅化合物时，氢氟酸常与硫酸混合应用，并通过加热至冒白烟除去多余的氟离子，防止其对测定的干扰。用氢氟酸分解试样，需用 Pt 或 Teflon 器皿在通风柜内进行，并注意防止氢氟酸触及皮肤，以免灼伤溃烂。

（7）混合酸

混合酸常能起到取长补短的作用，具有更强的溶解能力。王水（HNO_3∶HCl=1∶3）可分解贵金属和辰砂、镉、汞、钙等多种硫化矿物，亦可分解铀的天然氧化物、沥青铀矿和许多其他的含稀土元素、钍、锆的衍生物，以及某些硅酸盐、钒矿物、彩钼铅矿、钼钙矿、大多数天然硫酸盐类矿物。

磷酸-硝酸：可分解铜和锌的硫化物和氧化矿物。

磷酸-硫酸：可分解许多氧化矿物，如铁矿石和一些对其他无机酸稳定的硅酸盐。

高氯酸-硫酸：适用于分解铬尖晶石等很稳定的矿物。

高氯酸-盐酸-硫酸：可分解铁矿、镍矿、锰矿石。

氢氟酸-硝酸：可分解硅铁、硅酸盐及含钨、铌、钛等试样。

（8）氢氧化钠溶液（20%～30%）

可用来分解铝、铝合金及某些酸性氧化物（如 Al_2O_3）等。分解应在银或聚四氟乙烯器皿中进行。

2.5.2.2 熔融法

用溶解法不能分解完全的试样，可用熔融的方法分解。此法是将试样与酸性或碱性（氧化性或还原性）熔剂混匀于特定坩埚中，在高温下熔融使试样转变为易溶于水或酸的化合物，然后再用水或酸浸取熔块。熔融方法需要用到高温设备，且会引入大量熔剂中的阳离子和坩埚物质，这对有些测定是不利的。

（1）熔剂分类

① 碱性熔剂：如碱金属碳酸盐及其混合物、硼酸盐、氢氧化物等。

② 酸性熔剂：包括酸式硫酸盐、焦硫酸盐、氟氢化物、硼酐等。

③ 氧化性熔剂：如过氧化钠、碱金属碳酸盐及氧化剂混合物等。

④ 还原性熔剂：如氧化铅和含碳物质的混合物、碱金属和硫的混合物、碱金属硫化物和硫的混合物等。

（2）选择熔剂的基本原则

一般来说，酸性试样采用碱性熔剂，碱性试样采用酸性熔剂，氧化性试样采用还原性熔剂，还原性试样采用氧化性熔剂，但也有例外。

（3）常用熔剂简介

① 碳酸盐：通常用 Na_2CO_3 或 $KNaCO_3$ 作熔剂来分解矿石试样，如分解钠长石、重晶石、铌钽矿、铁矿、锰矿等。通常用铂坩埚进行分解，熔融温度一般为 900～1000℃，时间为 10～

30min，熔剂和试样的比例因试样不同而有较大区别，如对铁矿或锰矿为 1∶1，对硅酸盐约为 5∶1，对一些难熔的物质如硅酸锆、釉和耐火材料等则要（10∶1）～（20∶1）。此法的缺点是一些元素会挥发失去，汞和铊全部挥发，硒、砷、碘在很大程度上失去，氟、氯、溴损失较小。

② 过氧化钠：过氧化钠常被用来溶解极难溶的金属和合金、铬矿以及其他难以分解的矿物，例如钛铁矿、铌钽矿、绿柱石、锆石和电气石等。此法的不足是过氧化钠不纯且不能进一步提纯，一些坩埚材料常混入试样溶液中，为克服此缺点，可加 Na_2CO_3 或 NaOH。可采用铂坩埚（≤500℃）、锆或镍坩埚（≤600℃），还可用铁、银和刚玉坩埚。

③ 氢氧化钠（钾）：此法的熔剂熔点较低（如氢氧化钠为 318℃），熔融时可在比碳酸盐熔点低得多的温度下进行。此法对硅酸盐（如高岭土、耐火土、灰分、矿渣、玻璃等），特别是对铝硅酸盐熔融十分有效。此外，还可用来分解铅钒、Nb、Ta 及硼矿物和许多磷酸盐以及氟化物。

用氢氧化物熔融时，镍坩埚（≤600℃）和银坩埚（≤700℃）优于其他坩埚。溶剂用量与试样量比为（8∶1）～（10∶1）。此法的缺点是溶剂易吸潮，使熔化时易发生喷溅现象，而优点是速度快，且固化的熔融物容易溶解，F^-、Cl^-、Br^-、As、B 等也不会损失。

④ 焦硫酸钾（钠）：焦硫酸钾熔融的溶剂可用 $K_2S_2O_7$，也可用 $KHSO_4$，后者脱水即得 $K_2S_2O_7$。熔融时温度不宜太高，持续时间也不宜太长。假如试样很难分解，最好不时冷却熔融物，并加数滴浓硫酸。此法对 BeO、FeO、Cr_2O_3、Mo_2O_3、Tb_2O_3、TiO_2、ZrO_2、Nb_2O_5、Ta_2O_5 和稀土氧化物以及这些元素的非硅酸盐矿物（如钛铁矿、磁铁矿、铬铁矿、铌铁矿、钽铁矿等）特别有效。常用铂和熔凝石英坩埚进行这类熔融，前者略被腐蚀，后者较好。熔剂与试样量之比为 15∶1。

此法不适于许多硅酸盐的分解，也难于分解锡石、锆石和磷酸锆，且应用上因许多元素的挥发损失而受到限制。

2.5.2.3 氧化法

欲测定有机物中的无机元素，通常采用氧化法将试样中的有机成分分解除去，同时将待测的无机元素转入可供分析的溶液中。试样的氧化方法可分湿法消解和干法灰化两种。

（1）湿法消解

湿法消解，又称湿法消化或湿氧化法，是在适量的试样中加入氧化性强酸（如硫酸、硝酸等）或其混合酸，并加热消煮，使试样中的有机物分解氧化成 CO_2 和 H_2O，金属转变为相应的盐（如硝酸或硫酸盐），非金属转变为相应的阴离子。此法适用于测定有机物中的金属、硫、卤素等元素。

含有大量有机物的试样（如生物试样），通常需要采用浓硝酸对样品进行预消解处理，再采用混合酸体系进行湿法消解，常用的混合酸体系有 HNO_3-$HClO_4$、HNO_3-H_2O_2、H_2SO_4-H_2O_2、HNO_3-H_2SO_4、HNO_3-$HClO_4$-H_2SO_4、HNO_3-$HClO_4$-HF、HNO_3-H_2SO_4-HF 和 HNO_3-HCl-HF 等。硝酸是广泛使用的氧化性酸，可有效破坏样品中的有机质。硫酸具有强脱水能力，可使有机物炭化，使难溶物质部分降解；硫酸的难挥发性可提高混合酸的沸点；在含有硫酸的混合酸中过氧化氢的氧化作用是基于过一硫酸的形成。热的高氯酸是最强的氧化剂和脱水剂，由于其沸点较高，可在除去硝酸以后继续氧化样品。若样品基体中含有较多的无机物时，多采用含盐酸的混合酸进行消解。氢氟酸主要用于分解含硅酸盐的样品。

湿法消解通常在玻璃或聚四氟乙烯（PTFE）容器中进行，如克氏烧瓶、硬质玻璃烧杯、PTFE 烧杯和消化罐 PTFE 内胆等。加热消解方式有电热板加热敞开式消解、烘箱加热高压密封罐消解和微波消解等。电热板加热敞开式消解，加热温度一般较低（<200℃），可减少待测成分的挥发损失，容器吸留较少，但消化初期，易产生大量泡沫外溢，常发生大量有害气体污染环境，试剂用量较大，空白值偏高。烘箱加热高压密封罐消解，通过加热高压罐增压使其内衬 PTFE 杯中消解溶剂的沸点提高，消解样品能力增强，该法使用方便，消耗的溶剂少，空白值低，降低了工作强度和对环境的污染，但消解时间仍较长（约 4h）。微波消解是一种新型的消解技术，其加热原理是利用 2450MHz 的微波作用，使含水或酸的极性体系以每秒 24.5 亿次的速率不断改变其正负方向，使分子产生高速的碰撞和摩擦而产生高热，同时在微波电场的作用下，溶液体系中的离子定向流动，形成离子电流，离子在流动过程中与周围的分子和离子发生高速摩擦和碰撞，使微波能转变为热能。该法具有溶样时间短、消耗溶剂少、空白低、避免待测成分挥发和减少样品沾污等特点，已越来越受到人们的关注。

（2）干法灰化

干法灰化是在一定温度和气氛下加热，使待测物质分解灰化，留下的残渣再用适当的溶剂溶解。根据灰化条件的不同，可分为氧瓶燃烧法和定温灰化法两种。

氧瓶燃烧法：指在充满 O_2 的密闭瓶内，用电火花引燃有机试样，瓶内可盛适当的吸收剂以吸收其燃烧产物，然后用适当方法测定。此法广泛用于有机物中 X（卤素）、S、P、B 等元素的测定，也可用于许多有机物中部分金属元素（如 Hg、Zn、Mg、Co、Ni 等）的测定。

定温灰化法：是将试样置于敞口皿或坩埚中，在一定温度（500～550℃）下，加热分解，灰化，所得残渣用适当溶剂溶解后进行测定。灰化前加入一些添加剂（如 CaO、MgO、Na_2CO_3 等），可使灰化更有效。此法常用于测定有机物和生物试样中的无机元素，如 Te、Cr、Fe、Mo、Sr、Zn 等。

干法灰化的优点是：①基本不加或加入很少的试剂，故空白值低；②多数试样经灼烧后灰分体积很少，故能处理较多的样品，可富集被测组分，降低检测限；③有机物分解彻底，操作简单。其缺点是：①所用时间长；②因温度高易造成易挥发元素的损失；③坩埚对被测组分有一定的吸留作用，致使测定结果和回收率降低。

2.5.2.4 分解过程中的误差来源

（1）飞沫和挥发引起的损失

当溶解过程伴有气体释出或在沸点温度下溶解时，溶液中产生的气泡在破裂时以飞沫形式带出溶液，造成少量溶液损失。盖上表面皿，可大大减少这种损失。

在蒸发液体或用湿法分解试样（特别是生物试样）时，有时会遇到泡沫的问题。要解决这个问题，可将试样置于浓硝酸中静置过夜。有时在湿法化学分解之前，先在 300～400℃下将有机物质预先灰化，这对消除泡沫十分有效。防止起泡沫的更常用方法是加入化学添加剂，如脂族醇，有时也可用聚硅氧烷。

熔融分解或溶液蒸发时盐类沿坩埚壁蠕升亦引起损失。为减少这种损失应尽可能在油浴或砂浴上均匀地加热坩埚，有时可采用不同材料的坩埚来避免出现这种现象。

在溶解无机物质时，除了卤化氢、二氧化硫等容易挥发的酸和酸酐以外，许多其他可形成挥发性化合物的元素，如 As、Sb、Sn、Se、Hg、Ge、B、Os、Ru 和形成氢化物的 C、P、Si 以及 Cr 等也会挥发损失。要防止挥发损失可采取适当措施，如在带回流冷凝管的烧瓶中进行反应。熔融分解试样时，由于反应温度高，挥发损失的可能性大为增加，但只要在坩埚上加盖便可大大减少这种损失。

（2）吸附引起的损失

待测组分吸附在容器壁上使其量减少。吸附量与器壁表面的性质有关，不同的容器，其吸附作用显著不同，不同物质的吸附作用也不一样。彻底清洗容器能显著减弱吸附作用，如除去玻璃表面的油脂，则表面吸附大为减小。在许多情况下，将溶液酸化足以防止无机阳离子吸附在玻璃或石英上。一般来说，阴离子吸附的程度较小，因此，对那些强烈被吸附的离子可加配位体使其生成配阴离子而减小吸附。

（3）空白值

分解试样时，溶剂用量一般较大，即使采用高纯试剂，亦可能有较大空白值。此外，所用容器也可能会产生空白值，如坩埚留有以前测定的已熔融或已成合金的残渣，在随后分析工作中可能释出；而试样与容器反应也会改变空白值，例如硅酸盐、磷酸盐和氧化物容易与瓷坩埚的釉化合，石英在高温下与氧化物反应等。对氧化物或硅酸盐残渣，选用铂坩埚较好。可见，减少溶剂用量，小心选择容器材料可有效降低或消除空白值。

2.6 滴定分析基本操作技术

在滴定分析中准确测量溶液体积的常用玻璃量器有滴定管、移液管、容量瓶，它们的正确使用是分析化学实验的基本操作技术之一，关乎相关分析结果的准确性。现将这些量器的规格和使用方法介绍如下。

2.6.1 滴定管及其使用

滴定管是滴定分析中用于准确测量流出的滴定剂体积的玻璃量器。常量滴定管容积为 50mL 及 25mL，其最小刻度为 0.1mL，读数可估计到 0.01mL，一般读数误差为±0.02mL。此外，还有容积为 10mL、5mL、2mL 和 1mL 的半微量和微量滴定管，最小分度值为 0.05mL、0.01mL 或 0.005mL，它们的形状各异。

滴定管通常可分为酸式、碱式和酸碱两用式三种，见图 2.2。下端装有玻璃活塞的为酸式滴定管［见图 2.2（a）］，用来盛放酸性或氧化性溶液。下端用乳胶管连接一个带尖嘴的小玻璃管，乳胶管内有一玻璃珠用于控制溶液的流出的，为碱式滴定管［见图 2.2（b）］，用来装碱性溶液和无氧化性溶液，凡是能与橡胶起反应的溶液，如 HCl、H_2SO_4、I_2、$KMnO_4$ 和 $AgNO_3$ 等溶液，都不能装入碱式滴定管。下端装有聚四氟乙烯活塞的为酸碱两用式滴定管［见图 2.2（c）］，它既可以装酸，也可以装碱。滴定管除无色的外，还有棕色的，用于装见光易分解的溶液，如 $KMnO_4$、$AgNO_3$ 等溶液。

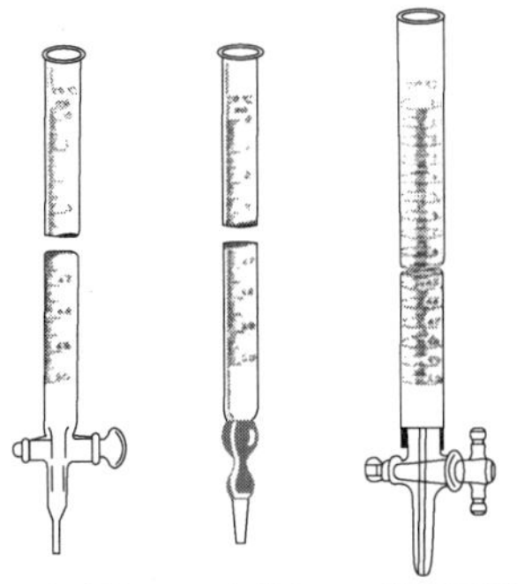

(a) 酸式滴定管　(b) 碱式滴定管　(c) 酸碱两用式滴定管

图 2.2　滴定管

滴定管的容量精度分为A级和B级。标准中规定了A级和B 级滴定管的容量允差，见表2.6。

表2.6 滴定管的容量允差

标称容量/mL		1	2	5	10	25	50	100
容量允差/mL	A级	0.010	0.010	0.010	0.025	0.05	0.05	0.10
	B级	0.020	0.020	0.020	0.050	0.10	0.10	0.20

滴定管的使用包括洗涤、检漏、涂油、装溶液、赶气泡、滴定和读数等步骤。

（1）洗涤

较干净无明显油污的滴定管，可直接用自来水冲洗，或用含0.1%～0.5%（质量分数）洗涤剂的洗涤液泡洗，不能沾去污粉刷洗，以免划伤内壁，影响体积的准确测量。若有明显油污不易洗净时，可用铬酸洗液洗涤。洗涤时向管内倒入10～15mL洗液（酸式滴定管关闭活塞；碱式滴定管将乳胶管内玻璃珠向上挤压封住管口，或将胶管连同尖嘴一起拔下，管下端套上一个滴瓶塑料帽），两手端住滴定管，边转动边向管口倾斜，直至洗液布满全部管壁为止，立起后将洗液放回原瓶中。若滴定管油污较严重，需用较多洗液充满滴定管浸泡十几分钟或更长时间，甚至用温热洗液浸泡一段时间。洗液放出后，先用自来水冲洗，再用蒸馏水淋洗3～4次，洗净的滴定管其内壁应完全被水均匀地润湿而不挂水珠。

（2）检漏和涂油

滴定管在使用前必须检查是否漏水。酸式或酸碱两用式滴定管检漏时，关闭活塞，装入蒸馏水至一定刻线，直立滴定管约2min，仔细观察刻线上的液面是否下降，滴定管下端有无水滴滴下，及活塞隙缝中有无水渗出，然后将活塞转动180°后再试。碱式滴定管检漏时，装入蒸馏水至一定刻线，直立滴定管约2min，仔细观察刻线上的液面是否下降，或滴定管下端尖嘴有无水滴滴下。

若碱式滴定管漏水，可更换乳胶管或玻璃珠；若酸碱两用式滴定管漏水，可拧紧塞子侧面的螺帽，不能涂凡士林（涂油）；若酸式滴定管漏水，或活塞转动不灵，则应重新涂抹凡士林。其方法是：将滴定管放置于实验台上，取下活塞，用滤纸片将活塞和活塞套表面的水及油污擦净，用食指蘸上凡士林，均匀地在除活塞孔一圈外的活塞两端涂上适量的一层，然后将活塞平行插入活塞套中，单方向转动活塞，直至活塞转动灵活且外观为均匀透明状态为止（见图2.3）。用橡皮圈将活塞头套住，以固定活塞。如遇凡士林堵塞了尖嘴玻璃小孔，可将滴定管装满水，用洗耳球鼓气加压，或将尖嘴浸入热水中，再用洗耳球鼓气，便可以将凡士林排除。

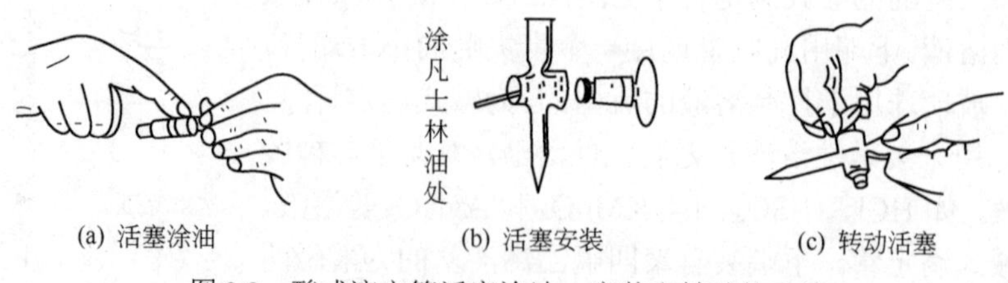

(a) 活塞涂油　(b) 活塞安装　(c) 转动活塞

图2.3 酸式滴定管活塞涂油、安装和转动的手法

（3）装溶液和赶气泡

洗净后的滴定管在装液前，应先用待装溶液润洗内壁2～3次，每次用量为5～10mL，

以确保待装标准溶液不被残存的水稀释。

图 2.4　碱式滴定管排除气泡

关好旋塞，左手持滴定管上部无刻度处，略微倾斜，右手拿住试剂瓶向滴定管注入溶液，至液面到“0”刻度线附近为止。装入滴定液的滴定管，应检查出口下端是否有气泡，如有应及时排除。其方法是：取下滴定管倾斜成约 30°。若为酸式或酸碱两用式滴定管，可用手迅速反复打开活塞，使溶液冲出并带走气泡。若为碱式滴定管，则将橡胶管向上弯曲，捏住乳胶管使溶液从管口喷出，即可排除气泡（见图 2.4）。排除气泡后，再把标准溶液加到“0”刻度线附近，然后再调整至零刻度线位置或稍下。滴定管下端如悬挂液滴也应当除去。

（4）读数

读数前，滴定管应垂直静置 1min。读数时，管内壁应无液珠，管出口的尖嘴内应无气泡，尖嘴外应不挂液滴，否则读数不准。

读数方法是：取下滴定管用右手大拇指和食指捏住滴定管上部无刻度处，使滴定管保持垂直，并使自己的视线与所读的液面处于同一水平上，见图 2.5（a）。由于水对玻璃的浸润作用，滴定管内的液面呈弯月形。无色和浅色溶液的弯月面比较清晰，读数时，应读弯月面下缘实线的最低点，即视线与弯月面下缘的最低点在同一水平。对于深色溶液，其弯月面不够清晰，读数时，视线应与液面的上边缘在同一水平。对于乳白底蓝条线衬背的“蓝带”滴定管，管中液面呈现三角交叉点，应读取交叉点与刻度相交之点的读数，见图 2.5（b）。

对初学者，可使用读数卡，以使弯月面显得更清晰。读数卡是用贴有黑纸或涂有黑色的长方形的白纸板制成。读数时，将读数卡紧贴在滴定管的后面，置于弯月面下面约 1mm 处，使弯月面的反射层全部成为黑色，读取黑色弯月面的最低点，见图 2.5（c）。

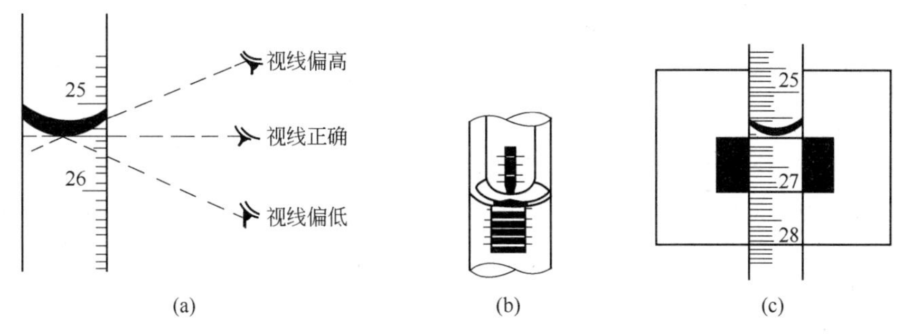

图 2.5　滴定管的读数

（5）滴定

读取初读数之后，立即将滴定管下端伸入锥形瓶口内约 1cm 处，再进行滴定。操作酸式滴定管时，左手拇指与食指跨握滴定管的活塞处，与中指一起控制活塞的转动，见图 2.6（a）。但应注意，不要过于紧张和手心用力，以免将活塞从大头推出造成漏液，而应将三手指略向手心回力，以塞紧活塞。操作碱式滴定管时，用左手的拇指与食指捏住玻璃球外侧的乳胶管向外捏，形成一条缝隙，溶液即可流出，见图 2.6（b）。控制缝隙的大小即可控制流速，但要注意不能使玻璃珠上下移动，更不能捏玻璃珠下部的乳胶管以免产生气泡。滴定时，边滴加边用右手摇动锥形瓶，瓶底应向同一方向（顺时针）做圆周运动（见图 2.7），不可前后振荡，以免溅出溶液。滴定也可在烧杯中进行，滴定时边滴边用玻璃棒搅拌烧杯中的溶液（见图 2.7）。

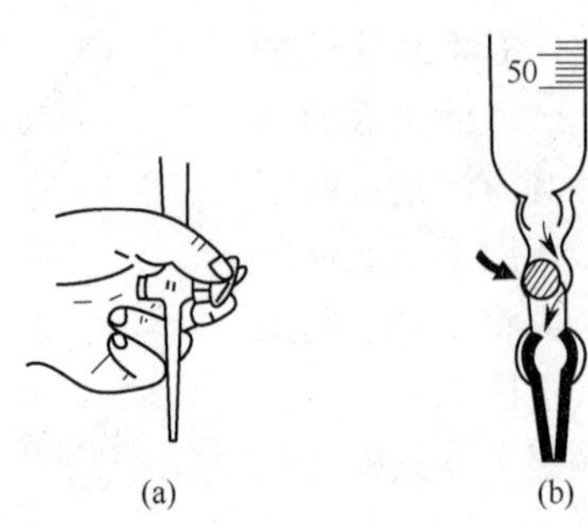

图 2.6　滴定管的操作

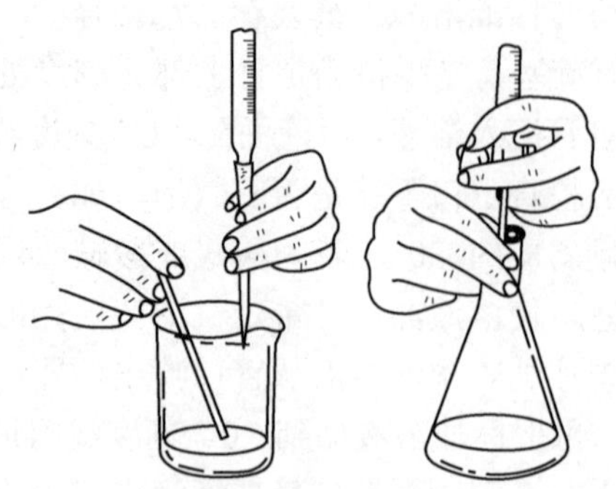
图 2.7　滴定的姿势

滴定时应控制好滴定速度，左手不应离开滴定管，以防流速失控。开始时，滴定速度可稍快，呈“见滴成线”，约为 10mL/min，即 3～4 滴/s；接近终点时，应改为一滴一滴加入，即加一滴摇几下，再加再摇；最后每加半滴摇几下（加半滴操作，是使溶液悬而不滴，让其沿器壁流入容器，再用少量纯水冲洗内壁，并摇匀），直至溶液出现明显的颜色变化为止。终点颜色变化应注意观察滴定剂的滴落点。通常，最早的滴落点变化是出现暂时性的颜色变化而当即消失，随着离终点越近颜色消失渐慢，接近终点时新出现的颜色暂时地扩散到较大范围，但转动锥形瓶 1～2 圈后仍完全消失，最后滴入半滴溶液颜色突然变化而 30s 内不褪色，则表示终点已到达。立即记录读数。每次滴定控制在 6～10min 完成。

注意事项

① 平行滴定时，应该每次都将初刻度调整到“0”刻度或其附近，这样可减少滴定管刻度的系统误差。

② 滴定管用毕后，弃去管内剩余溶液，用水洗净，装入纯水至刻度以上，用大试管套住管口，然后挂在滴定台上。这样，下次使用前可不必再用洗液清洗。滴定管洗净后也可以倒置夹在滴定管夹上。

③ 酸式滴定管长期不用时，活塞部分应垫上纸。否则，时间一久，塞子不易打开。碱式滴定管不用时胶管应拔下，蘸些滑石粉保存。

2.6.2　移液管及其使用

移液管是用来准确移取一定体积液体的玻璃量器。准确度与滴定管相当，种类较多。无分刻度的，即为通称的移液管，它的中部具有“胖肚”结构，两端细长，只有一个标线，“胖肚”上标有指定温度下的容积，见图 2.8。常见的规格为 5mL、10mL、25mL、50mL、100mL 等。移液管必须符合 GB 12808—2015 要求。移液管为量出式 Ex 计量玻璃仪器，按精度的高低分为 A 级和 B 级，标准中规定移液管 A 级和 B 级的容量允差见表 2.7。

表 2.7　移液管的容量允差

标称容量/mL		5	10	25	50	100	200	500	1000	2000
容量允差/mL	A 级	0.02		0.03	0.05	0.10	0.15	0.25	0.40	0.60
	B 级	0.04		0.06	0.10	0.20	0.30	0.50	0.80	1.20

有分刻度的移液管，即为通称的吸量管，它的上端标有指定温度下的体积，见图 2.9。常见的规格有 1mL、2mL、5mL、10mL 等。一般只用于量取小体积的溶液，其准确度比“胖肚”移液管稍差。吸量管必须符合 GB/T 12807—2021 要求。

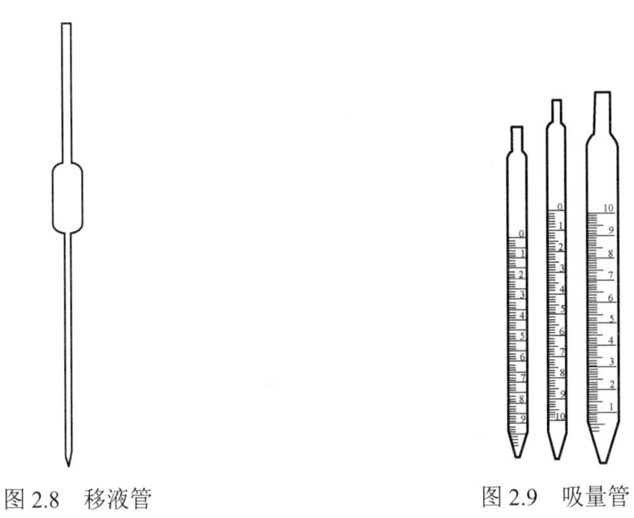

图 2.8　移液管　　　　图 2.9　吸量管

移液管的使用包括洗涤、润洗和移液等步骤。

（1）洗涤

移液管（或吸量管）均可用自来水洗涤，再用纯水洗净，较脏（内壁挂水珠）时，可用铬酸洗液洗净。其洗涤方法是：右手拇指和中指拿住管颈上部，将移液管插入洗液中，左手拿洗耳球轻轻将水吸至管容积 1/3 处，用右手食指按住管口，把管横过来淌洗，然后将洗液放回原瓶。如果内壁严重污染，应将移液管放入盛有洗液的大量筒中，浸泡 15min 至数小时，取出后用自来水及纯水冲洗。用纸擦干外壁，置于干净的移液管架上。

（2）润洗和移液

洗净后的移液管移液前需用滤纸吸净尖端内、外的残留水，然后用待取液润洗 2～3 次，以防改变溶液的浓度。润洗时，在小烧杯中倒入少量待取液，将待取液吸至管容积 1/3 处，方法同铬酸洗液的洗涤，但润洗后应将润洗液从管下口放出并弃去。

移液时，将润洗好的移液管插入待取液的液面下适当深度，不能太浅以免吸空，也不能插至容器底部，以免吸起沉渣。右手的拇指与中指拿住移液管标线以上部分，左手拿洗耳球，排出洗耳球内空气，将洗耳球尖端插入移液管上端，并封紧管口，逐步松开洗耳球，以吸取溶液。当液面上升至标线以上时，拿掉洗耳球，迅速用右手食指堵住管口，将移液管提出液面，倾斜容器，将管尖紧贴容器内壁成约 45°角，稍待片刻，以除去管外壁的溶液，然后微微松动食指，并用拇指和中指慢慢转动移液管，使液面缓慢下降，直到溶液的弯月面与标线相切。此时，立即用食指按紧管口，使液体不再流出。将接收容器倾斜 45°角，使移液管的下端与容器内壁上方接触（见图 2.10），松开食指让溶液自然流下，当溶液流尽后，再停 15s，取出移液管。注意，除标有“吹”字样的移液管外，不要把残留在管尖的液体吹出，因为在校准移液管容积时，没有算上这部分液体。

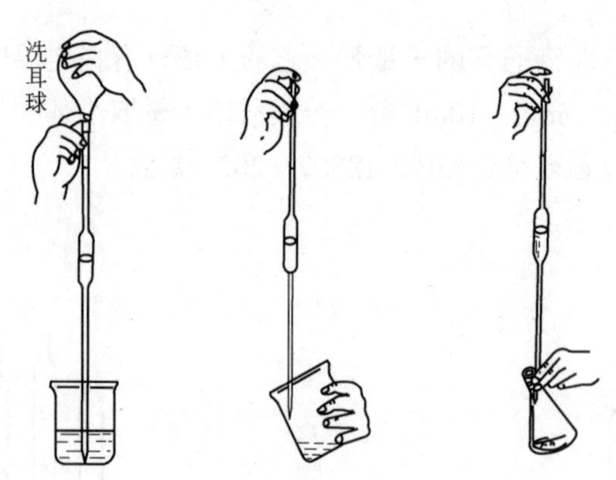

图 2.10 移液管的使用

注意事项

① 移液管与容量瓶常配合使用，因此使用前常作两者的相对体积的校准。

② 为了减少测量误差，吸量管每次都应从最上面刻度为起始点，往下放出所需体积，而不是放出多少体积就吸取多少体积。

③ 移液管和吸量管一般不要在烘箱中烘干。

2.6.3 容量瓶及其使用

容量瓶是细颈梨形平底玻璃量器，由无色或棕色玻璃制成，带有磨口玻璃塞或塑料塞，颈上刻有一环形标线。容量瓶是量入式量器，必须符合 GB/T 12806—2011 要求，其容量精度分为 A 级和 B 级。瓶上应有下列标志：生产厂名或商标、标称容量（mL)、标称温度（20℃)、量入式符号（In)、精度级别（A 级或 B 级)、可互换性塞的尺寸及非互换性瓶塞号别。

容量瓶主要用于把精确称量的物质准确地配成一定体积的溶液，或将准确体积的浓溶液稀释成准确体积的稀溶液，这种过程通常称为“定容”。容量瓶的容量定义为：在 20℃下，液体充满至弯月面与标线相切时的体积恰好与瓶上所注明的体积相等。国家规定的容量允差列于表 2.8。常见的规格为 10mL、50mL、100mL、250mL、500mL 和 1000mL 等。此外还有 1mL、2mL、5mL 的小容量瓶，但用得较少。

表 2.8 容量瓶的容量允差

标称容量/mL		5	10	25	50	100	200	500	1000	2000
容量允差/mL	A 级	0.02		0.03	0.05	0.10	0.15	0.25	0.40	0.60
	B 级	0.04		0.06	0.10	0.20	0.30	0.50	0.80	1.20

容量瓶的使用包括检漏、洗涤、转移、定容和摇匀等步骤。

（1）检漏

容量瓶使用前应先检查瓶塞是否密合、不漏水。检查时，加自来水近刻度盖好瓶塞，用左手食指按住，同时用右手五指托住瓶底边缘，将瓶倒立 2min，如不漏水，将瓶直立，把瓶塞转动 180°，再倒立 2min，若仍不渗水即可使用。

（2）洗涤

先用自来水冲洗，后用纯水淋洗 2～3 次。如洗不净，可用铬酸洗液洗涤，洗涤时将瓶内水尽量倒空，然后倒入铬酸洗液 10～20mL，盖上塞，边转动边向瓶口倾斜，至洗液布满全部内壁。放置数分钟，倒出洗液，用自来水充分洗涤，再用纯水淋洗 2～3 次备用。

（3）转移

当用固体配制一定体积的准确浓度的溶液时，将准确称量好的药品，倒入干净的小烧杯中，加入少量溶剂将其完全溶解后再定量转移至容量瓶中。定量转移时，右手持玻璃棒悬空放入容量瓶内，玻璃棒下端靠在瓶颈内壁（但不能与瓶口接触），左手拿烧杯，烧杯嘴紧靠玻璃棒，使溶液沿玻璃棒流入瓶内沿壁而下（见图 2.11）。烧杯中溶液流完后，将烧杯嘴沿玻璃棒上提，同时使烧杯直立。将玻璃棒取出放入烧杯，用少量溶剂冲洗玻璃棒和烧杯内壁，也同样转移到容量瓶中。如此重复操作 3 次以上。

（4）定容和摇匀

溶液转入容量瓶后，加溶剂稀释到约 3/4 体积时，将容量瓶平摇几次，作初步混匀，可避免最后混合时体积有较大的改变。继续加入溶剂，近标线时应小心地逐滴加入，直至溶液的弯月面与标线相切为止。盖紧塞子，左手食指按住塞子，右手指尖顶住瓶底边缘［见图 2.12（b）］，将容量瓶倒转并振荡，反复使气泡上升至底部或顶部，如此反复 10～15 次，可使溶液混匀。

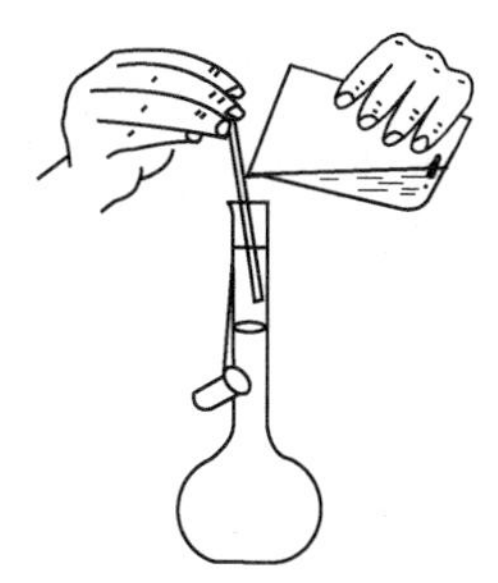

图 2.11　定量转移操作

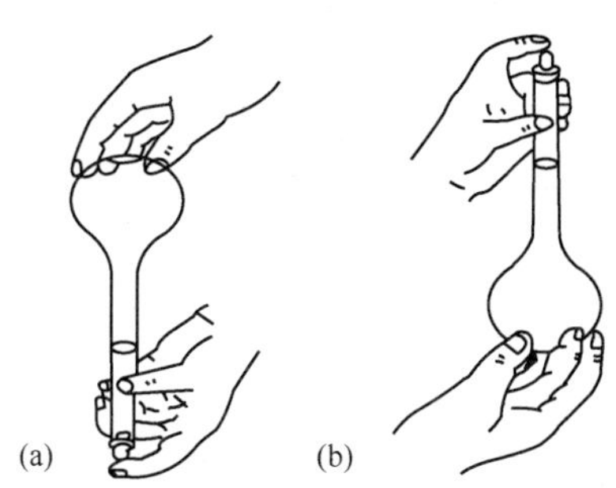

图 2.12　溶液的混匀

当用浓溶液配制稀溶液时，则用移液管移取一定体积的浓溶液于容量瓶中，加水至标线。同上法混匀即可。

注意事项

① 用于洗涤烧杯的溶剂总量不能超过容量瓶的标线。

② 容量瓶不能进行加热。如果溶质在溶解过程中放热，要待溶液冷却后再进行转移。因为温度升高瓶体将膨胀，所量体积就会不准确。

③ 容量瓶只能用于配制溶液，不能储存溶液，因为溶液可能会对瓶体造成腐蚀，从而使容量瓶的精度受到影响。

④ 容量瓶使用前需用滤纸擦干瓶塞和磨口。用毕应及时洗涤干净，塞上瓶塞，并在塞子与瓶口之间夹一纸条，防止瓶塞与瓶口粘连。

2.6.4　玻璃量器的校正

玻璃量器的体积并不经常与它所标示的大小完全符合，因此，在工作开始时，尤其对于准确度要求较高的分析工作，必须加以校正。

玻璃量器的校正方法是：称量一定体积的水，然后根据该温度时水的密度，将水的质量换算为体积。这种方法是基于在不同温度下水的密度都已经很准确地测量过。已经知道 3.98℃时，1mL 水在真空中的质量为 1.000g，如果校正工作也是在 3.98℃和真空中进行，则称出的水的质量就等于容积的体积（以 mL 计）。但通常并不在 3.98℃而是在室温下称量水，同时不在真空里，而是在空气中称量，因此，称量的结果必须对下列三点加以校正。

① 水的密度随着温度的改变而改变的校正；

② 对于玻璃仪器的容积由于温度改变而改变的校正；

③ 对于物体由于空气浮力而使质量改变的校正。

玻璃量器是以 20℃为标准而校准的，但使用时不一定也在 20℃，因此，量器容量和溶液体积都将发生变化。量器容量的改变是由于玻璃的胀缩而引起的，但玻璃的膨胀系数极小，在温度相差不太大时可以忽略不计。溶液体积的改变是由于溶液密度的改变所致，稀溶液的密度一般可以用相应的水密度来代替。为了便于校准玻璃量器在其他温度下所测量的体积，表 2.9 列出了在不同温度下 1L 水（或稀溶液）换算到 20℃时，其体积应增减的值（mL）。应用表 2.9 来校正玻璃量器的体积十分方便，校正后的体积是指 20℃时该容器的体积。

表 2.9　不同温度下 1L 水（或稀溶液）换算到 20℃时的体积校正值

温度/℃	ΔV（水，0.1mol/L HCl，0.01mol/L 溶液）/mL	ΔV（0.1mol/L 溶液）/mL
5	+1.5	+1.7
10	+1.3	+1.45
15	+0.8	+0.9
20	0.0	0.0
25	−1.0	−1.1
30	−2.3	−2.5

例如，在 10℃时滴定用去 25.00mL 0.1mol/L 标准溶液，在 20℃时应相当于

$$25.00+(1.45\times25.00)/1000=25.04\text{mL}$$

（1）滴定管的校正

将待校正的滴定管充分洗净，加水调至滴定管“零”处（加入水的温度应当与室温相同）。记录水的温度，将滴定管尖外面的水珠除去，然后以滴定速度放出 10mL 水（不必恰等于 10mL，但相差也不应大于 0.1mL），置于预先准确称过质量的 50mL 具有玻璃塞的锥形瓶中（锥形瓶外壁必须干燥，内壁不必干燥），将滴定管尖与锥形瓶内壁接触，收集管尖余滴。1min 后读数（准确到 0.1mL），并记录。将锥形瓶玻璃塞盖上，再称出它的质量，并记录，两次质量之差即为放出水的质量。

由滴定管中再放出 10mL 水（即放至约 20mL 处）于原锥形瓶中，用上述同样方法称量，读数并记录。同样，每次再放出 10mL 水，即从 20mL 到 30mL，30mL 到 40mL 直至 50mL 为止。用实验温度时 1mL 水的质量（见表 2.10）来除每次得到的水的质量，即可得相当于滴定管各部分体积的实际值（即 20℃时的真实体积）。

例：在 21.00℃时由滴定管中放出 10.03mL 水，其质量为 10.04g。查表 2.10 知道在 21.00℃时 1mL 水的质量为 0.99700g。由此，可算出 20.00℃时其实际体积为 10.04/0.99700=10.07mL，故此管体积的误差为 10.07−10.03=0.04（mL）。

表 2.10　不同温度下用水充满 20℃时容积为 1L 的玻璃容器，在空气中以黄铜砝码称取的水的质量

温度/℃	质量/g	温度/℃	质量/g	温度/℃	质量/g
0.00	998.24	14.00	998.04	28.00	995.44
1.00	998.32	15.00	997.93	29.00	995.18
2.00	998.39	16.00	997.80	30.00	994.91
3.00	998.44	17.00	997.65	31.00	994.64
4.00	998.48	18.00	997.51	32.00	994.34
5.00	998.50	19.00	997.34	33.00	994.06
6.00	998.51	20.00	997.18	34.00	993.75
7.00	998.50	21.00	997.00	35.00	993.45
8.00	998.48	22.00	996.80	36.00	993.12
9.00	998.44	23.00	996.60	37.00	992.80
10.00	998.39	24.00	996.38	38.00	992.46
11.00	998.32	25.00	996.17	39.00	992.12
12.00	998.23	26.00	995.93	40.00	991.77
13.00	998.14	27.00	995.69		

（2）移液管（或吸量管）的校正

移液管（或吸量管）的校正方法与上述滴定管的校正方法相同。

（3）容量瓶的校正

① 绝对校正法：将洗净、干燥、带塞的容量瓶准确称量（空瓶质量）。注入蒸馏水至标线，记录水温，用滤纸条吸干瓶颈内壁水滴，盖上瓶塞称量。两次称量之差即为容量瓶容纳的水的质量。根据上述方法算出该容量瓶 20℃时的真实体积数值，求出校正值。

② 相对校正法：在很多情况下，容量瓶与移液管是配合使用的，因此，重要的不是要知道所用容量瓶的绝对容积，而是容量瓶与移液管的体积比是否正确。一般只需要做容量瓶与移液管的相对校正即可。其校正方法如下：

预先将容量瓶洗净控干，用洁净的移液管吸取蒸馏水注入该容量瓶中。假如容量瓶容积为 250mL，移液管为 25mL，则共吸 10 次，观察容量瓶中水的弯月面是否与标线相切，若不相切，表示有误差，一般应将容量瓶空干后再重复校正一次，如果仍不相切，可在容量瓶颈上作一新标记，以后配合该支移液管使用时，可以新标记为准。

2.7　重量分析基本操作技术

重量分析的基本操作包括样品溶解、沉淀、过滤、洗涤、干燥和灼烧等步骤，分别介绍如下。

2.7.1　样品溶解

重量分析法测定固体样品中某组分含量，首先需要将固体样品溶解。溶解可分为水溶、酸溶、碱溶和熔融等方法。根据被测试样的性质，选用不同的溶解试剂，以确保待测组分全部溶解，且不使待测组分发生氧化还原反应而造成损失，加入的试剂应不影响测定。

所用的玻璃仪器内壁不能有划痕，以防黏附沉淀物。烧杯、玻璃棒、表面皿的大小要适宜，玻璃棒两头应烧圆，长度应高出烧杯 5～7cm，表面皿的大小应大于烧杯口。

以常见样品为例，其溶解操作如下。

① 样品称于烧杯中，用表面皿盖好。

② 溶解方法

a．样品溶解时不产生气体的溶解方法：取下表面皿，凸面向上放置，沿杯壁加溶剂或使试剂沿下端紧靠杯内壁的玻璃棒慢慢加入，加完后，需用玻璃棒搅拌的用玻璃棒搅拌，使试样溶解，溶解后将玻璃棒放在烧杯嘴处，将表面皿盖在烧杯上，轻轻摇动，使其溶解。

b．样品溶解时产生气体的溶解方法：称取样品放入烧杯中，先用少量水将样品润湿，表面皿凹面向上盖在烧杯上，沿玻璃棒将试剂自烧杯嘴与表面皿之间的空隙缓慢加入，或用滴管滴加，以防猛烈产生气体，加完试剂待作用完全，促其溶解。

③ 样品溶解需加热或蒸发时，应在水浴锅内进行，温度不可太高，烧杯上需盖上表面皿，以防溶液剧烈爆沸或迸溅。

④ 溶解完成后，用洗瓶中水吹洗表面皿的凸面，流下来的水应沿烧杯内壁流入烧杯中，用洗瓶吹洗烧杯内壁。

2.7.2 沉淀

为了达到重量分析对沉淀尽可能地完全和纯净的要求，应该按照沉淀的不同类型选择不同的沉淀条件，如溶液的体积、酸度、温度，加入沉淀剂的数量、浓度、加入顺序、加入速度、搅拌速度、放置时间等。因此，实验操作必须严格按照具体操作步骤进行。

沉淀重量法要求沉淀剂适当过量，故沉淀所需试剂溶液浓度准确到 1%即可，液体试剂用量筒量取，固体试剂用台秤称取。沉淀的类型不同，所采用的操作方法也不同。晶形沉淀的沉淀条件为“稀、热、慢、搅、陈”五字原则。

沉淀操作时，一般左手拿滴管，滴管口接近液面，缓慢滴加沉淀剂，以免溶液溅出。右手持玻璃棒不断搅动溶液，防止沉淀剂局部过浓。搅拌时玻璃棒不要碰烧杯内壁和烧杯底，以免划损烧杯使沉淀附着在划痕处。速度不宜快，以免溶液溅出。加热时应在水浴或电热板上进行，不得使溶液沸腾。

沉淀完后，应检查沉淀是否完全：将沉淀溶液静置，待上层溶液澄清后，于上清液中滴加一滴沉淀剂，观察滴落处是否浑浊，如浑浊，表明沉淀未完全，还需补加沉淀剂，直至再次检查时上层清液中不再出现浑浊为止。沉淀完全，盖上表面皿，放置一段时间或在水浴上保温静置 1h 左右进行陈化。非晶形沉淀沉淀时宜用较浓的沉淀剂，加入沉淀剂和搅拌的速度均可快些，沉淀完全后用蒸馏水稀释，不必放置陈化。

2.7.3 过滤和洗涤

过滤的目的是将沉淀从母液中分离出来，使其与过量的沉淀剂及其他杂质组分分开，并通过洗涤将沉淀转化成一纯净的单组分。应根据沉淀的性质选择适当的滤器。需要灼烧的沉淀物，常在玻璃漏斗中用滤纸进行过滤和洗涤。不能或不需灼烧的沉淀，热稳定性差的沉淀，只需烘干即可称量的沉淀，或不需称量的沉淀，均应在微孔玻璃滤器（微孔玻璃坩埚或漏斗）

内进行过滤和洗涤。

过滤一般采用倾析法（或称倾注法），过滤和洗涤必须要一次完成，因此必须事先计划好时间，不能间断，特别是过滤胶状沉淀。在过滤和洗涤操作过程中，务必避免造成沉淀的损失。

2.7.3.1 用滤纸过滤

（1）滤纸和漏斗的选择

滤纸分定性滤纸和定量滤纸两种，重量分析中常用定量滤纸（含灰分少）进行过滤。定量滤纸有“无灰滤纸”，灼烧后灰分极少，小于 0.0001g，质量可忽略不计；定量滤纸经灼烧后，若灰分质量大于 0.0002g，则需从沉淀物中扣除其质量，一般市售定量滤纸都已注明每张滤纸的灰分质量，可供参考。定量滤纸按滤速可分为快速、中速、慢速三种，一般为圆形，按直径有 11cm、9cm、7cm 等几种规格。见表 2.11 和表 2.12。根据沉淀的性质选择合适的滤纸，如 $BaSO_4$、$CaC_2O_4 \cdot 2H_2O$ 等细晶形沉淀，应选用“慢速”滤纸过滤；$Fe_2O_3 \cdot H_2O$ 为胶状沉淀，应选用“快速”滤纸过滤；$MgNH_4PO_4$ 等粗晶形沉淀，应选用“中速”滤纸过滤。根据沉淀量的多少，选择滤纸的大小，沉淀物完全转入滤纸中后，高度一般不超过滤纸圆锥高度的 1/3 处。

表 2.11 国产定量滤纸的灰分质量

直径/cm	7	9	11	12.5
灰分/(g/张)	3.5×10^{-5}	5.5×10^{-5}	8.5×10^{-5}	1.0×10^{-4}

表 2.12 国产定量滤纸的类型

类型	滤纸盒上色带标志	滤速/（s/100mL）	适用范围
快速	白色	60～100	无定形沉淀，如 $Fe(OH)_3$，$Al(OH)_3$，H_2SiO_3
中速	蓝色	100～160	中等粒度沉淀，如 $MgNH_4PO_4$，SiO_2
慢速	红色	160～200	细粒状沉淀，如 $BaSO_4$，$CaC_2O_4 \cdot 2H_2O$

用于重量分析的漏斗应该是长颈漏斗，颈长为 15～20cm，漏斗锥体角应为 60°，颈的直径要小些，一般为 3～5mm，以便在颈内容易保留水柱，出口处磨成 45°角。见图 2.13。漏斗的大小应使折叠后滤纸的上缘低于漏斗上沿 0.5～1cm，不能超出漏斗边缘。见图 2.14。

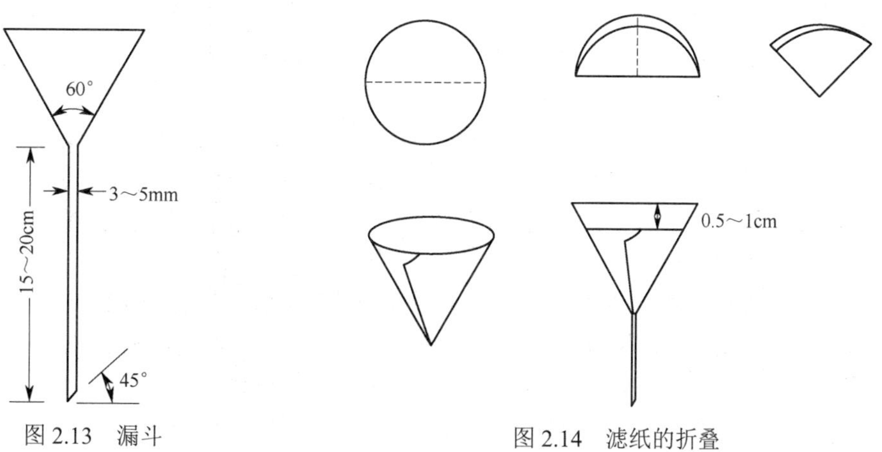

图 2.13 漏斗

图 2.14 滤纸的折叠

（2）滤纸的折叠

折叠滤纸的手要洗净擦干。滤纸按四折法折叠，先把滤纸对折并按紧，然后再对折但不要按紧，把折成圆锥形的滤纸放入漏斗中。滤纸的大小应低于漏斗边缘0.5～1cm，若高出漏斗边缘，可剪去一圈。观察折好的滤纸是否能与漏斗内壁紧密贴合，若未贴合紧密可以适当改变滤纸折叠角度，直至与漏斗贴紧后把第二次的折边按紧。取出圆锥形滤纸，将半边为三层滤纸的外层折角撕下一块，这样可以使内层滤纸紧密贴在漏斗内壁上，撕下来的那一小块滤纸，保留作擦拭烧杯内残留的沉淀用。滤纸的折叠见图2.14。

（3）做水柱

滤纸放入漏斗后，三层的一边放在漏斗出口短的一边，用食指按紧使之密合，用洗瓶加水润湿全部滤纸。用手指轻压滤纸赶去滤纸与漏斗壁间的气泡，然后加水至滤纸边缘，此时漏斗颈内应全部充满水，形成水柱。当漏斗中水全部流尽后，颈内水柱仍能保留且无气泡。水柱的重力可起抽滤作用，加快过滤速度。

若水柱做不成，可用手指堵住漏斗下口，稍微掀起滤纸三层的一边，用洗瓶向滤纸和漏斗间的空隙内加水，直到漏斗颈及锥体的一部分被水充满，按紧滤纸边，放开堵住出口的手指，此时水柱即可形成。如仍不能形成水柱，或水柱不能保持，而漏斗颈又确已洗净，则是因为漏斗颈太大。实践证明，漏斗颈太大的漏斗，是做不出水柱的，应更换漏斗。

水柱做成后，用纯水冲洗滤纸，将漏斗放在漏斗架上，下面放一个盛接滤液的洁净烧杯（考虑可能有沉淀渗滤或滤纸意外破裂需要重滤，要用洗净的烧杯来承接滤液），漏斗出口长的一边靠近烧杯壁，漏斗位置以过滤过程中漏斗颈的出口不接触滤液为度。漏斗和烧杯上均盖好表面皿，备用。

（4）倾析法过滤和初步洗涤

过滤的完整过程可分为两个阶段，第一阶段采用倾析法，尽可能把清液先过滤去，并初步洗涤烧杯中的沉淀；第二阶段转移沉淀到漏斗上，并最后清洗烧杯和洗涤漏斗上的沉淀。

这里先介绍第一阶段。采用倾析法，可以避免沉淀堵塞滤纸的孔隙，影响过滤速度。其做法是，沉淀完全后倾斜静置烧杯（见图2.15），待沉淀下降后，将上层清液倾入漏斗中。倾入时，将烧杯移到漏斗上方，轻轻提起玻璃棒，将玻璃棒下端轻碰一下烧杯壁使悬挂的液滴流回烧杯中，将烧杯嘴与玻璃棒贴紧，玻璃棒要直立，下端对着滤纸的三层边，尽可能靠近滤纸但不接触。倾入的溶液量一般只充满滤纸的2/3，离滤纸上边缘至少5mm，否则少量沉淀因毛细管作用越过滤纸上缘，造成损失。暂停倾注时，应沿玻璃棒将烧杯嘴往上提，逐渐直立烧杯，以免使烧杯嘴上的液滴流失。等玻璃棒和烧杯变为几乎平行时，将玻璃棒离开烧杯嘴而移入烧杯中。玻璃棒放回原烧杯时，勿将清液搅浑，也不要靠在烧杯嘴处，因嘴处沾有少量沉淀。见图2.16。如此重复操作，直至上层清液倾完为止。当烧杯内的液体较少而不便倾出时，可将玻璃棒稍向左倾斜，使烧杯倾斜角度更大些。

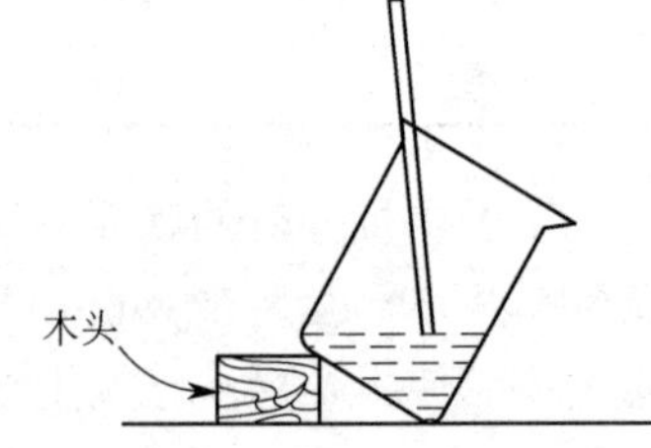

图2.15 过滤时带沉淀和溶液的烧杯放置方法

倾注完后，在烧杯中作初步洗涤。洗涤液的选择，应根据沉淀的类型而定。

① 晶形沉淀：选用冷的稀的沉淀剂进行洗涤，可以减少沉淀的溶解损失。若沉淀剂为不挥发的物质，则不能用作洗涤液，可用蒸馏水或其他合适的溶液。

② 无定形沉淀：用热的电解质溶液作洗涤剂，大多采用易挥发的铵盐溶液作洗涤剂。

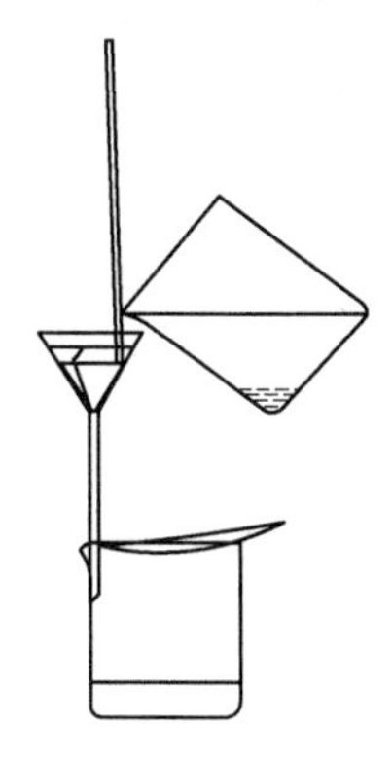

(a) 玻璃棒垂直紧靠烧杯嘴，下端对着滤纸三层的一边，但不能碰到滤纸

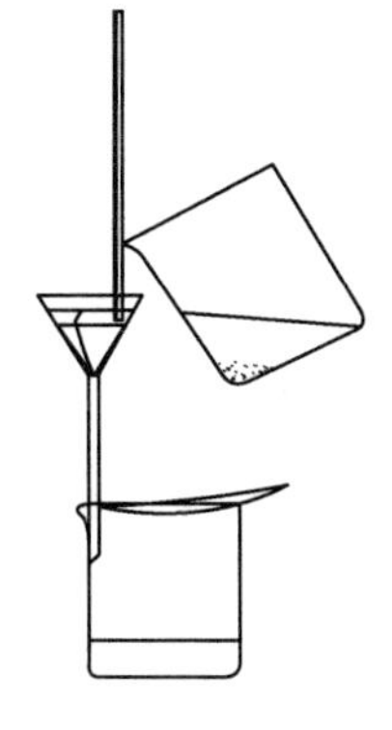

(b) 慢慢扶正烧杯，但烧杯嘴仍与玻璃棒贴紧，接住最后一滴溶液

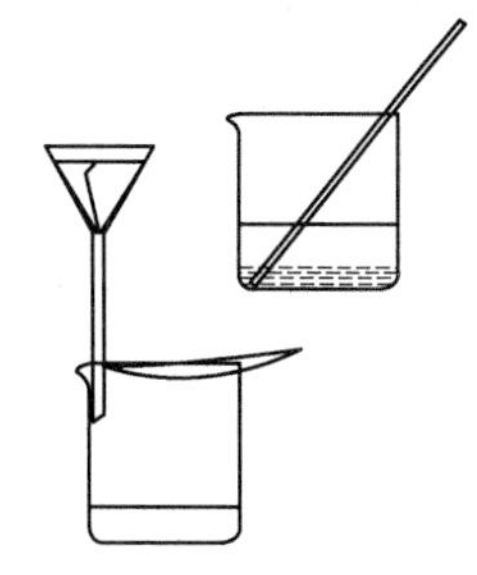

(c) 玻璃棒远离烧杯嘴搁放

图 2.16　倾析法过滤操作

③ 对于溶解度较大的沉淀：可采用沉淀剂加有机溶剂洗涤沉淀。

洗涤时，沿烧杯壁旋转加入约 15mL 洗涤液吹洗烧杯内壁，使黏附着的沉淀集中在烧杯底部，充分搅拌，静置，待沉淀沉降后，按上倾析法过滤，如此重复洗涤沉淀 4～5 次。每次尽可能把洗涤液倾倒尽。

过滤和洗涤过程中，应随时检查滤液是否透明不含沉淀颗粒，否则应重新过滤，或重做实验。

（5）沉淀的转移和最后洗涤

过滤的第二阶段为转移沉淀到漏斗上，并最后清洗烧杯和洗涤漏斗上的沉淀。其做法是：在沉淀经倾析法洗涤后，在盛有沉淀的烧杯中加入少量洗涤液，搅拌混合，全部倾入漏斗中。如此重复 2～3 次，然后将玻璃棒横放在烧杯口上，玻璃棒下端比烧杯口长出 2～3cm，左手食指按住玻璃棒，大拇指在前，其余手指在后，拿起烧杯，放在漏斗上方，倾斜烧杯使玻璃棒仍指向三层滤纸的一边，用洗瓶冲洗烧杯壁上附着的沉淀，使之全部转移到漏斗中（见图 2.17）。最后用保存的小块滤纸擦拭玻璃棒，再放入烧杯中，用玻璃棒压住滤纸进行擦拭。擦拭后的滤纸块，用玻璃棒拨入漏斗中，用洗涤液再冲洗烧杯将残存的沉淀全部转入漏斗中。有时也可用淀帚（见图 2.18），擦洗烧杯内壁上的沉淀，然后洗净淀帚。

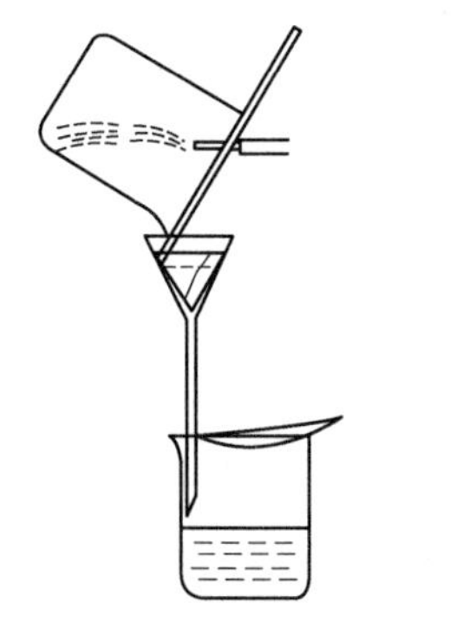

图 2.17　最后少量沉淀的冲洗

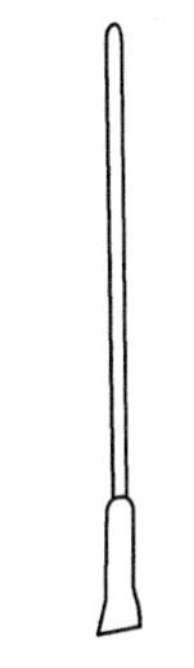

图 2.18　淀帚

图 2.19　洗涤沉淀

沉淀全部转移到滤纸上后，再在滤纸上进行最后的洗涤。这时要用洗瓶由滤纸边缘稍下一些地方螺旋形地往下移动冲洗沉淀（见图 2.19）。这样可使沉淀洗得干净且可将沉淀集中到滤纸的底部，以免沉淀外溅。洗涤沉淀时的原则是少量多次，即每次螺旋形往下洗涤时，所用洗涤剂的量要少，以便于尽快沥干，沥干后，再行洗涤。如此反复多次，直至沉淀洗净为止，可提高洗涤效率。一般洗涤 8～10 次，或洗至流出液无 Cl^-为止（用小试管或小表面皿接取少量滤液，用硝酸酸化的 $AgNO_3$ 溶液检查）。

应注意：过滤和洗涤沉淀的操作不能间隔过久，必须不间断地一次完成。若沉淀干涸，粘成一团，则无法洗涤干净。操作过程中，烧杯和漏斗应经常用表面皿盖好，以防落入灰尘，沾污沉淀。

2.7.3.2　用微孔玻璃滤器过滤

微孔玻璃滤器包括微孔玻璃坩埚和微孔玻璃漏斗（见图 2.20），其滤板是用玻璃粉末在高温下熔结而成的，因此又常称为玻璃钢砂芯坩埚（漏斗）。

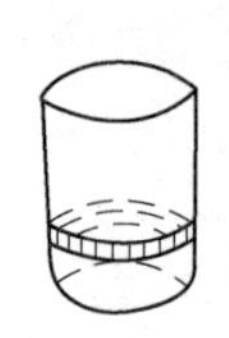

(a) 微孔玻璃坩埚

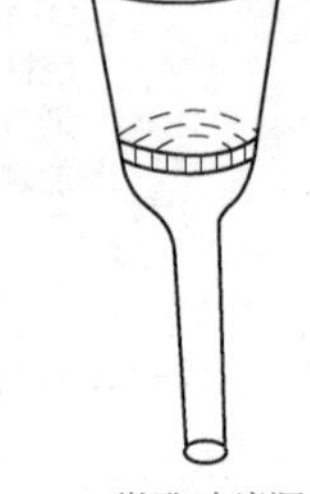

(b) 微孔玻璃漏斗

图 2.20　微孔玻璃滤器

有些沉淀不能与滤纸一起灼烧，因其易被还原，如 AgCl 沉淀；有些沉淀不需称量；有些沉淀不能灼烧，如热稳定性差的沉淀，或不需灼烧，只需烘干即可称量，如丁二肟镍沉淀、磷钼酸喹啉沉淀等，若用滤纸过滤，滤纸经烘干后重量改变很多，沉淀无法准确称量。在这些情况下，应该用微孔玻璃滤器过滤。

微孔玻璃滤器按微孔的孔径大小，由大到小可分为六级，即 G_1～G_6（或称 1 号～6 号）。其规格和用途见表 2.13。分析实验中常用 G_3 和 G_4 号滤器，例如，过滤金属汞用 G_3 号，过滤 $KMnO_4$ 溶液用 G_4 号漏斗式滤器，重量法测 Ni 用 G_4 号坩埚式滤器。

表 2.13　微孔玻璃漏斗（坩埚）的规格和用途

滤板编号	孔径/μm	用途	滤板编号	孔径/μm	用途
G_1	20～30	滤除大沉淀物及胶状沉淀物	G_4	3～4	滤除液体中细的沉淀物或极细沉淀物
G_2	10～15	滤除大沉淀物及气体洗涤	G_5	1.5～2.5	滤除较大杆菌及酵母
G_3	4.5～9	滤除细沉淀物及水银过滤	G_6	1.5 以下	滤除 1.4～0.6μm 的病菌

微孔玻璃滤器耐酸不耐碱，因此，不可用强碱处理，也不适于过滤强碱溶液。使用前，先用强酸（HCl 或 HNO_3）处理，然后再用水洗净。将已洗净、烘干，且恒重的微孔玻璃坩埚（或漏斗）置于干燥器中备用。过滤时，采用倾析法过滤，其过滤、洗涤、转移沉淀等操作均与滤纸过滤法相同，不同之处是在抽滤下进行。

2.7.4　烘干和灼烧

过滤所得沉淀经烘干或灼烧处理，即可获得组成恒定的、与化学式完全相符的称量形式，进行称量。该过程涉及干燥器、坩埚的使用和相关的加热处理操作。

（1）干燥器的准备和使用

干燥器是具有磨口盖子的密闭厚壁玻璃器皿，常用于保存坩埚、称量瓶、试样等物。它的磨口边缘涂一薄层凡士林，使之能与盖子密合，见图2.21。干燥器底部盛放干燥剂，最常用的干燥剂是变色硅胶和无水氯化钙，其上搁置洁净的带孔瓷板。使用干燥器时，首先将干燥器擦干净，烘干多孔瓷板后，将干燥剂通过一纸筒装入干燥器的底部，应避免干燥剂沾污内壁的上部，然后盖上瓷板。坩埚等需要保持干燥的物品即可放在瓷板上（或其孔内）。干燥剂吸收水分的能力都是有一定限度的。例如硅胶，20℃时，被其干燥过的 1L 空气中残留水分为 6×10^{-3}mg；无水氯化钙，25℃时，被其干燥过的 1L 空气中残留水分小于 0.36mg。因此，干燥器中的空气并不是绝对干燥的，只是湿度较低而已。

使用干燥器时应注意下列事项。

① 干燥剂不可放得太多，以免沾污坩埚底部。

② 搬移干燥器时，要用双手拿着，用大拇指紧紧按住盖子，如图2.22所示。

图2.21　干燥器

图2.22　搬干燥器的动作

③ 打开干燥器时，不能往上掀盖，应用左手按住干燥器下部，右手小心地把盖子稍微推开，等冷空气徐徐进入后，才能完全推开，盖子必须仰放在桌子上安全的地方。

④ 太热的物体不能放入干燥器中。有时较热的物体放入干燥器后，空气受热膨胀会把盖子顶起来，应当用手按住盖子，不时把盖子稍微推开（不到 1s），以放出热空气。

⑤ 灼烧或烘干后的坩埚和沉淀，在干燥器内不宜放置过久，否则会因吸收一些水分而使质量略有增加。

⑥ 变色硅胶干燥时为蓝色（无水 Co^{2+}色），受潮后变粉红色（水合 Co^{2+}色）。可以在120℃烘受潮的硅胶待其变蓝后反复使用，直至破碎不能用为止。

（2）坩埚的准备和使用

先将瓷坩埚洗净，小火烤干或烘干，编号（可用含 Fe^{3+}或 Co^{2+}的蓝墨水在坩埚外壁上编号），然后在所需温度下，加热灼烧。

灼烧可在高温电炉中进行。由于温度骤升或骤降常使坩埚破裂，最好将坩埚放入冷的炉膛中逐渐升高温度，或者将坩埚在已升至较高温度的炉膛口预热一下，再放进炉膛中。一般在 800～950℃下灼烧 30min（新坩埚需灼烧 1h）。从高温炉中取出坩埚时，应先使高温炉降温，然后将坩埚移入干燥器中，将干燥器连同坩埚一起移至天平室，冷却至室温（约需 30min），取出称量。随后进行第二次灼烧，约 15～20min，冷却和称量。如果前后两次称量结果之差不大于 0.2mg，即可认为坩埚已达质量恒定，否则还需再灼烧，直至质量恒定为止。灼烧空坩埚的温度必须与以后灼烧沉淀的温度一致。

坩埚的灼烧也可以在煤气灯上进行。事先将坩埚洗净晾干，将其直立在泥三角上，盖上坩埚盖，但不要盖严，需留一小缝。用煤气灯逐渐升温，最后在氧化焰中高温灼烧，灼烧的时间和在高温电炉中相同，直至质量恒定。

（3）沉淀的烘干

凡是用微孔玻璃滤器（坩埚或漏斗）过滤的沉淀，只需用烘干方法处理。将微孔玻璃滤器连同沉淀放在表面皿上，置于烘箱中，依据沉淀性质选择合适的烘干温度（一般为 250℃以下）进行烘干。第一次烘干时间可稍长（如 2h），第二次烘干时间可缩短为 40min，沉淀烘干后，置于干燥器中冷至室温后称重。如此反复操作直至恒重。每次操作条件要保持一致。

（4）沉淀的灼烧

灼烧适用于用滤纸过滤的沉淀，是指在高于 250℃以上的温度下进行的加热处理。沉淀的灼烧是在一个预先已经洗净并经过灼烧至质量恒定的坩埚中进行，其操作包括沉淀的包裹、滤纸的炭化及灰化、沉淀的灼烧等。

沉淀的包裹是从漏斗中取出沉淀和滤纸时的操作。对于胶状沉淀，可用扁头玻璃棒将滤纸的三层部分挑起，继而将滤纸四周边缘向内折，把圆锥体的敞口封上（见图 2.23）。再用搅棒将滤纸包轻轻转动，以便擦净漏斗内壁可能沾有的沉淀，然后将滤纸包取出，倒转过来，尖头向上，安放在坩埚中。对于晶形沉淀，可按照图 2.24（a）法或（b）法卷成小包将沉淀包裹好后，此时应特别注意，勿使沉淀有任何损失。如果漏斗上沾有些微沉淀，可用滤纸碎片擦下，与沉淀包卷在一起。将滤纸包置于质量恒定的坩埚内时，使滤纸层较多的一边向上，可使滤纸灰化较易。

图 2.23　胶状沉淀的包裹

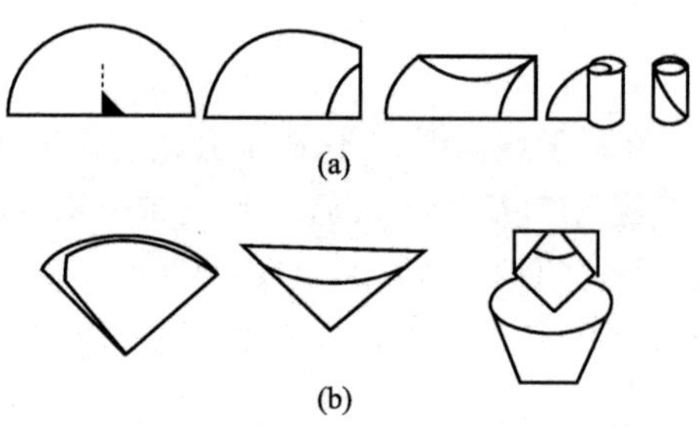

图 2.24　过滤后滤纸的折叠

滤纸的炭化及灰化可用煤气灯（或电炉）加热进行。按图 2.25 所示，斜置坩埚于泥三角上，盖上坩埚盖，稍留一些空隙，用煤气灯加热将滤纸烘干并炭化。在此过程中必须防止滤纸着火，否则会使沉淀飞散而损失，若已着火，应立刻移开煤气灯，并将坩埚盖盖上，让火焰自熄（切不可用嘴吹灭）。注意火力不能突然加大，如温度升高太快，滤纸会生成整块的炭，不利于后面的操作。炭化后加大火焰，使炭化的滤纸灰化。滤纸灰化后应该呈灰白色。为了使坩埚壁上的炭灰化完全，随时用坩埚钳夹住坩埚转动，为免转动过剧沉淀飞扬，每次只能转一极小的角度。

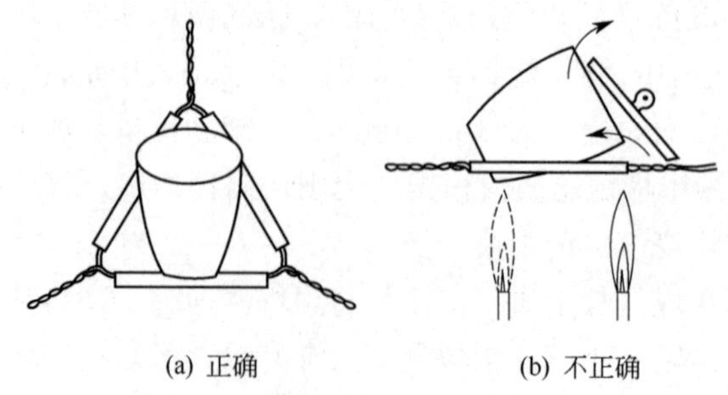

图 2.25　瓷坩埚在泥三角上的放置法

沉淀的灼烧是在滤纸灰化后进行。通常将坩埚放在高温电阻炉中，盖上坩埚盖（留一小空隙），根据沉淀性质调节适当的温度，灼烧40～45min，其灼烧条件与空坩埚灼烧时相同。取出稍冷，再移入干燥器中冷却至室温，称重，然后进行第二次、第三次等灼烧，直至坩埚和沉淀恒重为止。恒重，是指相邻两次灼烧后的称量差值在0.2～0.4mg之内。一般第二次以后灼烧20min。应注意每次从高温炉口取出坩埚时，坩埚钳应预热，先将坩埚移至炉口，至红热稍退后，再将坩埚从炉中取出放在洁净的耐火板上，待坩埚冷至红热退去后，再将坩埚转至干燥器中，盖好盖子，随后须开启干燥器盖1～2次，使坩埚冷却至室温（一般须30min以上）。

2.8 定量分析中的分离操作技术

在实际分析中，常要面对复杂试样，必须考虑共存组分对测定的影响及其减免方法。分离是减免共存组分干扰的有效手段。对分离的要求是干扰组分应减少到不再干扰被测组分的测定，被测组分在分离过程中损失要小到可以忽略不计。

在分析化学实验中，常用的分离方法和技术依其原理不同，可以分为过滤、萃取、色谱分离及离子交换分离等几大类。其中过滤包括常压过滤和减压过滤，萃取包括液-液萃取和液-固萃取，色谱分离包括纸色谱、薄层色谱和柱色谱等。

2.8.1 过滤

过滤是分离溶液与沉淀最常用的操作方法。溶液与沉淀的混合物通过过滤器（滤纸等）时，溶液通过过滤器得到滤液，沉淀留在过滤器上，从而达到固液分离的目的。过滤方法主要有常压过滤和减压过滤。

常压过滤：用内衬滤纸的锥形玻璃漏斗过滤，滤液靠自身的重力透过滤纸流下，实现分离。常压过滤操作参见2.7节。

减压过滤：包括抽滤或真空过滤，利用抽气泵或真空泵使抽滤瓶中的压强降低，达到固液分离的目的。该法可加快过滤速度，得到比较干燥的沉淀，但不适于过滤胶体沉淀或细小的晶体沉淀。减压过滤装置见图2.26。

由图2.26可见，水泵中急速的水流不断将空气带走，从而使吸滤瓶内压力减小，形成压力差，提高过滤的速度。在连接水泵的橡胶管和吸滤瓶之间安装一个安全瓶，用于防止因关闭水阀或水泵内流速的改变引起自来水倒吸，进入吸滤瓶将滤液污染并冲稀。因此，在停止过滤时，应首先从吸滤瓶上拔掉橡胶管，然后才关闭自来水龙头，以防止自来水吸入瓶内。抽滤用的滤纸应比布氏漏斗的内颈略小，但又能把瓷孔全部覆盖。漏斗末端的斜面应对着吸滤瓶侧面的支管。

操作时，将滤纸放入布氏漏斗中铺平，用洗瓶挤出少量水润湿滤纸，慢慢打开自来水龙头，抽气使滤纸贴紧。先往漏斗内转移溶液，即先将上层清液沿玻璃棒倾入漏斗，每次倾入量不应超过漏斗容量的2/3，将水龙头开大，待清液过滤完以后，再转移沉淀，沉淀应尽量平铺在滤纸上。抽滤过程吸滤瓶中的滤液应低于其侧面的支管，抽至沉淀比较干燥为止。沉淀的洗涤与常压过滤相似。最后，取出沉淀及滤液。取出沉淀时，应把漏斗取下，倒扣在滤

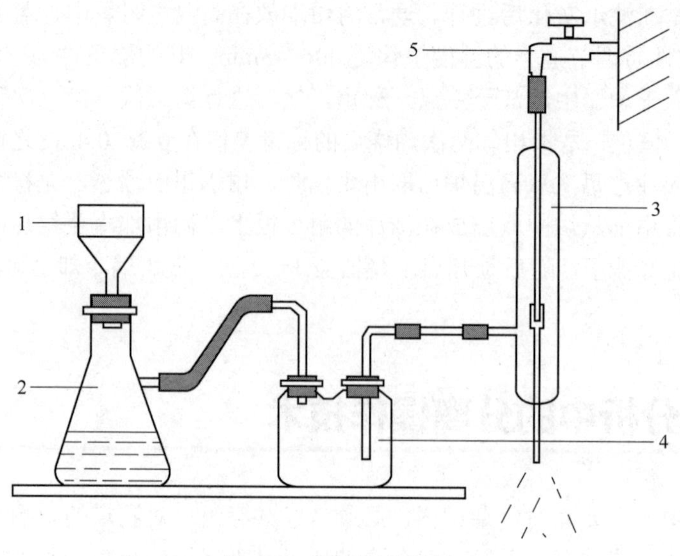

图 2.26 减压过滤装置

1—布氏漏斗；2—吸滤瓶；3—水泵；4—安全瓶；5—自来水龙头

纸或干净的容器上，在漏斗的边缘轻敲或用洗耳球从漏斗出口处往里吹气。滤液应从吸滤瓶的上口倒出至干净的容器中，不能从侧面的支管倒出，以免污染滤液。

有些浓的强酸、强碱或强氧化性的溶液，过滤时不能使用滤纸，因为它们要和滤纸作用而破坏滤纸。这时可用纯的确良布或尼龙布来代替滤纸。另外也可使用微孔玻璃漏斗，但它不适用于强碱性溶液的过滤，因为强碱会腐蚀玻璃。

2.8.2 萃取

萃取是溶质在两相中经过充分振摇，达到平衡后按一定比例重新分配的过程。经过这一重新分配过程，通常将存在于某一相的有机物转入另一液相而达到分离的目的。因此，萃取分离是利用有机物按一定的比例在两相中溶解分配的性质不同实现的。例如，向含有溶质 A 和溶剂 1 的溶液中加入一种与溶剂 1 不相溶的溶剂 2，溶质 A 自动地在两种溶剂间分配，达到平衡。此时溶质 A 在两种溶剂中的浓度之比称为溶质 A 在两种溶剂间的分配系数 K：

$$K=c_2/c_1$$

式中，c_1 和 c_2 分别是溶质 A 在溶剂 1 和溶剂 2 中的浓度。只有当 A 在溶剂 2 中比在溶剂 1 中的溶解趋势大得多，即 K 值比 1 大得多时，溶剂 2 对于 A 的萃取才是有效的。在萃取过程中，同量的萃取剂，分几次萃取的效果比一次萃取的效果好，但增加萃取次数会影响工作效率。萃取分为液-液萃取和液-固萃取。

液-液萃取是利用物质在不同的溶剂中具有不同的溶解度来进行分离的方法。其做法是：在含有被分离组分的水溶液中，加入与水不相混溶的有机溶剂，振荡使其达到溶解平衡，目标组分进入有机相中，另一些组分仍留在水相，从而达到分离的目的。液-液萃取时两种溶剂对被萃取物的溶解性质及两种溶剂自相溶解的程度是选择溶剂的出发点。例如，应用有机溶剂分离石油馏分中的烯烃。物质对水的亲疏性是可以改变的，为了将待分离组分从水相萃取到有机相，萃取过程通常也是将物质由亲水性转化为疏水性的过程。例如，用 8-羟基喹啉氯仿萃取水溶液中的 Al^{3+}时，Al^{3+}与 8-羟基喹啉螯合为疏水性强的大分子，易溶于氯仿而被萃取。

液-固萃取，也叫浸取，是用溶剂浸取固体混合物中组分的方法。所选溶剂对目标组分有很大的溶解能力，使该组分在固-液两相间以一定的分配系数从固体转向溶剂中，从而获得分离。如用水浸取甜菜中的糖类；用酒精浸取黄豆中的豆油以提高油产量；用水从中药中浸取有效成分以制取流浸膏叫“渗沥”或“浸沥”。液-固萃取可以用一次回流法或索氏提取法，各有不同的特点和使用场合。

2.8.3 色谱分离法

色谱分离法，又称层析分离法或色层分离法，是一种分离复杂混合物中各个组分的有效方法。它是利用不同组分在由固定相和流动相构成的体系中具有不同的分配系数，当两相做相对运动时，这些组分随流动相一起运动，并在两相间进行反复多次的分配，从而使各组分获得分离。在此基础上，加上在线检测器，可实现对被分离组分的测定，成为高效的分离分析技术。色谱分离及其分析技术，简称色谱法，由于其具有分离效率高、分析速度快、样品用量少、灵敏度高、应用范围广等优点，目前已经成为涉及化学、生命、材料、环境、农业、医药、食品、法庭以及航天等科学研究和应用领域的重要技术手段。在定量分析中常用的色谱分离方法有纸色谱法、薄层色谱法和柱色谱法，在此主要介绍柱色谱法。

柱色谱法，又称柱层析法，是在色谱管中进行的色谱分离，是最早出现的一种液相色谱分离法。色谱管为内径均匀、下端缩口的硬质玻璃管，内径为 5～30mm，管下端用棉花或玻璃纤维塞住，固定相填充在玻璃管中，试液由柱顶加入，流动相（淋洗液）靠重力自上而下通过固定相实现色谱分离。柱色谱分为吸附柱色谱和分配柱色谱，实验室常用的是吸附柱色谱。吸附柱色谱使用的固定相材料为吸附剂，有氧化铝、硅胶、活性炭等。吸附剂一般使用粒径为 0.07～0.15mm 的颗粒，且尽可能保持粒径大小均匀，以保证良好的分离效果。色谱分离使用的流动相又称淋洗液或洗脱剂。淋洗液对于选定了固定相的色谱分离有重要的影响。强极性淋洗液对极性大的有机物溶解的多，弱极性或非极性淋洗液对极性小的有机物溶解的多，有时为适应不同极性组分的分离将选定的溶剂以适当比例混配，可调成极性梯度更细的混合溶剂。随淋洗液的流过，混合物中各组分在吸附剂和淋洗液之间发生吸附-溶解分配，不同极性的有机物以不同的次序形成分离带并按次序流出柱子，实现分离的目的。吸附柱色谱的主要组成有色谱柱、固体吸附剂、洗脱剂（淋洗液）和收集器，其操作步骤包括装柱、加样、洗脱、清洗等操作。

（1）装柱

装柱方法有干法和湿法。干法是直接将吸附剂加入管中并轻敲柱侧使之填装匀实，然后用溶剂淋洗；湿法是将吸附剂悬浮于溶剂中缓慢注入柱中，注意保持吸附剂不露出溶剂面，吸附剂层内无气泡、裂缝。以干法装柱为例。操作时取一根下端带活塞开关的色谱柱，将一小团脱脂棉塞入色谱柱底部，将色谱柱垂直固定；用漏斗加入一层约 0.5cm 厚的洁净细砂，轻轻敲击柱管使砂面平整，关闭活塞；在色谱柱内装入 3/4 柱高的洗脱剂，调节活塞开关控制洗脱剂的流出速度；在色谱柱上端，换一干净漏斗，把吸附剂加到柱内，轻轻敲打柱身下部，使其均匀地润湿下沉，在管内形成松紧适度的吸附层且无气泡；当吸附剂装到适宜高度后，在吸附剂上端覆盖一层约 0.5cm 厚的石英砂，用少量洗脱剂冲洗色谱柱内壁上的残余物。

操作过程中应保持有充分的流动相留在吸附层的上面。

（2）加样

待色谱柱内液面降至石英砂面时，立即用滴管将待分离物料沿色谱柱内壁均匀加入，待其液面降至石英砂面时，用少量洗脱剂把黏附在管壁上的样品溶液淋洗下来，如此两至三次直至洗净。

（3）洗脱

当液面和石英砂面相平时，沿色谱柱内壁加入 10mL 极性较小的洗脱剂进行洗脱，控制洗脱剂流出速度为 1 滴/s，极性小的组分开始向下移动，极性较大的组分留在柱子的上端；若流速太慢，可在柱子上端安一双连球对柱内物料加压，加快洗脱速度，当柱内洗脱液面快流至石英砂面时，再补加 10mL 洗脱剂；当第一种色带快流出时，更换收集器收集，继续淋洗至滴出液无色，表明极性小的组分已被完全洗出；换收集器，改用极性较大的洗脱剂进行洗脱，极性较大的组分被洗脱下来。

（4）清洗

洗脱完毕，倒出柱中的吸附剂，并将柱冲洗干净，把色谱柱倒置垂直固定，晾干。

柱色谱法在天然产物、植物化学、中药成分分离、残留农药分析等方面有重要应用价值，尤其在复杂样品的分析中，为避免复杂背景对待测组分的干扰，现普遍采用此法进行样品前处理，通过预分离以利于下一步的分析。

2.8.4 离子交换分离法

离子交换分离法是利用离子交换剂与溶液中的离子之间所发生的交换反应进行分离的方法，是基于组分离子在固相与液相之间的分配平衡来实现分离的。离子交换树脂是常用的离子交换剂。

离子交换树脂是由高分子聚合物为骨架，反应引入各种特性活性基团构成的。它由不溶性的三维空间网状骨架、连接在骨架上的功能基团和功能基团上带有相反电荷的可交换离子三部分构成。离子交换树脂不溶于水和一般溶剂，机械强度较高，化学性质很稳定，一般情况下有较长的使用寿命。离子交换树脂可分为阳离子交换树脂、阴离子交换树脂和两性离子交换树脂。若带有酸性功能基，能与溶液中阳离子进行交换，称为阳离子交换树脂；若带有碱性功能基，能与阴离子进行交换，则称为阴离子交换树脂。两性树脂是一类在同一树脂中存在着阴、阳两种基团的离子交换树脂，包括强酸-弱碱型、弱酸-强碱型和弱酸-弱碱型。

离子交换分离原理，是基于交换反应是一可逆反应，被交换离子随淋洗液 pH 不同而在分离柱中移动，由于不同离子与树脂之间的亲和力不同，流出分离柱的时间不同而被分离。离子交换分离的操作步骤与柱色谱分离类似，主要包括装柱、加样、洗脱等。通常将离子交换树脂装入玻璃管内组成离子交换柱。装柱时，先用 4～6mol/L HCl 溶液浸泡一两天，使树脂溶胀，再洗涤至中性，浸泡于去离子水中，然后装柱。加样时，将试样溶液加到柱上端。洗脱时，用淋洗液淋洗，其中对阳离子交换树脂使用 HCl 溶液为洗脱液，对阴离子交换树脂使用 NaCl 或 NaOH 溶液作洗脱液。

离子交换分离法的分离效率高，既能用于带相反电荷的离子之间的分离，还可用于带相同电荷或性质相近的离子之间的分离，同时还广泛地应用于微量组分的富集和高纯度物质的制备等。这是基于不同离子与交换树脂的亲和力不同所致。阳离子交换树脂对各种阳离子的亲和力强度顺序为：$Ba^{2+}>Pb^{2+}>Sr^{2+}>Ca^{2+}>Ni^{2+}>Cd^{2+}>Cu^{2+}>Co^{2+}>Zn^{2+}>Mg^{2+}>Ag^{+}>Cs^{+}>K^{+}>NH_4^{+}>Na^{+}>H^{+}$；阴离子交换树脂与各阴离子的亲和力强度顺序为：$SO_4^{2-}>I^{-}>NO_3^{-}>NO_2^{-}>Cl^{-}>HCO_3^{-}>OH^{-}>F^{-}$。

离子交换法的另一个重要应用是制备纯水。其原理是将原水通过装有离子交换树脂的离子交换柱，在此过程中水中的离子与树脂上的离子交换，从而达到除去原水中杂质离子净化水质的目的。常见的两种应用方法是硬水软化法和去离子法。

硬水软化法的目的是利用阳离子交换树脂以钠离子来交换硬水中的钙与镁离子，据此降低水源中钙镁离子的浓度。其反应式如下：

$$Ca^{2+}+2Na—EX \longrightarrow Ca—(EX)_z+2Na^{+}$$

$$Mg^{2+}+2Na—EX \longrightarrow Mg—(EX)_z+2Na^{+}$$

式中，EX 表示离子交换树脂。这些离子交换树脂结合了 Ca^{2+}及 Mg^{2+}之后，将自身含有的 Na^{+}释放出来，达到硬水软化的目的。

去离子法是将溶解于水中的无机阳、阴离子杂质排除，利用阳离子交换树脂的可交换离子 H^{+}来交换阳离子杂质，阴离子交换树脂的可交换离子 OH^{-}来交换阴离子杂质，交换出来的 H^{+}与 OH^{-}互相结合成中性水。其反应式如下：

$$M^{x+}+xH—EX \longrightarrow M—(EX)_x+xH^{+}$$

$$A^{z-}+zOH—EX \longrightarrow A—(EX)_z+zOH^{-}$$

式中，M^{x+}表示阳离子，与阴离子交换树脂结合后，释放出 H^{+}；A^{z-}表示阴离子，与阴离子交换树脂结合后，释放出 OH^{-}；H^{+}与 OH^{-}结合为水。

阴、阳离子交换树脂可分别包装在不同的离子交换床中，制成所谓的阴离子交换床和阳离子交换床。也可以将阳离子交换树脂与阴离子交换树脂混在一起，置于同一个离子交换床中。不论是哪一种形式，当树脂与水中带电荷的杂质交换完树脂上的氢离子或氢氧根离子后，就必须进行“再生”。再生的程序恰与纯化的程序相反，即利用氢离子及氢氧根离子进行再生，交换附着在离子交换树脂上的杂质离子。

第 3 章

常用分析仪器及使用方法

3.1 电子天平

电子天平的特点是操作简便、称量准确可靠、显示快速清晰，具有自动检测系统、简便的自动校准装置以及超载保护装置等。

电子天平按精度可分为以下几类。

① 超微量电子天平：最大称量是 2～5g，其标尺分度值小于（最大）称量的 10^{-6}。如 Mettler 的 UMT2 型电子天平等属于超微量电子天平。

② 微量天平：称量一般为 3～50g，其分度值小于（最大）称量的 10^{-5}。如 Mettler 的 AT21 型电子天平以及 Sartoruis 的 S4 型电子天平。

③ 半微量天平：称量一般为 20～100g，其分度值小于（最大）称量的 10^{-5}。如 Mettler 的 AE50 型电子天平和 Sartoruis 的 M25D 型电子天平等均属于此类。

④ 常量电子天平：最大称量一般为 100～200g，其分度值小于（最大）称量的 10^{-5}。如 Mettler 的 AE200 型电子天平和 Sartoruis 的 A120S、A200S 型电子天平均属于常量电子天平。

⑤ 电子分析天平：是常量天平、半微量天平、微量天平和超微量天平的总称。

⑥ 精密电子天平：是准确度级别为Ⅱ级的电子天平的统称。

3.1.1 基本原理

电子天平是基于电磁力平衡原理制造的，它利用电子装置完成电磁力补偿的调节，使物体在重力场中实现力矩的平衡，或通过电磁力矩的调节使物体在重力场中实现力矩的平衡。当秤盘上加上被称物时，天平处于不平衡状态，传感器的位置检测器检测到线圈在磁场中的瞬间位移，其信号发生变化，经过电磁力自动补偿电路使传感器线圈中的电流增大，该电流在恒定磁场中产生一个反馈力与所加载荷相平衡；同时，该电流在测量电阻 R_m 上的电压值通过滤波器、模/数转换器送入微处理器，进行数据处理，最后由显示器自动显示出被称量物质的质量数值。

在称量范围内，被测物的重力 G（$G=mg$，m 代表质量，g 代表重力加速度），使传感器线圈中产生相应的电流，该电流值使线圈产生一个电磁力 F，达平衡时 $F=G$，其中 $F=KBLI$。式中，K 为常数（与使用单位有关）；B 为磁感应强度；L 为线圈导线的长度；I 为通过线圈导线的电流强度。对一定的装置（K、B、L 为一定值），处在磁场中的通电线圈，流经其内部的电流 I 与被测物体的质量 m 成正比。

3.1.2 仪器结构

电子天平组成结构如下。

（1）秤盘

秤盘多为金属材料制成，安装在电子天平的称重传感器上，是电子天平进行称量的承受装置。它具有一定的几何形状和厚度，以圆形和方形的居多。使用中应注意卫生清洁，更不要随意调换秤盘。

（2）称重传感器

称重传感器是关键部件之一，由外壳、磁钢、极靴和线圈等组成，装在秤盘的下方。它的精度很高也很灵敏。应保持电子天平称量室的清洁，切忌称样时撒落物品而影响称重传感器的正常工作。

（3）位置检测器

位置检测器是由高灵敏度的远红外发光管和对称式光敏电池组成的。它的作用是将电子天平秤盘上的载荷转变成电信号输出。

（4）PID 调节器

PID（比例、积分、微分）调节器的作用，就是保证称重传感器快速而稳定地工作。

（5）功率放大器

功率放大器是将微弱的信号进行放大，以保证电子天平的精度和工作要求。

（6）低通滤波器

低通滤波器是排除外界和某些电器元件产生的高频信号的干扰，以保证电子天平称重传感器的输出为一恒定的直流电压。

（7）模数（A/D）转换器

将输入信号转换成数字信号。要求转换精度高，易于自动调零并能有效地排除干扰。

（8）微计算机

微计算机是电子天平的关键部件。它是电子天平的数据处理部件，具有记忆、计算和查表等功能。

（9）电子天平显示器

现在基本上有两种：一种是数码管的显示器；另一种是液晶显示器。它们的作用是将输出的数字信号显示在电子天平显示屏幕上。

（10）电子天平机壳

其作用是保护电子天平免受灰尘等物质的侵害，同时也是电子元件的基座等。

（11）电子天平底脚

底脚是电子天平的支撑部件，同时也是其水平调节的部件，一般靠后面两个调整脚来调节天平的水平。

3.1.3 使用方法

以 Mettler AL204（见图 3.1）为例，介绍其使用方法。

（1）开机

① 调节水平：调节两只天平底脚的螺栓高度，使水平仪内空气泡位于圆环中央。每更换一次位置都需要调节水平。

② 接通电源：天平自检，显示屏上出现“OFF”时，自检结束，单击【ON】键，天平处于可操作状态。

③ 预热：天平在初次接通电源或长时间断电之后，至少需要预热 30min。

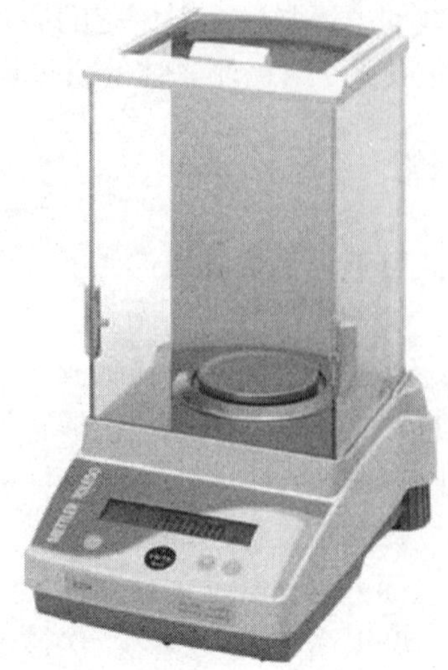

图 3.1 Mettler AL204 电子天平

（2）校准

① 天平首次使用之前或放置地点变更之后及在操作一段时间后均需进行校准。

② 接通电源，天平上无称量物，按住【CAL】键不放，直到在显示屏上出现“CAL”字样后松开该键，所需的校准砝码值会在显示屏上闪烁。在秤盘的中心位置放上校准砝码，天平自动进行校准。当“0.00g”闪烁时，移去砝码。当在显示屏上短时间出现（闪烁）信息“CAL done”，紧接着又出现“0.00g”时，天平的校准结束。天平回到称量工作方式，等待称量。

（3）称量

① 简单称量：在天平显示“0.0000g”时，样品放于秤盘上，关闭玻璃门，等显示屏左下角“。”消失，读取显示屏数据即为所称物品的质量。

② 去皮称量：在天平显示“0.0000g”时，打开天平玻璃侧门，将称量纸或空容器放在天平的秤盘上，关闭侧门，等显示屏左下角“。”消失，按【O/T】或【TARE】键，显示屏显示“0.0000g”，打开天平侧门，将适量的待称样轻轻抖入称量纸或空容器中，关闭天平侧门，显示屏左下角“。”消失后，读取显示屏数据即为所称物品的净质量。

③ 称量完毕，取出称量物品，关好天平门，并认真填写仪器使用记录。

（4）关机

① 按住【OFF】键至显示屏显示“OFF”，松开该键。

② 拔下电源插头，把天平盘上的残留样品用天平刷清扫干净。

注意事项

① 称量挥发性、腐蚀性物品时需放入具盖容器中称量。

② 经常检查天平的防潮硅胶，发现变成红色，应及时更换。

③ 天平载重不得超过其最大负荷。

3.2 移液器

移液器又称移液枪或微量加样器，是一种用于定量转移小容量液体的器具，目前已在分析测试工作中广泛使用。移液器最早出现在 1956 年，由德国生理化学研究所的科学家 Schnitger 发明，其后，在 1958 年德国 Eppendof 公司开始生产按钮式微量加样器，成为世界上第一家生产微量加样器的公司。

3.2.1 基本原理

移液器加样的物理学原理有两种：一是使用空气垫加样；二是使用无空气垫的活塞正移动加样。上述两种不同原理的移液器有其特定的应用范围。

空气垫（活塞冲程）加样器可很方便地用于固定或可调体积液体的加样，加样体积的范围在 1μL～10mL 之间。加样器中空气垫的作用是将吸于塑料吸头内的液体样本与加样器内的活塞分隔开来，空气垫通过加样器活塞的弹簧伸缩运动而移动，进而带动吸头中的液体，死体积和移液吸头中高度的增加决定了加样中这种空气垫的膨胀程度。因此，活塞移动的体积必须比所希望吸取的体积要大 2%～4%，温度、气压和空气湿度的影响必须通过对空气垫加样器进行结构上的改良而降低，使得在正常情况下不至于影响加样的准确度。一次性吸头是本加样系统的一个重要组成部分，其形状、材料特性及与加样器的吻合程度均对加样的准确度有较大的影响。

以活塞正移动为原理的加样器和分配器与空气垫加样器所受物理因素的影响不同，因此，在空气垫加样器难以应用的情况下，活塞正移动加样器可以应用。如具有高蒸气压的、高黏稠度以及密度大于 2.0g/mL 的液体；又如在临床聚合酶链反应（PCR）测定中，为防止气溶胶的产生，最好使用活塞正移动加样器。活塞正移动加样器的吸头与空气垫加样器吸头有所不同，其内含一个可与加样器的活塞耦合的活塞，这种吸头一般由生产活塞正移动加样器的厂家配套生产，不能使用通常的吸头或不同厂家的吸头。

3.2.2 仪器结构

一般的移液器主要由推动按钮、推动杆、卸枪头按钮、调节轮、体积刻度、吸液杆、卸枪头器和吸液枪头组成（见图 3.2）。

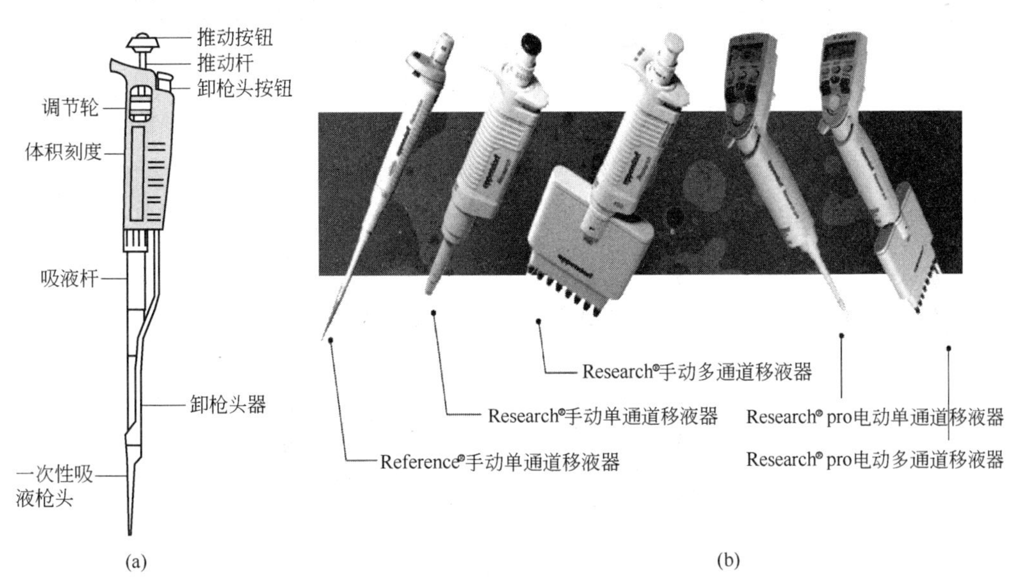

图 3.2 移液器的结构（a）和类型（b）

移液器依据取样数目的不同，分为单通道移液器和多通道移液器。多通道移液器通常为 8 通道和 12 通道，多通道移液器的使用不但可以减少实验操作人员的加样操作次数，而且可提高加样的精密度。移液器依据动力类型的不同，又分为手动移液器和电动移液器。电动移液器中，新型电子加样器和分配器的微处理器驱动系统可以直接控制所有的活塞运动，减少人为误差和污染。电子移液器最大的优点是其具有很高的加样重复性，可应用范围广。

3.2.3 使用方法

以手动单通道移液器为例，介绍其使用方法。

（1）枪头的安装

将移液器垂直插入枪头中，稍微用力左右轻微转动，使其紧密结合（见图 3.3）。枪头卡紧的标志是略微超过 O 形环，并可以看到连接部分形成清晰的密封圈。

两只手分别持移液器和吸嘴,安装后旋转

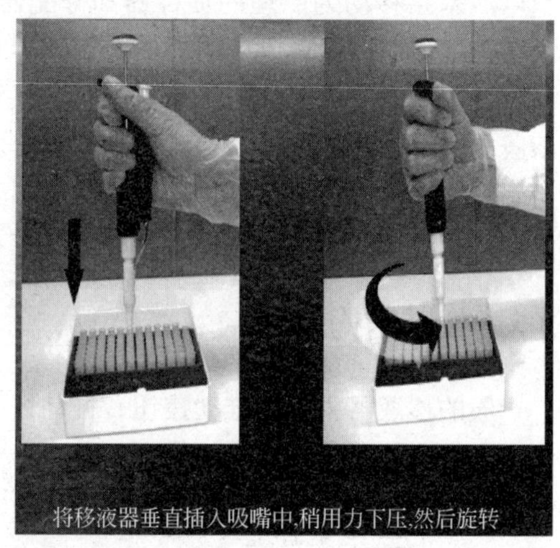

将移液器垂直插入吸嘴中,稍用力下压,然后旋转

图 3.3　散装枪头和盒装枪头的安装方法

（2）容量的设定

旋转调节钮可对体积进行连续设定。从大体积调节至小体积时，逆时针调节到刚好就行；从小体积调节至大体积时，顺时针调节超过设定刻度三分之一圈，然后再调回来，这样做可以使弹簧完全放开。移液器若总是顺时针运转，可以延长移液器的使用寿命（见图 3.4）。

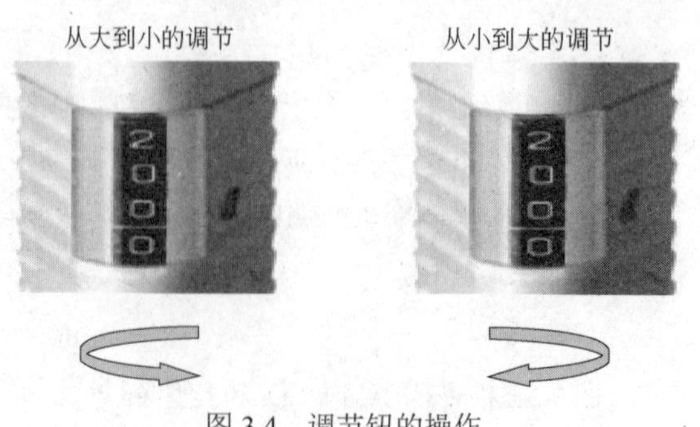

图 3.4　调节钮的操作

（3）预洗枪头

移液之前要预洗枪头，将吸液枪头垂直进入试样液面下 1～6mm（视移液器容量大小而定：0.1～10μL 容量的移液器进入液面下 1～2mm；2～200μL 容量的移液器进入液面下 2～3mm；1～5mL 容量的移液器进入液面下 3～6mm），把需要转移的试样液体吸取、排放三次，这样吸头内壁会吸附一层液体，使表面吸附达到饱和，然后再吸入样液，这样最后打出的液体体积会较精确。

（4）吸液和放液

移液器的操作有两种方法：一是正向移液法（见图 3.5），正向移液法用于一般液体，其操作是用大拇指将按钮按下至第一停点，然后将移液器管嘴置于液面以下适当深度慢慢松开按钮回原点吸入液体，再将按钮按至第一停点排出液体，稍停片刻继续按按钮至第二停点吹出残余的液体，最后松开按钮；二是反向移液法（见图 3.6），此法一般用于转移高黏液体、生物活性液体、易起泡液体或极微量的液体，其操作是先按下按钮至第二停点，将移液器管嘴置于液面以下适当深度，慢慢松开按钮至原点吸入液体，再将按钮按至第一停点排出液体，继续按住按钮位于第一停点（千万别再往下按）移开，取下有残留液体的枪头，弃之。

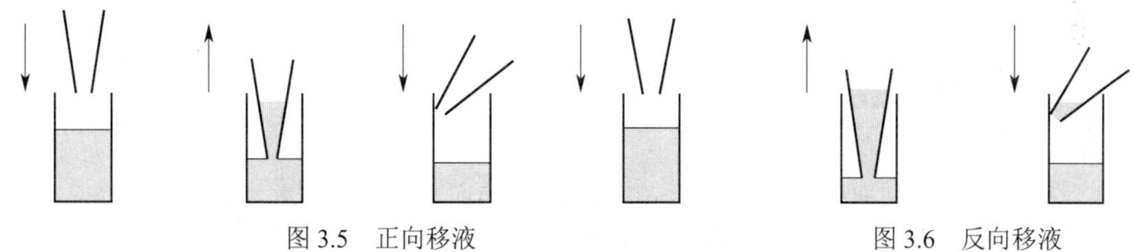

图 3.5　正向移液　　　　图 3.6　反向移液

操作时应注意：要垂直吸液，按钮要轻缓，慢吸慢放，控制好弹簧的伸缩速度，吸液速度太快会产生反冲和气泡，导致移液体积不准确；将移液器提离液面后，停约 1s，观察是否有液滴缓慢流出，若有流出，说明有漏气现象（原因：枪头未上紧，移液枪内部气密性不好），应重新操作； 用滤纸蘸擦移液枪外面附着的液滴后，放液时将吸液枪口贴到容器内壁并保持 10°～40°倾斜，放液完毕平稳压住按钮，同时提起移液枪，使吸嘴贴容器壁擦过，松开按钮，按弹射器除去吸液枪头；移液器使用完毕后调至最大量程，让弹簧恢复原形，延长移液枪的使用寿命。

（5）移液器的维护保养

移液器要放置在支架上，应轻拿轻放，定期清洁移液器内外部。移液器外壳的清洁，可使用肥皂液、洗洁精或 60%的异丙醇来擦洗，然后用超纯水淋洗，晾干即可；移液器内部的清洗，需要先将移液器下半部分卸开来，拆卸下来部件可以用上述溶液来清洁，超纯水冲洗干净，晾干，然后在活塞表面用棉签涂上一层薄薄的聚硅氧烷油脂。移液器严禁吸取有强挥发性、强腐蚀性的液体（如强酸、强碱等）。

（6）移液器的校准

移液器使用过程中需定期校准，因移液器发生的偏差（零点偏移）对不同的体积移液会产生很大影响。当移液器发生 1μL 的偏差，若移液体积是 100μL，误差为 1%，而若移液体积是 10μL，误差就会大到 10%。专业的移液器校准对外部环境、工作条件以及校准工具都有严格和高精密度的要求。移液器的校准应在无通风的房间，移液器和空气温度在 20～25℃之间，相对湿度在 55%以上，特别是当移液量在 50μL 以下，空气湿度应越高越好，以减少蒸发损失的影响。校准时在万分之一级别的天平上放置一个小锥形瓶，用待标定的移液器吸取蒸馏水（隔夜存放或超声 15min），加入小锥形瓶内底部，每次称重后计量。每次加蒸馏水称重后，去皮重再加蒸馏水再称重，连续加蒸馏水 10 次。加蒸馏水的量根据待标定的移液器规格不同而不同（见表 3.1）。10 次标定称量在所要求的质量范围之内为合格；不合格移液器需要进行调整。

表 3.1 移液器的校准标准

移液器规格	标定使用蒸馏水量/μL	要求质量范围/mg
0.5～10μL	2	1.75～2.25
5～40μL	10	9.8～10.2
40～200μL	70	69.4～70.6
200～1000μL	300	298.0～302.0
1～5mL	2000	1990.0～2010.0
2～10mL	3500	3485.0～3515.0

3.3 高温电阻炉（马弗炉）

高温电阻炉也称马弗炉，是英文 Muffle furnace 的译音。常用于重量分析中的样品灼烧、沉淀灼烧和灰分测定等工作。马弗炉是一种通用的加热设备，一般采用双炉膛结构。具有升温速度快，且升温速度可控；蓄热性小，热量流失少；控温精度高，炉温均匀性强；自动化程度高，操作简单；可采用 PID 编程设定，全自动履行；密封性好，无噪声，无环境污染；多种安全防护设计，安全性能好，使用寿命长等特点。

马弗炉可依外观形状、加热元件、额定温度和控制器的不同而分类。依外观形状不同，可分为箱式炉、管式炉、坩埚炉；依加热元件不同，可分为电炉丝炉、硅碳棒炉、硅钼棒炉；依额定温度不同，一般分为 1000℃以下炉、1000～1200℃炉、1300～1400℃炉、1600～1700℃炉、1800℃炉；依控制器不同，可分为指针表炉、普通数字显示表炉、PID 调节控制表炉、程序控制表炉。

3.3.1 基本原理

马弗炉工作室炉膛由耐火材料制成，加热元件置于其中的顶部与底部或两侧（槽中），炉膛与炉壳间采用保温材料砌筑，炉壳用角钢、槽钢及优质钢板折边焊接制成。马弗炉以电为热源，当电流通过电热元件时，由于电热元件本身电阻的作用，把电能转化为热能，并通过热传导、热对流和热辐射向炉内散发，对炉内样品进行加热。加热时依据炉温对给定温度的偏差，自动接通或断开供给炉子的热源能量，或连续改变热源能量的大小，使炉温稳定在给定的温度范围内。炉温控制是这样一个反馈调节过程，比较实际炉温和需要炉温得到偏差，通过对偏差的处理获得控制信号，去调节电阻炉的热功率，从而实现对炉温的控制。按照偏差的比例、积分和微分产生控制作用（PID 控制），是过程控制中应用最广泛的一种控制形式。与火焰加热相比，马弗炉的热效率高，可达 50%～80%，适用于要求较严的样品加热，但耗电费用高。

3.3.2 仪器结构

马弗炉的一般组成结构如下。

（1）炉壳

炉壳框架采用角钢和槽钢焊接制成，外壳侧板采用钢板焊接，结构牢固可靠，角钢卷加强，槽钢底座，整体强度好，不易变形，外表平整光洁。

（2）炉膛

采用耐火材料制成。耐火材料有普通耐火砖、轻质耐火纤维、陶瓷纤维、高铝、碳化硅材料。

（3）炉衬

炉衬位于炉膛与炉壳间，采用保温材料砌筑。如采用全纤维复合结构的优质氧化锆纤维棉，制成模块，并在加工过程留有一定的膨胀量，以保证模块在砌筑完毕后，每块陶瓷纤维块在不同方向膨胀，使模块之间互相挤成无间隙的整体，达到完好蓄热效果。炉衬和炉膛也常常制成一体化的部件，称为内炉衬。

（4）电热元件

电热元件是马弗炉的重要部件，是马弗炉热量的来源。当电流通过电热元件时，由于其电阻的作用，把电能转化为热能，并通过热传导、热对流和热辐射向炉内散发，对炉内样品进行加热。 电热元件有电炉丝、硅碳棒、硅钼棒等，其形状取决于它的材料和安装方式，有线状、螺旋状、网状、带状和棒状等结构形式，其中金属电热元件一般为线状、螺旋状、网状或带状，而非金属电热元件一般为棒状。

（5）炉盖及炉盖升降装置

炉盖框架采用槽钢和角钢焊接制作，外壳侧板采用钢板焊接，结构牢固可靠，角钢卷加强。炉盖升降装置现多采用电动升降。

（6）控制系统

由测量、调节控制和电源装置三部分组成。热电偶与温度控制器配套使用，并装有超温保护输出控制接触器断电装置。热电偶将炉内温度转换为电平信号，经过温控仪控制输出至移相模块，由移相面大小的调节来控制可控硅导通角的大小，进而控制平均加热功率，当接近设定温度时，炉内断续加热最终保持炉内的设定温度。

3.3.3 使用方法

以 GWL-80 型高温箱式电阻炉（见图 3.7）为例，其使用方法如下。

① 通电前，先检查接线是否符合要求，控制器等的接线螺丝有否松落，是否有断电、漏电现象。

② 将双手戴上绝缘手套，并检查确认台面、地面干燥，同时地面已经铺上了橡胶垫，检查并确认所要使用的马弗炉的开关位置后，确认总电源已经关闭、切断电源。

③ 将装有样品的坩埚放入炉膛中部，关闭炉门，打开控温器的电源开关，绿灯显示加热。

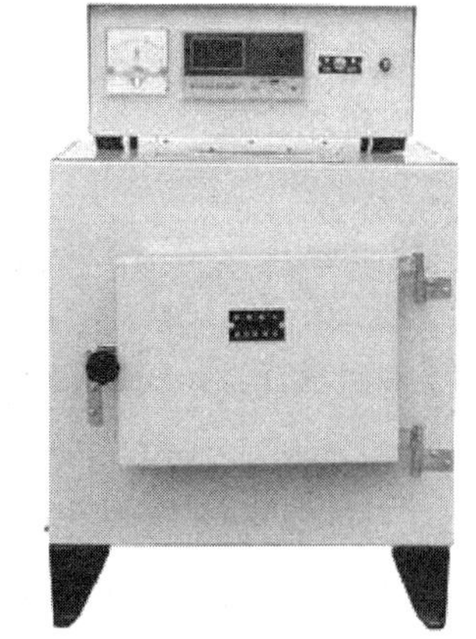

图 3.7 GWL-80 高温箱式电阻炉

④ 将温度设定旋钮设定到所需温度。

⑤ 温度显示指针将显示炉膛内温度，到设定温度后，加热会自动停止，红灯亮，表示处于保温状态。

⑥ 加热时间到后，先关闭电源，不应立即打开炉门，以免炉膛骤冷碎裂。一般可先开一条小缝让其降温快些，最后用长柄坩埚钳取出被加热物体。

使用过程应注意：切勿超过马弗炉的最高使用温度； 装取试样时一定要切断电源，以防触电；试样应放在炉膛中间，整齐放好，勿乱放；炉膛内要保持清洁，禁止向炉膛内灌注任何液体，也不得将沾有水和油的试样放入炉膛，不得用沾有水和油的夹子装取试样；装取试样时炉门开启时间应尽量短，以延长电阻炉的使用寿命；装取试样时要戴专用手套，以防烫伤；马弗炉使用过程中，要经常照看，防止自控失灵，造成电炉丝烧断等事故；炉子周围不要放易燃易爆物品。

3.4 自动电位滴定仪

自动电位滴定仪是根据电位法原理设计的用于容量分析的常见的一种分析仪器。进行电位滴定时，在待测溶液中插入指示电极与参比电极组成工作电池，随着滴定剂的加入，由于发生化学反应，待测离子浓度变化，致使指示电极电位发生相应变化，当电位值到达预先设定的终点电位时，滴定自动停止。该法是依据电位的相对变化找出滴定终点的容量分析法，准确度高于直接电位法，但费时稍多。

3.4.1 基本原理

自动电位滴定仪是依据电位滴定法的原理设计的。电位滴定法的原理：选用适当的指示电极和参比电极与被测溶液组成一个工作电池，随着滴定剂的加入，由于发生化学反应，被测离子的浓度不断发生变化，因而指示电极的电位随之变化。在滴定终点附近，被测离子浓度发生突变，引起电极电位的突跃，因此，根据电极电位的突跃可确定滴定终点。同时据此，可找出滴定反应的终点电位值。

自动电位滴定仪由电计和滴定系统组成，在电计中预先设定滴定反应的终点电位值，随着滴定的进行，电计采用电子放大控制线路，将指示电极与参比电极间的电位同预先设置的终点电位相比较，两信号的差值经放大后控制滴定系统的滴液速度，达到终点预设电位后，滴定自动停止。

全自动电位滴定仪采用柱塞式滴定方法，由单片机采集电极的动态信号并控制柱塞的滴定过程。在滴定过程中，滴定池内溶液产生不同的电位变化，当 $\Delta E/\Delta V$ 的电位变化大于极限值即为滴定终点，仪器转到制停程序，停止滴定并给出测定结果。

3.4.2 仪器结构

自动电位滴定仪分电计和滴定系统两大部分。电计部分的主要功能包括采集指示电极与参比电极间的电位信号、同预先设置的某一终点电位进行比较和通过电子放大线路实现对滴定的控制等。滴定系统部分由滴定管、磁搅拌装置和工作电池（待测溶液与两支电极）等组成，该部分主要是发生滴定反应和工作电池电动势对待测离子浓度的响应等。

3.4.3 使用方法

以 ZD-2 型自动电位滴定仪（见图 3.8 和图 3.9）为例，介绍其使用方法。

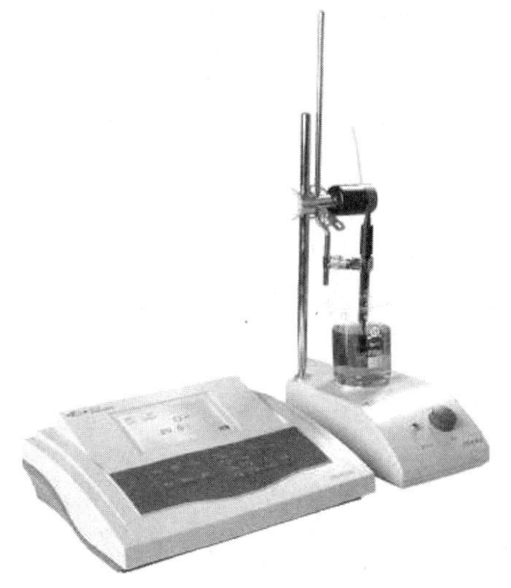

图 3.8 ZD-2 自动电位滴定仪

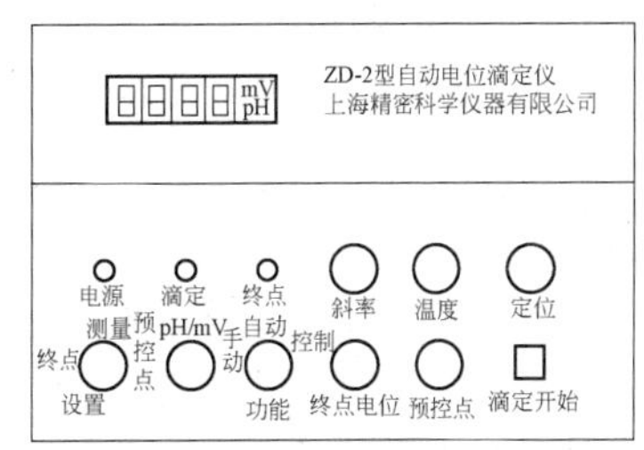

图 3.9 ZD-2 型自动电位滴定仪前面板

仪器安装连接好以后，插上电源线，打开电源开关，电源指示灯亮。经 15min 预热后，按不同测试项目的使用方法操作。

3.4.3.1 mV 测量

① “设置”开关置“测量”，“pH/mV”选择开关置“mV”。

② 将电极插入被测溶液中，将溶液搅拌均匀后，即读取电极电位（mV）值。

③ 如果被测信号超出仪器的测量范围，显示屏会不亮，作超载报警。

3.4.3.2 pH 标定及测量

（1）标定

仪器在进行 pH 测量之前，先要标定。一般来说，仪器在连续使用时，每天要标定一次，其步骤如下。

① “设置”开关置“测量”，“pH/mV”开关置“pH”。

② 调节“温度”旋钮，使旋钮白线指向对应的溶液温度值。

③ 将“斜率”旋钮顺时针旋到底（100%）。

④ 将清洗过的电极插入 pH 值为 6.86 的缓冲溶液中。

⑤ 调节“定位”旋钮，使仪器显示读数与该缓冲溶液当时温度下的 pH 一致。

⑥ 用蒸馏水清洗电极，再插入 pH4.00（或 pH9.18）的标准缓冲溶液中，调节斜率旋钮使仪器显示读数与该缓冲溶液当时温度下的 pH 一致。

⑦ 重复⑤～⑥直至不用再调节“定位”或“斜率”调节旋钮为止，至此，仪器完成标定。标定结束后，“定位”和“斜率”旋钮不应再动，直至下一次标定。

（2）pH 测量

经标定过的仪器即可用来测量 pH，其步骤如下。

① “设置”开关置“测量”，“pH/mV”开关置“pH”。

② 用蒸馏水清洗电极头部，再用被测溶液清洗一次。

③ 用温度计测出被测溶液的温度值。

④ 调节“温度”旋钮，使旋钮白线指向对应的溶液温度值。

⑤ 电极插入被测溶液中，搅拌溶液使溶液均匀后，读取该溶液的 pH 值。

3.4.3.3 滴定前的准备工作

① 在试杯中放入搅拌棒，并将试杯放在 JB-1A 搅拌器上。

② 电极的选择：取决于滴定时的化学反应，如果是氧化还原反应，可采用铂电极为指示电极、甘汞电极或钨电极为参比电极；若属中和反应，可用 pH 复合电极或玻璃电极和甘汞电极；若属银盐与卤素反应，可采用银电极和特殊甘汞电极。

3.4.3.4 电位自动滴定

① 终点设定：“设置”开关置“终点”，“pH/mV”开关置“mV”，“功能”开关置“自动”，调节“终点电位”旋钮，使显示屏显示所要设定的终点电位值。终点电位选定后，“终点电位”旋钮不可再动。

② 预控点设定：预控点的作用是当距终点较远时，滴定速度很快；当到达预控点后，滴定速度很慢。设定预控点就是设定预控点到终点的距离，其步骤如下：“设置”开关置“预控点”，调节“预控点”旋钮，使显示屏显示你所要设定的预控点数值。例如：设定预控点为 100mV，仪器将在离终点 100mV 处转为慢滴。预控点选定后，“预控点”调节旋钮不可再动。

③ 终点电位和预控点电位设定好后，将“设置”开关置“测量”，打开搅拌器电源，调节转速使搅拌从慢逐渐加快至适当转速。

④ 揿一下“滴定开始”按钮，仪器即开始滴定，滴定灯闪亮，滴液快速滴下，在接近终点时，滴速减慢。到达终点后，滴定灯不再闪亮，过 10s 左右，终点灯亮，滴定结束。

注意：到达终点后，不可再揿“滴定开始”按钮，否则仪器将认为另一极性相反的滴定开始，而继续进行滴定。

⑤ 记录滴定管内滴液的消耗读数。

3.4.3.5 电位控制滴定

“功能”开关置“控制”，其余操作同 3.4.3.4。在到达终点后，滴定灯不再闪亮，但终点灯始终不亮，仪器始终处于预备滴定状态，同样，到达终点后，不可再揿“滴定开始”按钮。

3.4.3.6 pH 自动滴定

① 按使用方法 3.4.3.2（1）进行标定。

② pH 终点设定：“设置”开关置“终点”，“功能”开关置“自动”，“pH/mV”开关置“pH”，调节“终点电位”旋钮，使显示屏显示所要设定的终点 pH 值。

③ 预控点设置：“设置”开关置“预控点”，调节“预控点”旋钮，使显示屏显示所要设置的预控点 pH 值。例如，所要设置的预控点为 2pH，仪器将在离终点 2pH 左右处自动从

快滴转为慢滴。其余操作同使用方法 3.4.3.4③～⑤。

3.4.3.7 pH 控制滴定（恒 pH 滴定）

“功能”开关置“控制”，其余操作同使用方法 3.4.3.6。

3.4.3.8 手动滴定

① “功能”开关置“手动”，“设置”开关置“测量”。

② 揿下“滴定开始”开关，滴定灯亮，此时滴液滴下，控制揿下此开关的时间，即控制滴液滴下的数量，放开此开关，则停止滴定。

3.5 紫外-可见分光光度计

紫外-可见分光光度法是根据物质分子对波长为 200～760nm 这一范围的电磁波的选择性吸收特性所建立起来的一种定性、定量和结构分析方法。操作简单、准确度高、重现性好。分光光度测量是关于物质分子对不同波长和特定波长处的辐射吸收程度的测量。

3.5.1 基本原理

物质分子对可见光或紫外线的选择性吸收在一定的实验条件下符合朗伯-比耳（Lambert-Beer）定律，即溶液中的吸光分子吸收一定波长光的吸光度 A 与溶液中该吸光分子的浓度 c 的关系为：

$$A=\lg\frac{I_0}{I_t}=\varepsilon bc$$

式中，A 为吸光度；ε 为摩尔吸收系数（与入射光的波长、吸光物质的性质、温度等有关）；b 为样品溶液的厚度，cm；c 为溶液中待测物质的物质的量浓度，mol/L。根据 A 与 c 的线性关系，通过测定标准溶液和试样溶液的吸光度，用图解法或计算法，可求得试样中待测物质的浓度。

在可见光区（400～760nm），待测物质本身有较深的颜色，可直接测定。待测物质是无色或很浅的颜色，需要选适当的试剂与被测离子反应生成有色化合物再进行测定，此反应称为显色反应，所用的试剂称为显色剂。

3.5.2 仪器结构

紫外-可见分光光度计见图 3.10，其种类和型号繁多，但各种类型的分光光度计的结构基本相同，一般包括光源、单色器、吸收池、检测器和显示器五大部分。

（1）光源

光源的功能是提供稳定的、强度大的紫外-可见连续光。在可见光区，常用钨灯或碘钨灯作光源，它们辐射 320～2500nm 波长的光；在近紫外区，常使用氢灯或氘灯，它们能辐射 180～375nm 波长的光。因为玻璃吸收紫外线，因而氢灯或氘灯灯壳用石英制成。为了使光源稳定，分光光度计均配有稳压装置。

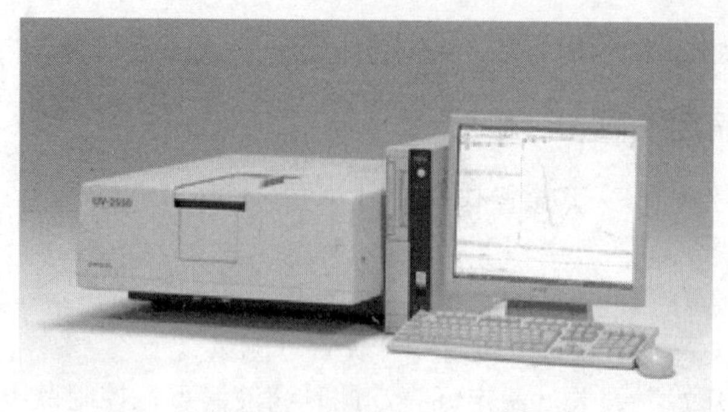

图 3.10 UV2450 紫外-可见分光光度计

（2）单色器

单色器是将光源提供的复合光色散为单色光的装置，也称为分光系统。单色器的色散元件有滤光片、棱镜或光栅，现代分光光度计基本上采用光栅作为色散元件，配以入射狭缝、准光镜、投影物镜、出射狭缝等光学器件构成分光系统。

（3）吸收池

吸收池，也称比色皿，用于盛吸收溶液，由无色透明的光学玻璃或石英制成。玻璃比色皿用于可见光区，而石英比色皿用于紫外光区。比色皿的光径有 0.5cm、1cm、2cm、3cm、5cm 等，一般 1cm 较常用。普通单波长分光光度计测量时需要两个比色皿，一个装待测液，另一个装参比液。

（4）检测器

检测器是将透过溶液的光信号转换为电信号，并将电信号放大的装置。常用的检测器为光电管和光电倍增管。

（5）显示器

显示器是将光电管或光电倍增管放大的电流通过仪表显示出来的装置。常用的显示器有检流计、微安表、记录器和数字显示器。检流计和微安表可显示透光度（$T\%$）和吸光度（A），数字显示器可显示 $T\%$、A 和 c（浓度）。

3.5.3 使用方法

以 752 型紫外-可见分光光度计（见图 3.11）为例，介绍其使用方法。

① 接通电源，打开仪器开关，掀开样品室暗箱盖，预热 10min。

② 将灵敏度开关调至“1”挡（若零点调节器调不到“0”时，需选用较高挡）。

③ 根据所需波长转动波长选择钮。

④ 将参比溶液和样品溶液分别倒入比色皿至 3/4 处，用擦镜纸擦净外壁，放入样品室内，使参比溶液对准光路。

⑤ 在暗箱盖开启状态下调节零点调节器，使读数盘指针指向 T=0 处。

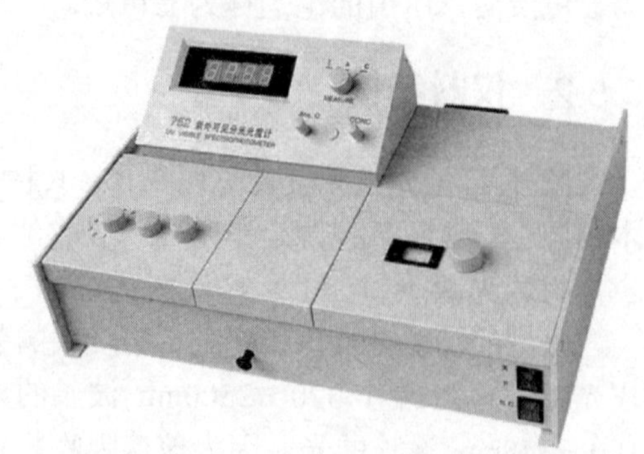

图 3.11 752 型紫外-可见分光光度计

⑥ 盖上暗箱盖，调节“100”调节器，使参比溶液的 T=100，指针稳定后逐步拉出样品滑竿，分别读出样品溶液的吸光度值，并记录。

⑦ 测定完毕，关上电源，取出比色皿洗净，样品室用软布或软纸擦净。

使用该仪器应注意：仪器应放在干燥的房间内，使用时置于坚固平稳的工作台上，室内照明不宜太强；热天时不能用电扇直接向仪器吹风，防止灯泡灯丝发亮不稳定；在未接通电源之前，应该对仪器的安全性能进行检查，电源接线应牢固，通电也要良好，各个调节旋钮的起始位置应该正确，然后再接通电源开关；在仪器尚未接通电源时，电表指针必须于“0”刻线上，若不是这种情况，则可以用电表上的校正螺钉进行调节。

3.6 原子吸收分光光度计

原子吸收分光光度计，又称原子吸收光谱分析仪。原子吸收分光光度法是基于测量试样所产生的原子蒸气中基态原子对光源辐射的分析线（共振线）的吸收，以定量测定化学元素的方法。该法是特效性、准确度和灵敏度都很好的一种元素定量分析方法，在冶金、地质、轻工、农业、医药、卫生、食品和环境保护等方面得到了广泛的应用。

3.6.1 基本原理

原子吸收是一个受激吸收跃迁的过程。当有辐射通过自由原子蒸气，且入射辐射的频率等于原子中外层电子由基态跃迁到较高能态（多为第一激发态）所需能量的频率时，原子就产生共振吸收，电子由基态跃迁到激发态。目前原子吸收分析是测量峰值吸收，做法是采用原子化装置（火焰或石墨炉）将试样中的待测元素转化为基态原子蒸气，以待测元素的空心阴极灯等特制光源，发射出的特征谱线的锐线光，通过待测元素原子蒸气时，部分特征谱线的光被吸收，而未被吸收的光经单色器照射到光电检测器上被检测，从而得到该特征谱线的吸光度 A，在一定实验条件下 A 与待测元素的含量 c 成正比，即

$$A=Kc$$

式中，K 为常数。此关系式就是原子吸收分光光度法定量分析的依据。

3.6.2 仪器结构

原子吸收分光光度计有单光束和双光束两种类型，其主要部件基本相同，有光源、原子化系统、分光系统及检测与数据处理系统等。

（1）光源

光源的作用是辐射待测元素的特征谱线（实际含共振线和其他谱线），以供测量之用。其中测量中应用较多的是共振线。对光源的基本要求是：能辐射锐线；能辐射共振线；辐射的强度足够大，稳定性好，背景低，使用寿命长。目前原子吸收分光光度计中符合上述要求、应用最广泛的光源是空心阴极灯。

（2）原子化系统

原子化系统，又称原子化装置或原子化器，是原子吸收分光光度计的核心部件，其功能

是将试样中的待测元素转变成基态原子蒸气。可分为火焰和无火焰（石墨炉）原子化装置两种，在原子吸收分光光度计上，一般都配有这两种原子化装置。火焰法成熟、稳定和价廉，石墨炉法具有较高的灵敏度，一般比火焰法高 2～3 个数量级。

（3）分光系统

分光系统（单色器）的主要作用是将原子吸收所需的待测元素的共振吸收谱线与邻近谱线分开，然后进入检测装置。为了防止原子化时产生的辐射不加选择地都进入检测器以及避免光电倍增管的疲劳，分光系统通常置于原子化器后。分光系统主要由一些光学元件如狭缝、色散元件、反射镜、透镜等组成，其核心部件是色散元件，常用的色散元件是光栅。分光系统的设计兼顾了分辨率和集光本领的要求，实际应用中可根据测定的需要调节合适的狭缝宽度。例如，待测元素的共振线没有邻近线的干扰及连续背景很小，对分辨率的要求不高，则狭缝宽度宜较大，这样集光本领增强，信噪比高，检出限低；反之则反。

（4）检测与数据处理系统

检测与数据处理系统主要由检测器、放大器、对数变换器、显示装置及计算机（工作站）组成。原子吸收分光光度计多采用光电倍增管作检测器。它的作用是将单色器分出的光信号转变为电信号。这种电信号一般比较微弱，需经放大器放大，再经对数变换后由显示装置读出。数据处理主要由计算机（工作站）来完成。

原子吸收分光光度法应用中，有时不容忽视的干扰是来自原子化器的背景吸收，尤其是来自石墨炉原子化器的背景吸收，因此商品仪器常附带两种背景吸收校正的装置，分别为氘灯背景校正器和塞曼效应背景校正器。氘灯背景校正器是基于氘灯作光源测得的吸收值为背景吸收，因此以空心阴极灯所测信号减去氘灯所测信号就可扣除背景吸收的影响。该装置简单，操作方便，获得了广泛的应用。塞曼效应背景校正器是基于磁场将吸收线分裂为具有不同偏振方向的成分，利用这些分裂的偏振成分来区别被测元素和背景的吸收，从而扣除背景吸收的影响。该法具有较强的校正能力，但仪器结构复杂，成本高。

3.6.3 使用方法

以 TAS-990 原子吸收分光光度计（见图 3.12）火焰法为例，介绍其使用方法。

① 开机前先检查水封是否有水，乙炔钢瓶阀门及接管有无泄漏。

② 打开抽风机。

③ 开机：打开计算机（工作站）电源以及原子吸收分光光度计的电源开关。

④ 仪器初始化：在桌面双击“AAwin”图标，选择“联机”，仪器自动进行初始化。

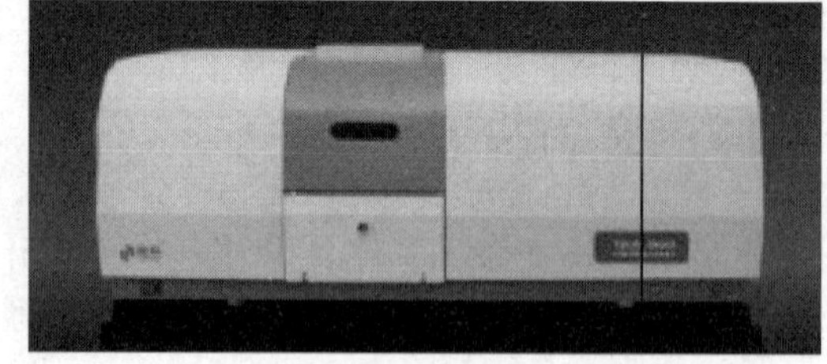

图 3.12　TAS-990 原子吸收分光光度计

⑤ 方法和参数设置：仪器初始化各项正常→元素灯设置（选择工作灯和预热灯）→工作参数设置（灯电流、带宽等）→选择波长→寻峰→软件主界面→选择测定方法（仪器→测量方法→火焰吸收→确定）→软件主界面→样品设置（样品→标样校正方法→曲线方程→浓度单位→标准样品个数→未知样品个数→完成）→软件主界面→测量参数设置（参数→样品测量次数→吸光度测定间隔时间和采样延迟时间→吸光度显示范围→确定）→软件主界面→燃烧器设置（仪器→燃烧器参数→燃气

流量→燃烧器高度和位置→确定）→软件主界面→能量（自动平衡→确定）→软件主界面。

⑥ 测量：仪器预热至少30min→空气压缩机设置0.24MPa→打开乙炔钢瓶阀门调节压力高于0.06MPa→软件主界面，单击“点火”→火焰平稳→按空白、标样、未知样的顺序测量（进样→测量→开始）→测量完成→保存或打印数据。

⑦ 吸去离子水清洗原子化器10min，关乙炔阀，使管道中气体烧完再关仪器、电脑、空压机。

3.7 气相色谱仪

气相色谱法是采用气体作为流动相的一种柱色谱法。根据所用固定相状态的不同，可分为气-固色谱法和气-液色谱法；根据所用色谱柱的不同，可分为填充柱色谱和毛细管柱色谱。气相色谱分析是一种高效能、选择性好、灵敏度高、操作简单、应用广泛的分离分析方法。可应用于气体试样，也可应用于易挥发或可转化为易挥发物质的液体和固体试样。

3.7.1 基本原理

气相色谱法中，利用试样中各组分在气体流动相和固定相（固体吸附剂或固定液）两相间的分配系数不同，当汽化后的试样被载气带入色谱柱中运行时，组分就在其中的两相间进行反复多次分配，由于固定相对各组分的吸附或溶解能力不同，因此各组分在色谱柱中的运行速度就不同，经过一定的柱长后，便彼此分离，按顺序离开色谱柱进入检测器，产生响应信号经放大后，在记录器上描绘出各组分的色谱峰。

各种物质在一定的色谱条件（固定相、操作条件）下均有确定不变的保留值，因此保留值可作为一种定性指标，它的测定是最常用的色谱定性方法。而在一定操作条件下，分析组分的质量或其在载气中的浓度与检测器的响应信号（峰面积或峰高）成正比，这是色谱定量分析的依据。

3.7.2 仪器结构

气相色谱仪一般由载气系统、进样系统、分离系统、温度控制系统、检测记录系统五部分组成，流程如图3.13所示。

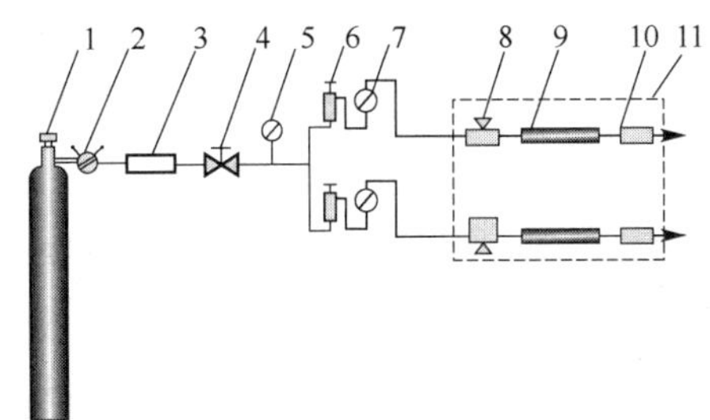

图3.13 双气路气相色谱仪流程

1—高压气瓶（载气）；2—减压阀（氢气表或氧气表）；3—净化器；4—稳压阀；5，7—压力表；6—针形阀或稳流阀；8—汽化室；9—色谱柱；10—检测器；11—恒温箱

（1）载气系统

载气系统包括气源（高压气瓶）、气体净化和气体流速控制部件。载气经减压阀、稳压阀和其他气体流速控制装置后，使流量按设定值恒定输出。经过装有催化剂或分子筛的净化器后，载气得到净化。

（2）进样系统

包括进样器和汽化室。气体试样可通过注射器（穿过隔膜垫）或定量阀（六通阀）进样；液体或固体试样可稀释或溶解后直接用注射器进样，样品在汽化室瞬间汽化后，随载气进入色谱柱分离。

（3）分离系统

分离系统是色谱分析的心脏部件，主要是在色谱柱内完成试样的分离，有填充柱和毛细管柱两种。

（4）温度控制系统

温度控制是否准确和升、降温速度是否快速是市售气相色谱仪器的重要指标之一，控温系统包括对三个部分的控温，即汽化室、柱箱和检测器，柱箱的控温方式有恒温和程序升温。

（5）检测记录系统

检测记录系统是指从色谱柱中流出的组分经过检测器把浓度（或质量）信号转化为电信号，并经放大器放大后，由记录仪显示和记录分析结果的装置，它由检测器、放大器和记录仪三部分构成。现代气相色谱仪还配有计算机（工作站），可对色谱图进行处理得到保留值、峰面积等数据。

3.7.3 使用方法

以图 3.14 所示 GC522 型气相色谱仪（配置毛细管色谱柱和氢火焰离子化检测器）为例，介绍其使用方法。

（1）开机前的准备

① 检查仪器的气路是否连接妥当，以免发生意外事故。

② 配置色谱柱。

③ 配置载气（氢气、氦气、氮气）。

（2）开机

首先打开载气（氮气）钢瓶总阀门，调节减压阀压力为 0.5～0.6MPa。打开仪器电源开关，仪器自检通过后，即可设置测试参数。设定柱温时，一定要注意柱子的最高使用温度。

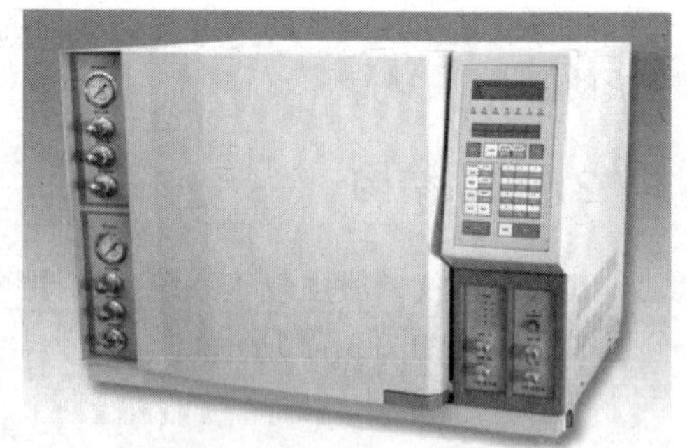

图 3.14 GC522 型气相色谱仪

当温度达到设定值时，打开空气压缩机开关，转动氢气钢瓶阀门调节氢气分压表为 0.3～0.4MPa。再打开仪器面板上空气、氢气开关，点火，稳定大约 30min 后，即可测定。

（3）设定测试条件

根据不同化合物的性质选择不同的色谱柱，一般情况下极性化合物选择极性柱，非极性化合物选择非极性柱。柱温的确定主要由样品的复杂程度决定，对于沸点范围较宽的复杂混合物一般采用程序升温法，同时还要兼顾高低沸点样品或熔点化合物。

① 设置检测器温度。

② 选择柱方式（恒流、恒压、程序升流、程序升压）。

③ 设置初始流量或压力或平均线速度。

④ 设置流量和压力程序（任选）。

⑤ 设置进样口参数（分流、不分流、脉冲分流、脉冲不分流）。

⑥ 设置柱箱温度（恒温、程序升温）。

（4）测试方法

一般采用两种测试方法。

① 毛细管柱分流法：样品直接进入色谱柱，不需稀释时进样量要少于 1μL。若为固体化合物，则尽可能用少量溶剂稀释，进样量为 0.2～0.4μL。

② 大口径毛细管不分流法无论固体或液体，一定要稀释后方可进样，进样量为 1.0μL。

（5）关机程序

首先关闭氢气和空气气源，使氢火焰离子化检测器熄火。在氢火焰熄灭后再将柱箱的初始温度、检测器温度及进样器温度设置为室温，待温度降至设置温度后，关闭色谱仪电源，最后再关闭载气（氮气）。

3.8 高效液相色谱仪

高效液相色谱法（HPLC）是在经典的液体柱色谱法的基础上，引入了气相色谱法的理论，在技术上采用了高压泵、高效固定相和高灵敏度检测器，实现了分析速度快，分离效率高，检测灵敏度高和操作自动化。现代液相色谱法具有高压、高速、高效、高灵敏度等特点，可用来进行液-固吸附、液-液分配、离子交换和空间排阻色谱等分析，应用非常广泛。70%以上的有机化合物可应用该法分析，特别是高沸点、大分子、强极性、热稳定性差化合物的分离分析，显示出其优势。

HPLC 与气相色谱法相比，各有所长，应用上可相互补充，相辅相成。高效液相色谱法的主要缺点是有“柱外效应”。在从进样口到检测器之间，除了柱子以外的任何死空间（进样器、柱接头、连接管和检测池等）中，如果流动相的流速有变化，被分离物质的任何扩散和滞留都会显著地导致色谱峰的加宽，使柱效率降低。同时，HPLC 的使用成本较高。

3.8.1 基本原理

高效液相色谱分离是基于样品组分在固定相和液体流动相间的多次反复分配平衡，由于分配中两相间分配系数、亲和力、吸附力或分子大小不同引起的微小差异而达到分离的目的。不同组分在色谱过程中的分离情况，首先取决于各组分在两相间的分配系数、亲和力等是否有差异；其次，当不同组分在色谱柱中运动时，受到影响色谱峰扩展因素的作用，如固定相粒度的大小、柱的填充情况、流动相的流速、分子的扩散系数、柱温、流动相及柱外效应等的影响。

与气相色谱的程序升温类似，高效液相色谱法中的梯度洗脱（梯度淋洗）可以有效改善分离。所谓梯度洗脱，就是流动相中含有两种（或更多）不同极性的溶剂，在分离过程中按一定的程序连续改变流动相中溶剂的配比和极性，通过流动相中极性的变化来改变被分离组分的容量因子和选择性因子，以提高分离效果。梯度洗脱适于分析组分复杂的样品。

3.8.2 仪器结构

高效液相色谱仪一般由贮液器、高压泵、梯度洗脱装置、进样器、色谱柱、检测器、恒温器和色谱工作站等主要部件组成，可划分为四个主要部分：高压输液系统、进样系统、分离系统和检测记录系统。图 3.15 是典型的高效液相色谱仪基本组成示意图。

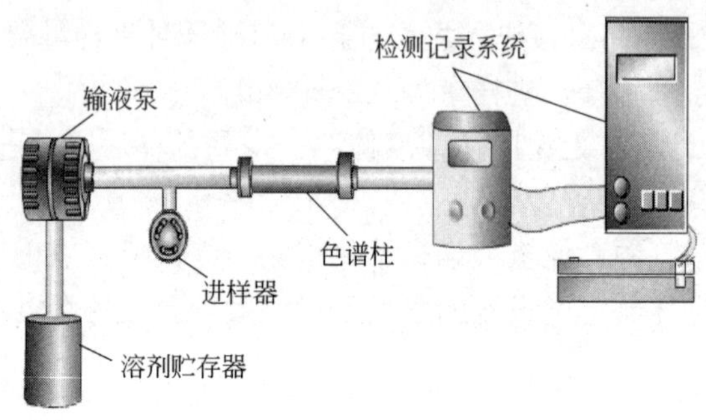

图 3.15　高效液相色谱仪基本组成

① 高压输液系统：由贮液器、高压泵、过滤器、梯度洗脱装置等组成。

② 进样系统：流路中为高压力工作状态，通常使用耐高压的六通阀进样装置。有的仪器配用自动进样装置。

③ 分离系统：由色谱柱、柱温箱等组成。

④ 检测记录系统：由检测器、数据记录仪、恒温器等组成。

此外，有的仪器还配有馏分收集器（或自动收集装置）、色谱工作站等辅助系统。

3.8.3 使用方法

以 HP1100 高效液相色谱仪（见图 3.16）为例，介绍其使用方法。

① 过滤流动相，根据需要选择不同的滤膜。

② 对抽滤后的流动相进行超声脱气 10～20min。

③ 打开 HPLC 工作站和色谱仪，连接好流动相管道，连接检测系统。

④ 进入 HPLC 控制界面主菜单，点击 Acquirement1，进入主菜单。

⑤ 如果有一段时间没用，或者换了新的流动相，需要先冲洗泵和进样阀。冲洗泵，直接在泵的出水口，用针头抽取。冲洗进样阀，需要在菜单控制下操作，冲洗时速度不要超过 10mL/mim。

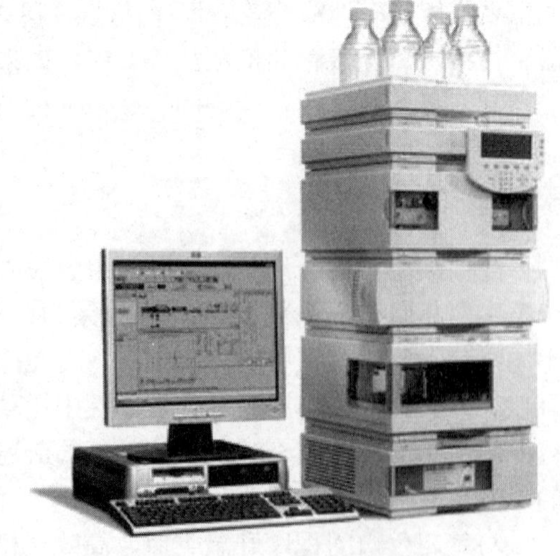

图 3.16　HP1100 高效液相色谱仪

⑥ 调节流量，初次使用新的流动相，可以先试一下压力，流速越大，压力越大，一般不要超过 2000psi（1psi=6.894kPa，下同）。

⑦ 选用合适的流速，走基线，观察基线的情况。

⑧ 设计走样方法，一个完整的走样方法需要包括：进样前的稳流，一般 2～5min；基线归零；进样阀的 loading-inject 转换；走样时间，随不同的样品而不同。

⑨ 进样和进样后操作。选定走样方法，点击 start 进样（所有的样品均需过滤）。全部样品走完后，再用上面的方法走一段基线，洗掉剩余物。

⑩ 关机时，先关计算机，再关液相色谱。

使用时应注意：流动相均需色谱纯，水最好使用 18MΩ • cm 超纯水，所有过柱子的液体需严格过滤；柱子在任何情况下不能碰撞、弯曲或强烈震动；当柱子和色谱仪连接时，阀件或管路一定要清洗干净；所有的流动相在进入 HPLC 系统之前都应该首先脱气（即使仪器上有在线脱气），因为没有脱气的流动相进入到高压系统后，存在的气泡会导致系统的流速和压力不稳定，出现鬼峰等问题。

第 4 章

基础实验

实验 1 准确称量及滴定分析基本操作

I 准确称量

【实验目的】

1. 了解分析天平的构造，学习分析天平的基本操作。
2. 掌握分析天平常用称量方法。
3. 掌握准确记录实验原始数据的方法。

【实验原理】

分析天平的结构与称量原理，具体见 3.1 节。

【仪器和试剂】

仪器：电子分析天平（精确度 0.1mg），称量瓶，称量纸，锥形瓶或小烧杯，药匙。

试剂：石英砂或 Na_2CO_3 粉末试样。

【实验步骤】

1. 称量前准备

① 检查：检查天平秤盘是否干净，如有粉尘，可用软毛刷轻轻扫净。

② 调水平：调整地脚螺栓，使水平仪内气泡位于圆环中央。

③ 预热：接通电源，预热 20min。

④ 开机：轻按“POWER”键，天平开启，随后进行自检，待显示屏上出现稳定的 0.0000g 即可开始称量（如显示不为 0.0000g，按“O/T”或“TARE”键归零）。

⑤ 校准：首次使用天平必须进行校准。首先使其处于“g”显示，此时称量盘上应处于无物品状态。按校正键“CAL”，显示屏上显示“E-CAL”，按“O/T”键，零点显示闪烁，约经 30s 后确定已稳定时，应装载的砝码值闪烁。打开称量室的玻璃门，装载所显示质量的砝码，关上玻璃门，稍等片刻，待零点显示闪烁，将砝码从称量盘上取下，关上玻璃门。显示屏上显示“CAL END”后返回到“g”显示，校准结束。

2．称量练习

使用电子天平称量，可根据被称物的不同性质，采用不同的称量方法。常用的称量方法有直接称量法和减量称量法。

直接称量法适用于以下物品的称量：洁净干燥的器皿；块状的金属；不易潮解或升华的固体试样；不易吸湿、空气中性质稳定的粉末状物质。

减量法称量适用于称量易吸湿、易氧化、易与 CO_2 反应的物质。用此法称量的试样，应盛放在称量瓶内。称量瓶使用前必须洗净烘干，在干燥器内冷却至室温。称量瓶不能放在不干净的地方，以免沾污。

（1）直接法称量

将洁净干燥的器皿（锥形瓶或小烧杯）或称量纸置于秤盘上，待天平平衡，显示的读数即为被称物的质量。然后按“O/T”或“TARE”去皮归零，取出器皿（称量纸不必取出），用药匙往器皿内或称量纸上加所需试样（约 0.5g），放在秤盘上，显示的读数即为试样的质量。

（2）减量法称量

用纸条套住称量瓶，将称量瓶置于秤盘上，待天平平衡后，按“O/T”键归零。再用纸条套住称量瓶，用左手从天平中取出，右手以小纸片垫住瓶盖打开，对准容器口（锥形瓶或小烧杯），微微倾斜称量瓶（勿使瓶底高于瓶口，以防试样冲出），用瓶盖轻敲瓶口上部，使试样慢慢落入容器中，直到倾出的试样接近所需要的试样量时（约 0.5g），边敲瓶口上部，边慢慢竖起称量瓶，使粘在瓶口的试样落入瓶中，再盖好瓶盖，把称量瓶放回秤盘上称量，显示器显示负值（如−0.5012g），此负值的绝对值（0.5012g）即为倾出试样的质量。注意：若倾出量不够，取出称量瓶继续敲瓶，如此反复操作（反复次数越少越好），直至倾出试样质量达到要求，记录读数；若倾出的试样大大超过所需数量时，只能弃去，重新称量。

称量结束后，轻按“OFF”键关闭显示器，取下称量样品，用毛刷清扫天平秤盘，关好天平门，切断电源。

【注意事项】

1．将天平置于稳定的工作台上，避免振动、气流及日光照射。

2．由于电子天平自重较轻，使用过程中容易因碰撞而发生位移，故使用过程中动作要轻。

3．称量易挥发和具有腐蚀性的物品时，要盛装在密闭容器中，以免腐蚀和损坏电子天平。

4．在一次实验中，电子天平一经开机、预热、校准后，即可依次连续称量。

5．电子天平还有一些其他的功能键，有些是供维修人员调校用的，未经允许学生不要使用这些功能键。

【数据处理】

称量练习记录表

实验次数	直接法称量的试样质量/g	减量法称量的试样质量/g
1		
2		

Ⅱ 滴定分析

【实验目的】

1．掌握滴定分析仪器的洗涤方法和使用方法。

2．初步掌握滴定管、容量瓶和移液管的基本操作方法。

【仪器和试剂】

仪器：滴定管、容量瓶、移液管、锥形瓶、烧杯、量筒等玻璃仪器，洗耳球。

试剂：Na_2CO_3（s）。

【实验步骤】

1．滴定管的使用

① 检查滴定管的质量和有关标志。

② 洗涤滴定管至不挂水珠。

③ 检漏。

④ 用待装溶液润洗。

⑤ 装溶液，赶气泡。

⑥ 调零。

⑦ 滴定、读数。练习滴定基本操作，最终做到能够控制 3 种滴定速度。

⑧ 用毕后洗净，倒置夹在滴定管架上。

2．容量瓶的使用（练习 250mL 容量瓶的使用）

① 检查容量瓶的质量和有关标志。容量瓶应无破损，玻璃磨口瓶塞合适且不漏水。

② 洗涤容量瓶至不挂水珠。

③ 检漏。如漏水应更换容量瓶。

④ 容量瓶的操作。

a．准确称量 1.5～2g 固体 Na_2CO_3。

b．在小烧杯中用约 50mL 水溶解所称量的 Na_2CO_3 样品。

c．将 Na_2CO_3 溶液沿玻璃棒注入容量瓶中（注意杯嘴和玻璃棒的靠点及玻璃棒和容量瓶颈的靠点），洗涤烧杯并将洗涤液也注入容量瓶中。

d．初步摇匀。用洗瓶加水稀释至容量瓶总体积的 3/4 左右时，水平摇动容量瓶，使溶液初步混匀（不要盖瓶塞，不能倒置）。

e．定容。加水至距离标线约 1cm 处，放置 1～2min，再小心加水至弯月面最低点和刻度线上缘相切（注意容量瓶应竖直放置，视线应水平）。

f. 混匀。塞紧瓶塞，倒置摇动容量瓶 10 次以上（注意要数次提起瓶塞），混匀溶液。

⑤ 用毕后洗净，在瓶口和瓶塞间夹一纸片，放在指定位置。

3．移液管和吸量管的使用

① 检查移液管的质量及有关标志。移液管上管口应平整，流液口没有破损；主要标志应有商标、标准温度、标称容量及单位、移液管的级别、规定等。

② 移液管的洗涤。先用自来水湿润，再用洗涤剂或铬酸洗液洗涤，再用自来水洗涤至

不挂水珠，最后用蒸馏水淋洗 3 次以上。

③ 移液操作。用 25mL 移液管移取蒸馏水，练习移液操作。

a．用待吸液润洗 3 次。

b．吸取溶液。用洗耳球将待吸液吸至刻度线稍上方（注意正确握持移液管及洗耳球），堵住管口，用滤纸擦干外壁。

c．调液面。将弯月面最低点调至刻度线上缘相切。注意观察视线应水平，移液管要保持竖直，用一洁净小烧杯在流液口下接取。

d．放出溶液。将移液管移至另一接收器（通常为锥形瓶）中，保持移液管竖直、接收器倾斜，移液管的流液口紧触接收器内壁。放松手指，让液体自然流出，流完后停留 15 s，保持触点，将管尖在靠点处靠壁左右转动。

④ 洗净移液管，放置在移液管架上。

⑤ 吸量管的操作与移液管基本相同。取一支 10mL 吸量管，同上述步骤操作，但放出溶液时，可以控制溶液的不同体积并移入锥形瓶中。

以上操作反复练习，直至熟练为止。

【注意事项】

1．检查滴定管是否漏水时，可关闭旋塞，在管内充满水，将滴定管夹在滴定管夹上，观察管口及活塞两端是否有水渗出，将活塞转动 180°再观察一次，如无漏水现象，洗涤之后，即可使用。

2．在对浅色或无色溶液读数时，可在管的背面衬一张白色卡。

3．如果是用固体物质配制标准溶液，先将准确称取的固体物质于小烧杯中溶解后，再将溶液定量转移到预先洗净的容量瓶中。注意，溶解过程不论是放热还是吸热，都必须等溶液恢复至室温后方可定量转移。

4．管上未刻有“吹”字的，管尖内的残留溶液不能吹出，在校正移液管时，已经考虑了末端所保留溶液的体积，但管尖外挂的液滴应碰留在容器内。

5．移液管、吸量管和容量瓶都是有刻度的精密玻璃量器，均不宜放在烘箱中烘烤。

【练习题】

一、填空题

1．量器洗净的标准是__________________。

2．滴定管洗净后在装标准溶液前应_______；滴定管读数时，滴定管应保持________，以液面呈________与________为准，眼睛视线与________在同一水平线上。

3．对于一般滴定分析，要求单项测量的相对误差为 0.1%。常用分析天平可以称准至________mg。用差减法称取试样时，一般至少应称取________g；50mL 滴定管的读数一般可以读准到________mL。故滴定时一般滴定容积控制在________mL 以上。

二、选择题

1．滴定分析法主要适用于________。

A．微量分析　　B．痕量分析　　C．半微量分析　　D．常量分析

2．下列情况中，需用待装溶液润洗的器皿是________。

A．用于滴定的锥形瓶　　B．配制标准溶液的容量瓶

C．移取试液的移液管　　D．量取试剂的量筒

3．为了防止天平受潮的影响，所以天平箱内必须放干燥剂，目前最常用的干燥剂是________。

A．浓硫酸　　　B．无水 $CaCl_2$　　　C．变色硅胶　　　D．P_2O_5

三、思考题

1．称量时，为什么不能用手直接拿取称量瓶？应该怎样正确拿取称量瓶？倾倒样品时，称量瓶盖子能否放在实验台上，为什么？

2．滴定管中存在气泡对滴定有什么影响？应怎样除去？

3．使用移液管的操作要领是什么？为何要垂直流下液体？为何放完液体后要停一定时间？最后留于管尖的半滴液体应如何处理？

4．Na_2CO_3 试样未溶解完全就转移至容量瓶中定容，容易产生什么后果？

实验 2　酸碱标准溶液的配制与标定

【实验目的】

1．掌握酸碱标准溶液的配制和标定方法。

2．进一步掌握分析天平的使用方法和滴定基本操作。

【实验原理】

酸碱滴定法最常用的标准溶液是 HCl 溶液和 NaOH 溶液。由于浓盐酸易挥发，NaOH 易吸收空气中的水分和 CO_2，故需用间接法配制其标准溶液。即先配制近似所需浓度的溶液，然后用基准物质标定或用标准酸碱溶液比较滴定，从而确定其准确浓度。

标定 HCl 溶液最常用的基准物质是硼砂（$Na_2B_4O_7 \cdot 10H_2O$）及无水 Na_2CO_3。

用无水碳酸钠标定 HCl 溶液的反应如下：

$$Na_2CO_3 + 2HCl \longrightarrow H_2O + 2NaCl + CO_2\uparrow$$

当反应达化学计量点时，溶液 pH 值为 3.9，滴定的突跃范围为 pH 值 3.5～5.0，可用甲基橙或甲基红作指示剂。

标定 NaOH 最常用的基准物质是邻苯二甲酸氢钾及草酸（$H_2C_2O_4 \cdot 2H_2O$）。

用邻苯二甲酸氢钾标定 NaOH 溶液的反应如下：

$$KHC_8H_4O_4 + NaOH \longrightarrow KNaC_8H_4O_4 + H_2O$$

化学计量点时溶液呈微碱性（pH 约 9.1），可用酚酞作指示剂。

【仪器和试剂】

仪器：台秤，分析天平，烧杯（250mL），量筒（10mL、50mL），滴定管（50mL），锥形瓶（250mL），移液管（25mL），容量瓶（250mL），细口试剂瓶（500mL），洗耳球，胶头滴管。

试剂：盐酸（6 mol/L），无水 Na_2CO_3（A.R.，s），氢氧化钠（s），邻苯二甲酸氢钾（A.R.，s），酚酞指示剂，甲基橙指示剂。

【实验步骤】

1．酸碱溶液的配制

（1）0.1mol/L HCl 溶液的配制

用量筒取 6mol/L 盐酸 9mL，倒入烧杯中，加蒸馏水稀释至 500mL，搅拌摇匀后，贮于细口瓶中，贴上标签备用。

（2）0.1mol/L NaOH 溶液的配制

在台秤上称取约 2g 氢氧化钠固体（烧杯中称量），加入已除 CO_2 的蒸馏水约 50mL，使之溶解，再加入约 450mL 水，搅拌混匀后，贮于细口瓶中，盖上橡胶塞，贴上标签备用。

2．酸碱溶液的标定

（1）HCl 溶液的标定

用分析天平准确称取 0.15～0.2g 无水 Na_2CO_3 三份，分别置于 250mL 锥形瓶中，加入 20～30mL 蒸馏水使之溶解后，滴加甲基橙指示剂 1～2 滴，用待标定的 HCl 溶液滴定，溶液由黄色变为橙色即为终点。根据所消耗的 HCl 溶液的体积，按下式计算 HCl 标准溶液的浓度 $c(\mathrm{HCl})$。

$$c(\mathrm{HCl})=\frac{2m(\mathrm{Na_2CO_3})\times 10^3}{M(\mathrm{Na_2CO_3})V(\mathrm{HCl})}$$

式中，$c(\mathrm{HCl})$为 HCl 溶液的浓度，mol/L；$m(\mathrm{Na_2CO_3})$为称量的 Na_2CO_3 的质量，g；$M(\mathrm{Na_2CO_3})$为 Na_2CO_3 的摩尔质量，g/mol；$V(\mathrm{HCl})$为消耗的 HCl 的体积，mL。

（2）NaOH 溶液的标定

① 用邻苯二甲酸氢钾标定：准确称取 0.4～0.6g 邻苯二甲酸氢钾 3 份，分别置于 250mL 锥形瓶中，加 30mL 蒸馏水溶解后，加 1～2 滴酚酞指示剂，用 NaOH 标准溶液滴定至微红色，30s 内不褪色即为终点。按下式计算 NaOH 标准溶液的浓度。

$$c(\mathrm{NaOH})=\frac{m(\mathrm{KHC_8H_4O_4})\times 10^3}{M(\mathrm{KHC_8H_4O_4})V(\mathrm{NaOH})}$$

式中，$c(\mathrm{NaOH})$为 NaOH 浓度，mol/L；$m(\mathrm{KHC_8H_4O_4})$为称量的邻苯二甲酸氢钾的质量，g；$M(\mathrm{KHC_8H_4O_4})$为邻苯二甲酸氢钾的摩尔质量，g/mol；$V(\mathrm{NaOH})$为消耗的 NaOH 溶液的体积，mL。

② 与 HCl 标准溶液比较滴定：用移液管吸取 25.00mL HCl 标准溶液于锥形瓶中，加入 1～2 滴酚酞指示剂，用配制的 NaOH 溶液滴定至微红色，且 30s 内不褪色，即为终点。平行滴定 2～3 次。按下式计算 NaOH 标准溶液的浓度。

$$c(\mathrm{NaOH})=\frac{V(\mathrm{HCl})}{V(\mathrm{NaOH})}c(\mathrm{HCl})$$

【注意事项】

1．固体 NaOH 应在表面皿或小烧杯中称量，不能在纸上称量。

2．市售的无水 Na_2CO_3（A.R.）可作基准物质，但其易吸收空气中的水分，使用前应在烘箱内于 180～200℃烘 2～3h 后，在干燥器中冷却备用。

【数据处理】

1．HCl 溶液的标定

项目		1	2	3
无水 Na_2CO_3 的质量 m/g				
HCl 溶液的标定	$V_{初}$/mL			
	$V_{终}$/mL			
	$V(HCl)$/mL			
	$c(HCl)$/(mol/L)	c_1=	c_2=	c_3=
	平均值 $\bar{c}$ (HCl)/(mol/L)	$\bar{c}=\frac{c_1+c_2+c_3}{3}=$		
	相对平均偏差 $\bar{d}_r$ /%	$\bar{d}_r=\frac{\lvert c_1-\bar{c}\rvert+\lvert c_2-\bar{c}\rvert+\lvert c_3-\bar{c}\rvert}{3\bar{c}}\times100\%=$		

2．NaOH 溶液的标定

项目		1	2	3
邻苯二甲酸氢钾质量 m/g				
NaOH 溶液的标定	$V_{初}$/mL			
	$V_{终}$/mL			
	$V(NaOH)$/mL			
	$c(NaOH)$/(mol/L)	c_1=	c_2=	c_3=
	平均值 $\bar{c}$ (NaOH)/(mol/L)	$\bar{c}=\frac{c_1+c_2+c_3}{3}=$		
	相对平均偏差 $\bar{d}_r$ /%	$\bar{d}_r=\frac{\lvert c_1-\bar{c}\rvert+\lvert c_2-\bar{c}\rvert+\lvert c_3-\bar{c}\rvert}{3\bar{c}}\times100\%=$		

3．比较滴定

项目	1	2	3
V（HCl）/mL		25.00	
$V_{初}$/mL			
$V_{终}$/mL			
$V(NaOH)$/mL			
$c(NaOH)$/(mol/L)			
平均值 $\bar{c}$（NaOH）/(mol/L)			
相对平均偏差 $\bar{d}_r$ /%			

【练习题】

一、填空题

1．常用作标定盐酸的基准物质有________和________等。

2．标定 NaOH 溶液时，常用________和________等作基准物质。

3．用 0.20mol/L NaOH 滴定同浓度的邻苯二甲酸氢钾，化学计量点 pH=________，pH 突跃范围为________（$pK_{a1,邻苯二甲酸}$=2.95，$pK_{a2,邻苯二甲酸}$= 5.41）。

二、选择题

1. 实验室用盐酸标定氢氧化钠溶液时，所消耗的体积应记录为________。

A. 20mL　　B. 20.0mL　　C. 20.00mL　　D. 20.000mL

2. 已知邻苯二甲酸氢钾（$KHC_8H_4O_4$）的摩尔质量为 204.2g/mol，用它作为基准物质标定 0.1mol/L NaOH 溶液时，如果要消耗 NaOH 溶液为 25mL 左右，每份应称取邻苯二甲酸氢钾________g。

A. 0.1　　B. 0.2　　C. 0.25　　D. 0.5

3. 以 NaOH 标准溶液滴定 HCl 溶液的浓度，滴定前碱式滴定管气泡未赶出，滴定过程中气泡消失，会导致________。

A. 滴定体积减小　　B. 对测定无影响

C. 使测定 HCl 浓度偏大　　D. 测定结果偏小

三、思考题

1. 为什么 HCl 溶液和 NaOH 标准溶液要用间接法配制？

2. CO_2 的存在对酸碱标定有无影响？如何消除它的影响？

3. 标定 HCl 溶液时，可用硼砂作基准物质或用 NaOH 标准溶液两种方法进行标定，比较这两种方法的优缺点。

实验 3　食用白醋中总酸度的测定

【实验目的】

1. 练习用中和法直接测定酸性物质。

2. 学会食醋中总酸度测定的原理、方法和操作技术。

【实验原理】

食醋的主要成分是醋酸，此外，还有少量其他有机酸，如乳酸。因醋酸的 $K_a=1.8\times10^{-5}$，乳酸的 $K_a=1.4\times10^{-4}$，都满足 $K_a\geqslant10^{-7}$ 的直接滴定条件，所以实际测得的结果是食醋的总酸度。因醋酸含量多，故常用醋酸含量表示。

$$HAc+NaOH \longrightarrow NaAc+H_2O$$

化学计量点的 pH 约为 8.7，应选用酚酞为指示剂，终点时溶液由无色变为粉红色。

食醋含 HAc 为 3%～5%，应适当稀释后再进行滴定。

【仪器和试剂】

仪器：滴定管（50mL，1 支），移液管（25mL，1 支；5mL，1 支），容量瓶（250mL，1 个），锥形瓶（250mL，4 只），洗耳球，胶头滴管。

试剂：NaOH（s），酚酞（0.2%），食醋试样，邻苯二甲酸氢钾（A.R.，s）。

【实验步骤】

1. 0.1mol/L NaOH 标准溶液的配制与标定

（1）配制

在台秤上称取约 1g 氢氧化钠固体（烧杯中称量），加入已除 CO_2 的蒸馏水稀释至 250mL 左右，搅拌摇匀后，贮于细口瓶中，贴上标签备用。

（2）标定

用邻苯二甲酸氢钾标定：准确称取 0.4～0.6g 邻苯二甲酸氢钾 3 份，分别置于 250mL 锥形瓶中，加入 30mL 蒸馏水溶解，再滴加 1～2 滴酚酞指示剂，用 NaOH 标准溶液滴定至微红色，30s 内不褪色，即为终点。记录消耗 NaOH 溶液的体积，平行测定 3 次。

2．食醋总酸度的测定

（1）方法一

食醋中含醋酸大约为 3%～5%，浓度较大，需要稀释。

准确移取 25.00mL 食醋原液于 250mL 容量瓶中，用蒸馏水定容至刻度。

用移液管移取稀释好的食醋试液 25.00mL 放入锥形瓶中，加 1～2 滴酚酞指示剂，用 NaOH 标准溶液滴定至溶液由无色变为淡红色，并在 30s 不褪色为终点。记录消耗 NaOH 溶液的体积，平行测定 3 次。

由下式计算样品的总酸度：

$$\rho(\mathrm{HAc})(\mathrm{g/100mL})=\frac{c(\mathrm{NaOH})V(\mathrm{NaOH})\times 10^{-3}M(\mathrm{HAc})}{25.00\times\dfrac{25.00}{250.0}}\times 100$$

$$[M(\mathrm{HAc})=60.05\mathrm{g/mol}]$$

式中，$\rho(\mathrm{HAc})$为每 100mL 食醋中含总酸度质量，g/100mL；$c(\mathrm{NaOH})$为 NaOH 浓度，mol/L；$V(\mathrm{NaOH})$为消耗 NaOH 的体积，mL；$M(\mathrm{HAc})$为 HAc 的摩尔质量，g/mol。

（2）方法二

准确移取 3.00～5.00mL 食醋原液于锥形瓶中，加入 20mL 蒸馏水，加 1～2 滴酚酞指示剂，用 NaOH 标准溶液滴定至溶液由无色变为淡红色，并在 30s 不褪色为终点。记录消耗 NaOH 的体积，平行测定 3 次。

由下式计算样品的总酸度：

$$\rho(\mathrm{HAc})(\mathrm{g/100mL})=\frac{c(\mathrm{NaOH})V(\mathrm{NaOH})\times 10^{-3}M(\mathrm{HAc})}{3.00}\times 100$$

【注意事项】

1．因食醋本身有很浅的颜色和终点颜色不够稳定，所以滴定终点要注意观察和控制。

2．注意碱式滴定管滴定前要赶走气泡，滴定过程中不要形成气泡。

【数据处理】

项目	1	2	3
移取食醋量（稀释后）/mL	25.00	25.00	25.00
食醋原液量/mL			
氢氧化钠 $V_{初}$/mL			
氢氧化钠 $V_{终}$/mL			
氢氧化钠 $V(\mathrm{NaOH})$/mL			
样品的总酸度 $\rho(\mathrm{HAc})$/(g/100mL)	ρ_1=	ρ_2=	ρ_3=
样品的总酸度 $\rho(\mathrm{HAc})$平均值 $\bar{\rho}$ /(g/100mL)	$\bar{\rho}=\dfrac{\rho_1+\rho_2+\rho_3}{3}$		
相对平均偏差/%	$\bar{d}_r=\dfrac{\lvert\rho_1-\bar{\rho}\rvert+\lvert\rho_2-\bar{\rho}\rvert+\lvert\rho_3-\bar{\rho}\rvert}{3\bar{\rho}}\times 100\%=$		

【练习题】

一、填空题

1．用 0.1mol/L NaOH 滴定同浓度的 HAc 溶液，则化学计量点 pH 为________；滴定突跃范围为________。［已知 K_a(HAc)=1.76×10^{-5}］

2．标定 NaOH 溶液时，用邻苯二甲酸氢钾作基准物，称取邻苯二甲酸氢钾 0.5026g，用去 NaOH 溶液 21.88mL，则 NaOH 溶液的浓度为________mol/L。

［已知 M（邻苯二甲酸氢钾）=204.20g/mol］

3．判断弱酸能否被强碱滴定的依据是________。

二、选择题

1．在 100mL 浓度为 0.10mol/L 的 HAc 中，加入 50mL 浓度为 0.10mol/L 的 NaOH 溶液，则混合溶液的 pH 为（已知 HAc 的 pK_a=4.75）________。

A．4.75　　B．3.75　　C．2.75　　D．5.75

2．下列情况使分析结果产生负误差的是________。

A．用盐酸标准溶液滴定碱液时，滴定管内残留有液体

B．用于标定溶液的基准物质吸湿

C．测定 $H_2C_2O_4 \cdot 2H_2O$ 的摩尔质量时，$H_2C_2O_4 \cdot 2H_2O$ 失水

D．测定 HAc 溶液时，滴定前用 HAc 溶液淋洗了锥形瓶

3．下列酸碱滴定不能准确进行的是________。

A．0.1mol/L 的 HCl 滴定 0.1mol/L 的 $NH_3 \cdot H_2O$［K_b($NH_3 \cdot H_2O$)=1.76×10^{-5}］

B．0.1mol/L 的 HCl 滴定 0.1mol/L 的 NaAc［K_a(HAc)=1.8×10^{-5}］

C．0.1mol/L 的 NaOH 滴定 0.1mol/L 的 HCOOH［K_a(HCOOH)=1.8×10^{-4}］

D．0.1mol/L 的 HCl 滴定 0.1mol/L 的 NaCN［K_a(HCN)=6.2×10^{-10}］

三、思考题

1．以 NaOH 溶液滴定 HAc 溶液，属于哪类滴定？怎样选择指示剂？

2．测定结果为什么不是醋酸含量，而是总酸度？

3．测定醋酸含量时，所用的蒸馏水不能含 CO_2，为什么？

实验 4　工业碱总碱度与成分测定

【实验目的】

1．掌握工业碱的总碱度测定的原理和方法。

2．了解酸碱指示剂的变色原理以及酸碱滴定中选择指示剂的原则。

3．学习定量转移的基本操作。

4．了解双指示剂法测定混合碱中 NaOH 和 Na_2CO_3 含量的原理。

【实验原理】

工业碱的主要成分为碳酸钠，商品名为苏打，其中可能还含有少量 NaCl、Na_2SO_4、NaOH 及 $NaHCO_3$ 等杂质，用盐酸滴定时，以甲基橙为指示剂，除了主要成分 Na_2CO_3 被滴定外，其他的碱性杂质如 NaOH、$NaHCO_3$ 等也可被滴定，因此所测定的结果是“Na_2CO_3 与 NaOH”

或“Na_2CO_3与$NaHCO_3$”的总和，称为“总碱度”。总碱度通常以Na_2O的质量百分含量来表示。总碱度是衡量产品质量的指标之一。主要反应有：

$$NaOH+HCl \longrightarrow NaCl+H_2O$$

$$Na_2CO_3+HCl \longrightarrow NaHCO_3+NaCl$$

$$NaHCO_3+HCl \longrightarrow NaCl+H_2O+CO_2\uparrow$$

测定时，反应产物为NaCl与H_2CO_3，H_2CO_3分解为CO_2和H_2O，化学计量点时pH为3.8～3.9，因此可选用甲基橙为指示剂，用HCl标准溶液滴定至溶液由黄色转变为橙色即为终点。总碱度计算公式如下：

$$w(Na_2O)=\frac{V(HCl)c(HCl)M(Na_2O)}{2m(工业碱)\times\dfrac{25.00}{250.0}}\times100\% \qquad (1)$$

工业碱中的碱性成分“Na_2CO_3与$NaHCO_3$”或“Na_2CO_3与NaOH”的混合物称为混合碱，可以在同一份试液中用两种不同的指示剂来测定各组分的含量，这就是“双指示剂法”。此法方便、快速，在生产中应用普遍。

双指示剂法测定时，先在混合碱试样中加入酚酞，此时溶液呈红色。用HCl标准溶液滴定至溶液由红色恰好变为微红色，此为第一个滴定终点，消耗的HCl溶液的体积记为V_1(mL)；再加入甲基橙，继续用HCl标准溶液滴定至溶液由黄色变为橙色，此为第二个滴定终点，消耗HCl的体积为V_2（mL）。

以Na_2CO_3和NaOH的混合碱为例，滴定过程如图4.1所示。

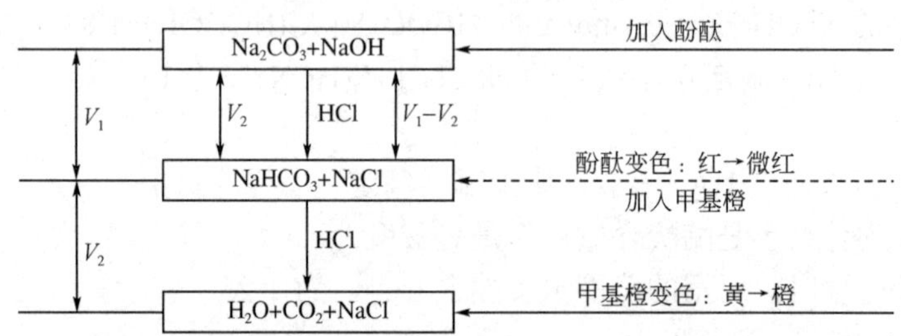

图4.1 双指示剂法滴定Na_2CO_3和NaOH混合碱的过程示意

根据双指示剂法中V_1和V_2值的大小关系可判断未知碱样的组成。由图示可知，当$V_1>V_2$时，混合碱为Na_2CO_3和NaOH的混合物；当$V_1<V_2$时，混合碱为Na_2CO_3和$NaHCO_3$的混合物。假设混合碱试样的质量为m_s(g)，则根据V_1和V_2值，可计算出试样中各组分的含量。

当$V_1>V_2$时

$$w(NaOH)/(\%)=\frac{(V_1-V_2)c(HCl)M(NaOH)\times10^{-3}}{m_s}\times100\% \qquad (2)$$

$$w(Na_2CO_3)/(\%)=\frac{V_2c(HCl)M(Na_2CO_3)\times10^{-3}}{m_s}\times100\% \qquad (3)$$

当$V_1<V_2$时

$$w(Na_2CO_3)/(\%)=\frac{V_1c(HCl)M(Na_2CO_3)\times10^{-3}}{m_s}\times100\% \qquad (4)$$

$$w(NaHCO_3)/(\%)=\frac{(V_2-V_1)c(HCl)M(NaHCO_3)\times10^{-3}}{m_s}\times100\% \qquad (5)$$

式中，m_s为混合碱试样的质量，g；V_1为酚酞变色时消耗的盐酸的体积，mL；V_2为甲基橙变色时消耗的盐酸的体积，mL。

【仪器和试剂】

仪器：滴定管（50mL），移液管（25mL），容量瓶（250mL），锥形瓶（250mL，3 只），烧杯（100mL）；细口试剂瓶（250mL），量筒，台秤，分析天平，洗耳球，胶头滴管。

试剂：HCl（6mol/L），混合碱（固体），无水 Na_2CO_3（基准物质），甲基橙指示剂（0.1%），酚酞指示剂（0.1%乙醇溶液）。

【实验步骤】

1．0.1mol/L HCl 标准溶液的配制与标定

（1）配制

用量筒取 6mol/L 盐酸 4.5mL，倒入烧杯中，加蒸馏水稀释至 250mL 左右，搅拌摇匀后，贮于细口瓶中，贴上标签备用。

（2）标定

准确称取 0.15～0.2g 无水 Na_2CO_3 3 份，分别置于 250mL 锥形瓶中，加入 20～30mL 蒸馏水使之溶解，滴加甲基橙指示剂 1～2 滴，用待标定的 HCl 溶液滴定，溶液由黄色变为橙色即为终点。根据所消耗的 HCl 的体积，计算 HCl 溶液的浓度 c(HCl)。

2．混合碱成分的测定

（1）配制混合碱试液

在分析天平上准确称取工业混合碱试样 1.5～2.0g，置于 100mL 烧杯内，加少量蒸馏水使之溶解（必要时稍加热）；待冷却后转移入 250mL 容量瓶中，洗涤烧杯的内壁和玻璃棒 3～4 次，洗涤液全部转入容量瓶中；最后用蒸馏水稀释到刻度，摇匀。

（2）测定

用移液管移取（1）配制的混合碱试液 25.00mL 于锥形瓶中，加 1～2 滴酚酞，用盐酸标准溶液滴定至溶液由红色刚好变为微红色，此为第一终点，记下消耗 HCl 标准溶液的体积 V_1；再向锥形瓶中滴加 2 滴甲基橙，继续用盐酸标准溶液滴定溶液由黄色恰好变为橙色，此为第二终点，记下第二次消耗 HCl 标准溶液的体积 V_2。平行测定 3 次，取其平均值。

根据 V_1 和 V_2 大小关系判断混合碱的组成并计算混合碱中各组分的含量，以百分含量表示。

3．总碱度分析

用移液管移取配制的混合碱试液 25.00mL，置于 250mL 锥形瓶中。加甲基橙指示剂 1～2 滴，用 HCl 标准溶液滴定至溶液呈橙色即为终点。平行测定 3 次，取其平均值。

计算总碱度，以 Na_2O 的质量分数表示。

【注意事项】

1．称取工业碱试样配制溶液进行总碱度测定时，由于试样均匀性较差，应称取较多试样，使其更具代表性。测定的允许误差可适当放宽一点。

2．混合碱的组成为 Na_2CO_3 和 NaOH 时，因为滴定不完全会使 NaOH 的测定结果偏高，而 Na_2CO_3 的测定结果偏低。实验中适当地多加几滴酚酞指示剂可有所改善。

3．双指示剂法在第一个滴定终点时，酚酞变色不明显，最好用 $NaHCO_3$ 的酚酞溶液进

行对照。在第一个滴定终点前，滴定速度不能过快，否则造成溶液中 HCl 局部过浓，引起 CO_2 损失，但滴定速度也不能过慢。

4．接近第二个滴定终点时，一定要充分摇动，防止形成 CO_2 的过饱和溶液而使终点提前。为提高滴定的准确度，当滴定到甲基橙刚变为橙色时，也可将溶液加热煮沸，逐出溶液中的 CO_2，使溶液再呈黄色。冷却后，继续滴定。重复此步骤至加热后溶液的颜色不变为止。

【数据处理】

1．0.1mol/L HCl 标准溶液的标定

项目	1	2	3
$m(Na_2CO_3)$/g			
V(HCl)（初读数）/mL V(HCl)（终读数）/mL V(HCl)/mL			
c(HCl)/(mol/L)	c_1=	c_2=	c_3=
平均浓度/(mol/L)	$\bar{c}=\frac{c_1+c_2+c_3}{3}=$		
相对平均偏差/%	$\bar{d}_r=\frac{\lvert c_1-\bar{c}\rvert+\lvert c_2-\bar{c}\rvert+\lvert c_3-\bar{c}\rvert}{3\bar{c}}\times 100\%=$		

2．混合碱成分的测定

项目	1	2	3
m（工业碱）/g			
V（混合碱）/mL	25.00	25.00	25.00
V(HCl)（初读数）/mL			
V(HCl)（第一终读数）/mL			
V(HCl)（第二终读数）/mL			
V_1/mL			
V_2/mL			
w（碱 1）/%			
$\bar{w}$（碱 1）/%			
w（碱 2）/%			
$\bar{w}$（碱 2）/%			

3．工业碱总碱度的测定

项目	1	2	3
m（工业碱）/g			
V（混合碱）/mL	25.00	25.00	25.00
V(HCl)（初读数）/mL			
V(HCl)（终读数）/mL			
V(HCl)/mL			
Na_2O 含量/%			
平均值/%			
相对平均偏差（Na_2O）/%			

【练习题】

一、填空题

1．双指示剂法测定混合碱所用指示剂为________、________；消耗 HCl 标准溶液的体积 V_1、V_2 分别指________和________。

2．采用双指示剂法测定工业碱中的混合碱，判断下列 5 种情况下，混合碱的组成？

① 当 $V_1>V_2$ 时，该工业碱为________________；

② 当 $V_1<V_2$ 时，该工业碱为________________；

③ 当 $V_1>0$ ，$V_2=0$ 时，该工业碱为________________；

④ 当 $V_1=0$，$V_2>0$ 时，该工业碱为________________；

⑤ 当 $V_1=V_2$ 时，该工业碱为________________。

3．H_2CO_3 的 $pK_{a1}=6.37$、$pK_{a2}=10.25$，则 Na_2CO_3 的 $pK_{b1}=$________；$pK_{b2}=$________。

二、选择题

1．用 HCl 滴定 $NaOH+Na_2CO_3$ 混合碱到达第一化学计量点时，溶液 pH 约为________。

A．>7　　B．<7　　C．=7　　D．<5

2．酸碱滴定中选择指示剂的原则是________。

A．指示剂变色范围与化学计量点完全符合

B．指示剂应在 pH7.00 时变色

C．指示剂的变色范围应全部或部分落入滴定 pH 突跃范围之内

D．指示剂变色范围应全部落在滴定 pH 突跃范围之内

3．标定 HCl 溶液时，用 Na_2CO_3 作基准物，称取 $Na_2CO_3$0.6135g，用去 HCl 溶液 24.96mL，则 HCl 溶液的浓度为［已知 $M(Na_2CO_3)=105.99g/mol$］________。

A．0.9276mol/L　　B．0.4638mol/L　　C．0.2319mol/L　　D．0.6957mol/L

三、思考题

1．如果基准物质无水 Na_2CO_3 保存不当，吸收了部分水分，用此试剂标定 HCl 溶液浓度时，对结果有何影响？

2．如欲测定工业碱的总碱度，应采用何种指示剂？若以 Na_2CO_3 形式表示总碱度，其结果的计算公式应怎样？

3．用酚酞作指示剂指示第一个滴定终点时变色不敏锐，如何应对？

实验 5　铵盐中铵态氮的测定

【实验目的】

1．了解酸碱滴定法的应用，掌握甲醛法间接测定铵盐中氮含量的原理和方法。

2．熟练掌握滴定操作和酸碱指示剂的选择原理。

【实验原理】

常用的含氮化肥有 NH_4Cl、$(NH_4)_2SO_4$、NH_4NO_3、NH_4HCO_3 和尿素等，其中 NH_4Cl、$(NH_4)_2SO_4$ 和 NH_4NO_3 均是强酸弱碱盐。由于 NH_4^+ 的酸性太弱（$K_a=5.6\times10^{-10}$），因此不能直接用 NaOH 标准溶液滴定，通常是将试样适当加以处理，使各种含氮化合物都转化为铵态氮，

然后进行测定。常用的方法有以下两种：①蒸馏法（凯氏定氮法），适用于无机、有机物质中氮含量的测定，准确度较高；②甲醛法，适用于铵盐中铵态氮的测定，方法简便，生产中应用广泛。

本实验选用$(NH_4)_2SO_4$作为待测定的铵盐，介绍甲醛法间接测定氨盐中氮含量的原理和方法。甲醛与NH_4^+作用，生成质子化的六亚甲基四胺（$K_a=7.1\times10^{-6}$）和 H^+，其反应方程式如下：

$$4NH_4^+ + 6HCHO \longrightarrow (CH_2)_6N_4H^+ + 3H^+ + 6H_2O$$

所生成的H^+和$(CH_2)_6N_4H^+$可用 NaOH 标准溶液滴定，滴定反应方程式如下：

$$(CH_2)_6N_4H^+ + 3H^+ + 4OH^- \longrightarrow (CH_2)_6N_4 + 4H_2O$$

终点时由于生成的溶液呈弱碱性，可选酚酞作指示剂。由反应式知，1mol NH_4^+ 相当于 1mol H^+，故氮与 NaOH 的化学计量比为 1∶1，可根据下式计算试样中氮的质量分数：

$$w(\mathrm{N})=\frac{c(\mathrm{NaOH})\times\frac{V(\mathrm{NaOH})}{1000}\times14.01}{m_s}\times100\%$$

式中，w(N)为试样中氮的质量分数；c(NaOH)为 NaOH 标准溶液的浓度，mol/L；V(NaOH)为 NaOH 标准溶液的体积，mL；m_s为试样的质量，g。

【仪器和试剂】

仪器：容量瓶（250mL），移液管（25mL），锥形瓶（250mL，3 只），滴定管（50mL），试剂瓶（250mL），量筒，分析天平，洗耳球，胶头滴管。

试剂：$(NH_4)_2SO_4$（s），酚酞指示剂，中性甲醛溶液（1∶1 或 18%），NaOH 溶液（0.1mol/L），邻苯二甲酸氢钾（基准试剂）。

【实验步骤】

1．NaOH 溶液的标定

准确称取 0.4～0.6g 邻苯二甲酸氢钾 3 份，分别置于 250mL 锥形瓶中，加 20～30mL 蒸馏水溶解（若不溶可稍加热，冷却），加入 1～2 滴酚酞指示剂，用 0.1mol/L NaOH 溶液滴定至微红色，且 30s 不褪色，即为终点。计算 NaOH 标准溶液的浓度。

2．铵盐中氮含量的制定

① 配制 18%中性甲醛溶液：取 36%甲醛于烧杯中，加等体积的蒸馏水稀释，加入 1～2 滴 0.2%酚酞指示剂，用 0.1mol/L NaOH 溶液中和至甲醛溶液呈微红色。

② 称样与定容：准确称取 0.55～0.60g$(NH_4)_2SO_4$试样于烧杯中，加入 30mL 蒸馏水溶解，定量转移到 100mL 容量瓶中定容，摇匀。

③ 测定：用 25mL 移液管移取试液 25.00mL 于 250mL 锥形瓶中，加入 10mL 预先中和好的 18%甲醛溶液，加 1～2 滴酚酞指示剂，充分摇匀，放置 1min。用 NaOH 标准溶液滴定至溶液呈微红色，且 30s 不褪色即为终点，记下读数。平行测定 3 次。计算试样中氮的质量分数。

【注意事项】

1．若甲醛中含有游离酸（甲醛受空气氧化所致，应除去，否则会产生正误差），应事先以酚酞作指示剂，用 NaOH 溶液中和至微红色（pH 8）。

2．若试样中含有游离酸，应事先以甲基红为指示剂，用 NaOH 溶液中和至黄色（否则会产生正误差）。

【数据处理】

1．NaOH 溶液的标定

实验次数	1	2	3
邻苯二甲酸氢钾的质量 m/g			
$V_{初}$/mL			
$V_{终}$/mL			
V(NaOH)/mL			
c(NaOH)/(mol/L)	c_1=	c_2=	c_3=
平均值 $\bar{c}$ (NaOH)/(mol/L)	$\bar{c}=\frac{c_1+c_2+c_3}{3}=$		
相对平均偏差 $\bar{d}_{r1}$ /%	$\bar{d}_{r1}=\frac{\lvert c_1-\bar{c}\rvert+\lvert c_2-\bar{c}\rvert+\lvert c_3-\bar{c}\rvert}{3\bar{c}}\times 100\%=$		

2．铵盐中氮含量的制定

$(NH_4)_2SO_4$ 试样的质量 m'/g			
$V'_{初}$/mL			
$V'_{终}$/mL			
V'(NaOH)/mL			
w (N)/%	$w_1=$	$w_2=$	$w_3=$
$\bar{w}$ (N)/%	$\bar{w}=\frac{w_1+w_2+w_3}{3}=$		
相对平均偏差 $\bar{d}_{r2}$ /%	$\bar{d}_{r2}=\frac{\lvert w_1-\bar{w}\rvert+\lvert w_2-\bar{w}\rvert+\lvert w_3-\bar{w}\rvert}{3\bar{w}}\times 100\%=$		

【练习题】

一、填空题

1．中和甲醛试剂中的甲酸以________作指示剂；而中和铵盐试样中的游离酸则以________作指示剂。

2．NH_4HCO_3 中含氮量的测定，不能用甲醛法，这是由于________。

3．把 0.880g 有机物中的氮转化为 NH_3，然后将 NH_3 通入 20.00mL 0.2133mol/L HCl 溶液中，过量的酸以 0.1962mol/L NaOH 溶液滴定，需用 5.50mL，则有机物中 N 的百分含量为________%。（已知 M_N=14.01g/mol）

二、选择题

1．判断弱酸能否被强碱滴定的依据是________。

A．$cK_a \geqslant 10^8$　　B．$K_a \geqslant 10^{-8}$　　C．$c \geqslant 10^{-8}$　　D．$cK_a \geqslant 10^{-8}$

2．已知邻苯二甲酸氢钾（$KHC_8H_4O_4$）的摩尔质量为204.20g/mol，用它作为基准物质标定0.1mol/L NaOH溶液时，如果要消耗NaOH溶液为25mL左右，每份应称取邻苯二甲酸氢钾约________g。

A．0.1　　B．0.2　　C．0.25　　D．0.5

3．若某种新合成的有机酸pK_a值为12.35，则其K_a值应表示为________。

A．4.5×10^{-13}　　B．4.47×10^{-13}　　C．4.467×10^{-13}　　D．4×10^{-13}

三、思考题

1．甲醛法测定铵盐中的氮，为什么事先需要除去游离酸？中和甲醛中的游离酸用酚酞作指示剂，而中和铵盐样品中的游离酸则用甲基红作指示剂，说明其原因。

2．铵盐中氮的测定为何不能用NaOH标准溶液直接滴定？

3．本实验中所使用的烧杯、锥形瓶是否必须烘干？为什么？

实验6　乙酰水杨酸含量的测定

【实验目的】

1．学习利用滴定法分析药品。

2．学习返滴定法测定乙酰水杨酸的含量。

【实验原理】

乙酰水杨酸是一种有机弱酸（$K_a=1\times10^{-3}$），结构式为：（苯环邻位取代：COOH、—O—C(=O)—CH_3），摩尔质量为180.16g/mol，微溶于水，易溶于乙醇。在强碱性溶液中溶解并分解为水杨酸（邻羟基苯甲酸）和乙酸盐。

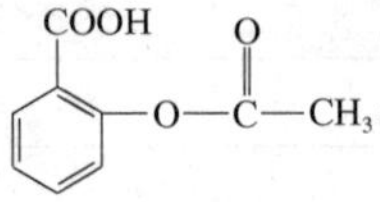

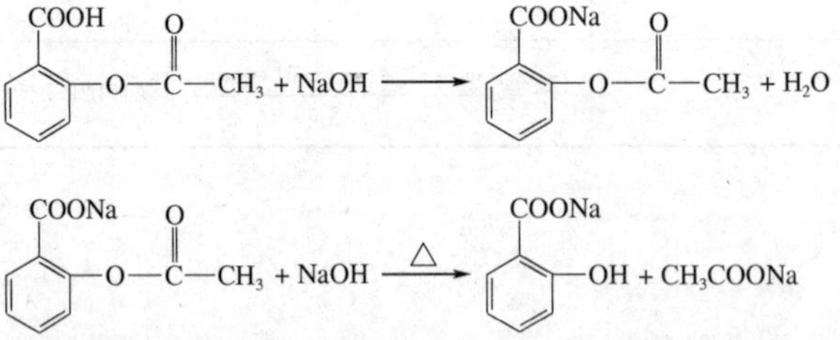

$$C_6H_4(COOH)—O—\overset{O}{\overset{\|}{C}}—CH_3 + NaOH \longrightarrow C_6H_4(COONa)—O—\overset{O}{\overset{\|}{C}}—CH_3 + H_2O$$

$$C_6H_4(COONa)—O—\overset{O}{\overset{\|}{C}}—CH_3 + NaOH \xrightarrow{\triangle} C_6H_4(COONa)—OH + CH_3COONa$$

乙酰水杨酸是解热镇痛药阿司匹林的主要成分，由于药片中一般都添加一定量的赋形剂如硬脂酸镁、淀粉等不溶物，不宜直接滴定，可采用返滴定法进行测定。将药片研磨成粉状后加入过量的NaOH标准溶液，加热一段时间使乙酰基水解完全，再用HCl标准溶液回滴过量的NaOH，滴定至溶液由红色变为无色即为终点。在这一滴定反应中，1mol乙酰水杨酸消耗2mol NaOH溶液。同时做空白实验，利用HCl标准溶液的消耗量及空白值计算药片中乙酰水杨酸的含量。

【仪器和试剂】

仪器：滴定管（50mL），锥形瓶（250mL，3只），移液管（25mL），容量瓶（100mL），

烧杯（100mL），试剂瓶（250mL），量筒，分析天平，洗耳球，胶头滴管，表面皿，电炉，研钵。

试剂：氢氧化钠（s），浓盐酸（6mol/L），无水碳酸钠（s，A.R.），酚酞指示剂，甲基红指示剂，氢氧化钠标准溶液（1mol/L），盐酸标准溶液（0.1mol/L），市售阿司匹林片。

【实验步骤】

1．0.1mol/L HCl的标定

准确称取0.15～0.2g无水Na_2CO_3，置于250mL锥形瓶中，加入20～30mL蒸馏水使之溶解后，滴加甲基橙指示剂1～2滴，用待标定的HCl溶液滴定，溶液由黄色变为橙色即为终点。根据所消耗的HCl的体积，计算HCl溶液的浓度c(HCl)。平行测定3次。

2．药片中乙酰水杨酸含量的测定

将阿司匹林药片研成粉末后，准确称取0.6g左右药粉于干燥的烧杯中，用移液管准确移入25.00mL 1mol/L NaOH标准溶液后，用量筒加水30mL，盖上表面皿，轻摇几下，水浴加热15min，迅速用流水冷却，将烧杯中的溶液定量转移至100mL容量瓶中，用蒸馏水稀释至刻度线，摇匀。

准确移取上述试液10.00mL于250mL锥形瓶中，加水20～30mL，加入1～2滴酚酞指示剂，用0.1mol/L HCl标准溶液滴至红色刚好消失即为终点，记录消耗的HCl体积V(HCl)。平行测定3次。

3．空白实验

用移液管准确移取25.00mL 1mol/L NaOH溶液于100mL烧杯中，在与测定药粉相同的实验条件下进行加热，冷却后，定量转移至100mL容量瓶中，稀释至刻度，摇匀。准确移取上述试液10.00mL于250mL锥形瓶中，加水20～30mL，加入1～2滴酚酞指示剂，用0.1mol/L HCl标准溶液滴定至红色刚好消失即为终点，记录消耗的HCl体积V'(HCl)。平行测定3次。根据所消耗的HCl溶液的体积计算药片中乙酰水杨酸的质量分数。

【注意事项】

用返滴定法测定药片中的乙酰水杨酸含量时，水浴加热15min，应迅速用流水冷却（防止水杨酸挥发，防止热溶液吸收空气中的CO_2，防止淀粉、糊精等进一步水解）。

【数据处理】

1．0.1mol/L HCl标准溶液的标定

项目	1	2	3
$m(Na_2CO_3)$/g			
V(HCl)（初读数）/mL V(HCl)（终读数）/mL V(HCl)/mL			
c(HCl)/(mol/L)	c_1=	c_2=	c_3=
平均浓度$\overline{c}$(HCl)/(mol/L)	$\overline{c}=\frac{c_1+c_2+c_3}{3}=$		
相对平均偏差/%	$\overline{d}_r=\frac{\lvert c_1-\overline{c}\rvert+\lvert c_2-\overline{c}\rvert+\lvert c_3-\overline{c}\rvert}{3\overline{c}}\times100\%=$		

2．乙酰水杨酸含量的测定

项目		1	2	3
样品（阿司匹林药片）的质量 m_s/g				
消耗 HCl 的量	$V_{初}$/mL			
	$V_{终}$/mL			
	V(HCl)/mL			
空白消耗 HCl 的量	$V_{初}$/mL			
	$V_{终}$/mL			
	V'(HCl)/mL			
	平均值 $\bar{V}'$ (HCl)/mL			
实际消耗 HCl 的量	V(HCl)−V'(HCl)			
乙酰水杨酸的含量/%				
乙酰水杨酸的平均含量/%				
相对平均偏差 $\bar{d}_r$ /%				

乙酰水杨酸的质量分数：$w=\dfrac{\frac{1}{2}[\bar{c}(\mathrm{HCl})\bar{V}(\mathrm{HCl})-\bar{c}(\mathrm{HCl})\bar{V}'(\mathrm{HCl})]M_{乙}}{m_s\times\frac{1}{10}}\times 100\%$

式中，$\bar{c}$ (HCl)为 HCl 的平均浓度，mol/L；$\bar{V}$ (HCl)为样品（阿司匹林药片）消耗 HCl 的体积，mL；$\bar{V}'$ (HCl)为空白消耗 HCl 的体积，mL；$M_{乙}$为乙酰水杨酸的摩尔质量，g/mol；m_s为样品（阿司匹林药片）的质量，g。

【练习题】

一、填空题

1．常用作标定盐酸的基准物质有________和________等。

2．用分析天平称取 0.1802g 无水 Na_2CO_3，用待标定的 HCl 溶液滴定，若消耗的 HCl 的体积为 25.10mL，则 HCl 溶液的浓度 c(HCl)=________mol/L。

3．返滴定法需要________种标准溶液，在________情况下，不能用直接滴定法而用返滴定法。

二、思考题

1．乙酰水杨酸片剂中含有少量稳定剂，如酒石酸和柠檬酸，制剂工艺过程中又可能水解产生水杨酸和醋酸，这些游离酸会对结果产生什么误差？

2．碱液在受热过程中易吸收 CO_2，用酸回滴时是否会影响测定结果？如果会产生影响，如何消除？

3．若测定的是乙酰水杨酸纯品（晶体），可否采用直接滴定法？

实验 7 EDTA 标准溶液的配制与标定

【实验目的】

1．学习 EDTA 标准溶液的配制和标定方法。

2．掌握配位滴定的原理，了解配位滴定的特点。

3．熟悉钙指示剂或二甲酚橙指示剂的使用及其终点的变化。

【实验原理】

乙二胺四乙酸（EDTA）难溶于水，常温下溶解度为 0.2g/L，乙二胺四乙酸二钠盐的溶解度为 120g/L，通常使用其二钠盐配制标准溶液。可配成 0.3mol/L 以上的溶液，其水溶液 pH 约为 4.8，通常采用间接法配制标准溶液。

标定 EDTA 溶液常用的基准物有 Zn、ZnO、$CaCO_3$、Bi、Cu、$MgSO_4 \cdot 7H_2O$、Hg、Ni、Pb 等。通常选用其中与被测组分相同的物质作基准物。EDTA 溶液若用于测定石灰石或白云石中 CaO、MgO 的含量，则宜用 $CaCO_3$ 为基准物。首先可加 HCl 溶液与之作用，其反应如下：

$$CaCO_3+2HCl \longrightarrow CaCl_2+H_2O+CO_2\uparrow$$

然后把溶液定量转移至容量瓶中并稀释，制成钙标准溶液。吸取一定量钙标准溶液，调节酸度至 pH≥12，用钙指示剂作指示剂以 EDTA 滴定至溶液从酒红色变为纯蓝色，即为终点，其变色原理如下，钙指示剂（常以 H_3Ind 表示）在溶液中按下式电离：

$$H_3Ind \longrightarrow 2H^++HInd^{2-}$$

在 pH≥12 溶液中，$HInd^{2-}$与 Ca^{2+}形成比较稳定的配离子，反应如下：

$$\underset{\text{纯蓝色}}{HInd^{2-}+Ca^{2+}} \longrightarrow \underset{\text{酒红色}}{CaInd^-+H^+}$$

所以在钙标准溶液中加入钙指示剂，溶液呈酒红色，当用 EDTA 溶液滴定时，由于 EDTA 与 Ca^{2+}形成比 $CaInd^-$更稳定的配离子，因此在滴定终点附近，$CaInd^-$配离子不断转化为较稳定的 CaY^{2-}配离子，而钙指示剂则被游离出来，其反应可表示如下：

$$\underset{\text{酒红色}}{CaInd^-+H_2Y^{2-}+OH^-} \longrightarrow CaY^{2-}+\underset{\text{纯蓝色}}{HInd^{2-}}+H_2O$$

由于 CaY^{2-}无色，所以到达终点时溶液由酒红色变成纯蓝色。

用此法测定钙，若 Mg^{2+}共存［在调节溶液酸度为 pH 12 时，Mg^{2+}将形成 $Mg(OH)_2$沉淀］，此共存的少量 Mg^{2+}不仅不干扰钙的测定，而且会使终点比 Ca^{2+}单独存在时更敏锐。当 Ca^{2+}、Mg^{2+}共存时，终点由酒红色变到纯蓝色，当 Ca^{2+}单独存在时，则由酒红色变紫蓝色，所以测定单独存在的 Ca^{2+}时，常常加入少量 Mg^{2+}溶液。

EDTA 若用于测定 Pb^{2+}、Bi^{3+}，则宜以 ZnO 或金属锌为基准物，以二甲酚橙为指示剂，在 pH 5～6 的溶液中，二甲酚橙为指示剂本身显黄色，与 Zn^{2+}的配合物呈紫红色。EDTA 与 Zn^{2+}形成更稳定的配合物，因此用 EDTA 溶液滴定至近终点时，二甲酚橙被游离出来，溶液由紫红色变成黄色。

【仪器和试剂】

仪器：滴定管（50mL），移液管（25mL），小口试剂瓶（500mL）。

试剂：乙二胺四乙酸二钠（s），$CaCO_3$（基准物质，使用前放入称量瓶中，在110℃时干燥2h，冷却后放干燥器中备用），ZnO（s），氨水（1∶1），镁溶液（0.5% $MgSO_4 \cdot 7H_2O$），NaOH溶液（10%），HCl 溶液（6mol/L），钙指示剂（s），二甲酚橙指示剂（0.2% 水溶液），六亚甲基四胺（10%溶液）。

【实验步骤】

1．0.02mol/L EDTA 溶液的配制

在台秤上称取乙二胺四乙酸二钠3.8g，溶解于300～400mL温水中，稀释至500mL，如浑浊，应过滤，转移至500mL细口瓶中，摇匀。

2．以 $CaCO_3$ 为基准物标定 EDTA 溶液

（1）0.02mol/L 钙标准溶液的配制

准确称取0.4～0.5g 碳酸钙于250mL烧杯中，盖上表面皿，加水润湿，再从杯嘴边逐滴加入数毫升 6mol/L HCl 溶液，边滴加边搅拌至完全溶解为止，待冷却后定量转移至250mL容量瓶中，稀释至刻度，摇匀。

（2）用钙标准溶液标定 EDTA 溶液

用移液管移取25.00mL钙标准溶液于250mL锥形瓶中，加入约25mL水、2mL镁溶液、5mL 10% NaOH 溶液及适量钙指示剂，摇匀后，用EDTA溶液滴定至溶液从红色变为蓝色，即为终点。

3．以 ZnO 为基准物标定 EDTA 溶液（选做）

（1）锌标准溶液的配制

准确称取在800～1000℃灼烧过的基准物 ZnO 0.5～0.6g 于100mL烧杯中，用少量水润湿，然后逐滴加入6mol/L HCl 溶液，边加边搅拌至完全溶解为止，然后，定量转移至250mL容量瓶中，稀释至刻度并摇匀，贴上标签。

（2）用锌标准溶液标定 EDTA 溶液

移取25.00mL锌标准溶液于250mL锥形瓶中，加约30mL水，2～3滴二甲酚橙指示剂，先加1∶1氨水至溶液由黄色刚变为橙色，然后滴加10%六亚甲基四胺至溶液呈稳定的紫红色再多加3mL，用EDTA溶液滴定至溶液由红紫色变为亮黄色，即为终点。

【数据处理】

EDTA 溶液的标定（$CaCO_3$ 作基准物质）

实验次数	1	2	3
无水 $CaCO_3$ 的质量 m/g	m		
$V(Ca^{2+})$/mL	25.00	25.00	25.00
$V_{初}$/mL			
$V_{终}$/mL			
V(EDTA)/mL			
c(EDTA)/(mol/L)	c_1=	c_2=	c_3=
平均值 $\bar{c}$ (EDTA)/(mol/L)	$\bar{c}=\frac{c_1+c_2+c_3}{3}=$		
相对平均偏差 $\bar{d}_r$ /%	$\bar{d}_r=\frac{\lvert c_1-\bar{c}\rvert+\lvert c_2-\bar{c}\rvert+\lvert c_3-\bar{c}\rvert}{3\bar{c}}\times 100\%=$		

【练习题】

一、填空题

1．在配位滴定中应控制适当的 pH，由 EDTA 的________和金属离子的________决定，同时还要考虑___________和掩蔽剂（若需要掩蔽）对 pH 的要求。

2．用 $CaCO_3$ 为基准物，以钙指示剂为指示剂标定 EDTA 溶液时，应控制溶液的酸度为_________，其原因是____。

3．用 ZnO 为基准物，以二甲酚橙为指示剂标定 EDTA，溶液的酸度应控制为_______。

二、思考题

1．为什么通常使用乙二胺四乙酸二钠盐配制 EDTA 标准溶液，而不用乙二胺四乙酸？

2．以 HCl 溶液溶解 $CaCO_3$ 基准物时，操作中应注意些什么？

3．配位滴定法与酸碱滴定法相比，有哪些不同点？操作中应注意哪些问题？

实验 8　自来水硬度的测定

【实验目的】

1．掌握配位滴定的原理，了解配位滴定的特点。

2．了解水硬度的表示方法，掌握配位滴定法测定自来水总硬度的原理和方法。

【实验原理】

水的总硬度测定是指测定水中 Ca、Mg 离子总量。除总硬度外还有钙镁硬度表示法，该法是分别测定 Ca、Mg 离子含量。各国采用的硬度单位有所不同，目前我国常用的表示方法是以度（°）计，即 1L 水中含有 10mg CaO 称为 1°。本实验用乙二胺四乙酸（EDTA）配位滴定法测定水的总硬度。在 pH 10 的氨性缓冲溶液中以铬黑 T（EBT）为指示剂，用三乙醇胺掩蔽 Fe^{3+}、Al^{3+}等共存离子，Cu^{2+}、Pb^{2+}、Zn^{2+}等重金属离子可用 Na_2S 或 KCN 掩蔽。

1．水的总硬度的测定

水的硬度主要由于水中含有钙盐和镁盐，其他金属离子如铁、铝、锰、锌等离子也形成硬度，但一般含量甚少，测定工业用水总硬度时可忽略不计。测定水的硬度常采用配位滴定法，用 EDTA 的标准溶液滴定水中 Ca、Mg 离子总量，然后换算为相应的硬度单位，我国生活饮用水卫生标准中规定硬度（以 $CaCO_3$ 计）不得超过 450mg/L。按国际标准方法测定水的总硬度的方法是：在 pH 10 的 NH_3-NH_4Cl 缓冲溶液中，以铬黑 T（EBT）为指示剂，用 EDTA 标准溶液滴定至溶液由紫红色变为纯蓝色即为终点。

2．分测钙、镁硬度

可控制 pH 于 12～13 之间（此时，Mg^{2+} 以氢氧化镁沉淀析出），选用钙指示剂进行测定。镁硬度可由总硬度减去钙硬度求出。

【仪器和试剂】

仪器：滴定管（50mL），移液管（25mL、100mL），容量瓶（250mL），分析天平，台秤，小口试剂瓶（500mL），电炉。

试剂：乙二胺四乙酸二钠（s），三乙醇胺（1∶1），铬黑 T 指示剂（1%），钙指示剂（s），$CaCO_3$（基准物质，使用前放入称量瓶中，在 110℃干燥 2h，冷却后放干燥器中备用），HCl 溶液（6mol/L），NH_3-NH_4Cl 缓冲溶液（pH 10），镁溶液（0.5% $MgSO_4 \cdot 7H_2O$），NaOH 溶液（10%），水样。

【实验步骤】

1．0.005mol/L EDTA 标准溶液的配制和标定

请参考实验 7。

2．自来水总硬度的测定

准确移取水样 100mL 于 250mL 锥形瓶中，加入 1～2 滴 6mol/L HCl 溶液，微沸数分钟以除去 CO_2，冷却后，加入 3mL 1∶1 三乙醇胺（若水样中含有重金属离子，则加入 1mL 2% Na_2S 溶液掩蔽）、5mL 氨性缓冲溶液、4～6 滴铬黑 T 指示剂，用 EDTA 标准溶液滴定至溶液由紫红色变为纯蓝色，即为终点。平行测定 3 次，计算水的总硬度，以（°）（CaO）表示分析结果。

3．钙硬度和镁硬度的测定

准确移取水样 100mL 于 250mL 锥形瓶中，加入 4mL 10% NaOH 溶液，摇匀，再加入适量固体钙指示剂，摇匀后用 EDTA 标准溶液滴定至溶液由酒红色变为纯蓝色即为终点。计算钙硬度。

4．镁硬度

由总硬度和钙硬度求出镁硬度。

【注意事项】

（1）当水样中 Mg^{2+}含量较低时，铬黑 T 指示剂终点变色不够敏锐，可加入一定量的 Mg-EDTA 混合液以增加溶液中 Mg^{2+}含量使终点变色敏锐。

（2）指示剂最好在滴定开始前加入。

（3）铬黑 T 与 Mg^{2+}显色灵敏度高，与 Ca^{2+}显色灵敏度低，当水样中 Ca^{2+}含量高而 Mg^{2+}很低时，得到不敏锐的终点，可采用 K-B 混合指示剂。

【数据处理】

1．EDTA 溶液的标定（$CaCO_3$ 作基准物质）

实验次数	1	2	3
无水 $CaCO_3$ 的质量 m/g	m		
$V(Ca^{2+})$/mL	25.00	25.00	25.00
$V_{初}$/mL			
$V_{终}$/mL			
V(EDTA)/mL			
c(EDTA)/(mol/L)	c_1=	c_2=	c_3=
平均值 $\bar{c}$ (EDTA)/(mol/L)	$\bar{c}=\frac{c_1+c_2+c_3}{3}=$		
相对平均偏差 $\bar{d}_r$ /%	$\bar{d}_r=\frac{\lvert c_1-\bar{c}\rvert+\lvert c_2-\bar{c}\rvert+\lvert c_3-\bar{c}\rvert}{3\bar{c}}\times 100\%=$		

2．自来水总硬度测定（pH 10 NH_3-NH_4Cl 缓冲溶液，以铬黑 T 作指示剂）

实验次数	1	2	3
自来水 V/mL	100.0	100.0	100.0
$V_{初}$/mL			
$V_{终}$/mL			
V(EDTA)/mL			
c(CaO)/(°)	$c_1=(cV)(EDTA)\times10^3\times56.08=$	$c_2=$	$c_3=$
平均值 $\bar{c}$ /(°)	$\bar{c}=\frac{c_1+c_2+c_3}{3}=$		
相对平均偏差 $\bar{d}_r$ /%	$\bar{d}_r=\frac{\lvert c_1-\bar{c}\rvert+\lvert c_2-\bar{c}\rvert+\lvert c_3-\bar{c}\rvert}{3\bar{c}}\times100\%=$		

3．自来水钙硬度测定（pH 12～13，以钙指示剂作指示剂）

实验次数	1	2	3
自来水 V/mL	100.0	100.0	100.0
$V_{初}$/mL			
$V_{终}$/mL			
V(EDTA)/mL			
c(CaO)/(°)	$c_1=(cV)(EDTA)\times10^3\times56.08=$	$c_2=$	$c_3=$
平均值 $\bar{c}$ /(°)	$\bar{c}=\frac{c_1+c_2+c_3}{3}=$		
相对平均偏差 $\bar{d}_r$ /%	$\bar{d}_r=\frac{\lvert c_1-\bar{c}\rvert+\lvert c_2-\bar{c}\rvert+\lvert c_3-\bar{c}\rvert}{3\bar{c}}\times100\%=$		

【练习题】

一、填空题

1．贮存 EDTA 标准溶液应选用________，若用________贮存更好，以免 EDTA 与玻璃中的金属离子作用。

2．测定水的总硬度时用________掩蔽 Fe^{3+}、Al^{3+}等少量共存离子。

3．测定钙硬度时，可控制 pH 于_______之间，此时 Mg^{2+}存在形式为____________。

二、选择题

1．取 100.0mL 水样测定水的硬度时，耗去 0.01500mol/L EDTA 标准溶液 20.10mL，则用 CaO 表示水的硬度（mg/L）为______。（已知 M(CaO)=56.08g/mol）

A．168.8　　B．337.7　　C．16.68　　D．33.77

2．下列因素中可以使配位滴定突跃范围变小的是______。

A．增加氢离子浓度　　B．增大 EDTA 的浓度

C．增大金属离子浓度　　D．减小 EDTA 的酸效应系数

3．在配位滴定中，下列有关酸效应的叙述，正确的是______。

A．酸效应系数愈大，配合物的稳定性愈大

B．酸效应系数愈小，配合物的稳定性愈大

C．pH 愈大，酸效应系数愈大

D．酸效应系数愈大，配位滴定曲线的 pM 突跃范围愈大

三、思考题

1．配位滴定中为什么要加入缓冲溶液?

2．用 EDTA 法怎样测定水的总硬度？铬黑 T 指示剂是怎样指示滴定终点的?

3．如果对硬度测定中的数据要求保留两位有效数字，应如何量取 50mL 水样?

实验 9　铁铝混合液中铁、铝含量的连续配位滴定

【实验目的】

1．掌握配位滴定中返滴定法的应用及相关计算。

2．掌握通过控制溶液酸度，用 EDTA 连续滴定多种金属离子的原理和方法。

3．了解磺基水杨酸、二甲酚橙指示剂的使用条件及颜色变化。

【实验原理】

在很多矿物、岩石及某些工业产品（如水玻璃等）中 Fe 和 Al 常常是共存的，而 Fe、Al 含量是其中一个测定项目，由于 Fe^{3+}、Al^{3+}都能与 EDTA 形成稳定的 1∶1 配合物，其 $\lg K$ 分别为 25.1 和 16.3，由于二者的 $\lg K$ 相差很大，所以可以利用酸效应，控制不同的酸度，在同一份溶液中进行连续滴定。

滴定时，先调节溶液的 pH 1.5～2，再将溶液加热至 60～70℃，以磺基水杨酸为指示剂，用 EDTA 溶液滴定 Fe^{3+}；然后定量加入过量的 EDTA 溶液，调节溶液的 pH 为 4，煮沸，待 Al^{3+}与 EDTA 配位反应完全后，用六亚甲基四胺调节溶液 pH 5～6，以二甲酚橙为指示剂，用锌标准溶液滴定过量的 EDTA，从而分别求出 Fe^{3+}、Al^{3+}的含量。

【仪器和试剂】

仪器：滴定管（50mL），移液管（25mL），容量瓶（250mL），锥形瓶（250mL），烧杯（100mL），试剂瓶（500mL），量筒（100mL），台秤，电子天平，精密 pH 试纸等。

试剂：EDTA 二钠盐（A.R.），磺基水杨酸指示剂（10%），二甲酚橙指示剂（0.2%），锌基准试剂，六亚甲基四胺溶液（200g/L），$NH_3 \cdot H_2O$（6mol/L），HCl（6mol/L），Fe^{3+}、Al^{3+}混合液（各约 0.010mol/L）。

【实验步骤】

1．0.01mol/L 锌标准溶液的配制

准确称取基准物质锌约 0.17g 于小烧杯中，加 6mol/L HCl 溶液 5mL，立即盖上表面皿（必要时可小火加热溶解）。溶解后，加适量水稀释，定量转移至 250mL 容量瓶中，稀释至刻度并摇匀。计算锌标准溶液的浓度。

2．0.01mol/L EDTA 标准溶液的配制

称取乙二胺四乙酸二钠 1.9g，溶于 100mL 蒸馏水中，溶解后，定量转移至 500mL 试剂瓶中，再加入 400mL 蒸馏水，摇匀备用。如有浑浊，应过滤。

3．EDTA 标准溶液的标定

准确移取 25.00mL 锌标准溶液于 250mL 锥形瓶中，用少量水稀释，加入 3 滴二甲酚橙指示剂。然后滴加 200g/L 六亚甲基四胺至溶液呈稳定的红色后，再过量 5mL。用 EDTA 标

准溶液滴定至溶液由红色变为黄色时为终点。平行测定 3 次。

根据滴定中消耗 EDTA 溶液的体积和锌标准溶液的浓度，计算 EDTA 溶液的浓度。

4．铁铝混合液中铁、铝含量的测定

（1）铁含量的测定

准确移 25.00mL 铁铝混合液，置于 250mL 锥形瓶中，用 6mol/L $NH_3 \cdot H_2O$ 和 6mol/L HCl 调节试液的 pH 为 1.5～2。然后加热至 60～70℃，滴加 10 滴磺基水杨酸指示剂，这时溶液呈紫红色，以 0.01mol/L EDTA 标准溶液滴定至溶液由紫红色变为黄色即为终点。记下消耗 EDTA 溶液的体积 V_1，平行测定 3 次（溶液勿倒，用于后续铝含量测定）。

（2）铝含量的测定

在测定 Fe^{3+}后的溶液中，用滴定管准确加入 30.00mL EDTA 标准溶液，滴加六亚甲基四胺溶液至溶液 pH 为 3.5～4，煮沸 2min，稍冷，用六亚甲基四胺溶液调节 pH 为 5～6，再过量 5mL。滴加 6～8 滴二甲酚橙指示剂，以锌标准溶液滴定至溶液呈紫红色为终点，记下消耗锌标准溶液的体积 V_2。Fe^{3+}、Al^{3+}混合液平行测定 3 次。

根据滴定时消耗 EDTA 标准溶液的体积和锌标准溶液的体积，分别计算原始液中 Fe^{3+}和 Al^{3+}含量（g/L）。

【注意事项】

1．由于铁、铝易于水解，所以没有沉淀的铁、铝混合液，其酸度必然是比较高的，取多少体积的试液视 Fe^{3+}、Al^{3+}含量而定。

2．EDTA 与金属离子配位反应速率较慢。必须按操作规程适当加热，并控制滴定速度。接近终点时，要充分摇动，缓慢滴定，避免过量。

3．测定 Fe^{3+}时，指示液磺基水杨酸的用量不宜多，以防它与 Al^{3+}间的配位作用而导致测定结果偏低。

4．反应酸度过高，滴定终点变化缓慢；当 pH>2.5 时，会由于热溶液中 Fe^{3+}水解而无法测定。

5．用精密 pH 试纸检验溶液 pH 值时，为避免带出试液引起损失，可先在烧杯中用一份试液做调节试验，记下需要加入试剂的体积。正式测定时加入相同体积的试剂即可。

【数据处理】

1．计算 Zn 标准溶液的浓度

$$c(\mathrm{Zn})=\frac{m(\mathrm{Zn})}{M(\mathrm{Zn})\times\frac{250.0}{1000}}$$

式中，c(Zn)为 Zn 标准溶液的浓度，mol/L；m(Zn)为 Zn 的质量，g；M(Zn)为 Zn 的摩尔质量，g/mol。

2．EDTA 标准溶液的标定

$$c(\mathrm{EDTA})=\frac{c(\mathrm{Zn})V(\mathrm{Zn})}{V(\mathrm{EDTA})}$$

式中，c(EDTA)为 EDTA 标准溶液的浓度，mol/L；V(Zn)为 Zn 标准溶液的体积，mL；V(EDTA)为消耗 EDTA 溶液的体积，mL。

项目	1	2	3
$V(Zn)$/mL	25.00	25.00	25.00
$V(EDTA)$（终读数）/mL $V(EDTA)$（初读数）/mL $V(EDTA)$/mL			
$c(EDTA)$/(mol/L)	c_1=	c_2=	c_3=
平均浓度 $\bar{c}$ (EDTA)/(mol/L)			
相对平均偏差/%			

3．原始液中Fe^{3+}和Al^{3+}含量的测定（g/L）

$$\rho(Fe)=\frac{c(EDTA)V_1M(Fe)}{V}$$

$$\rho(Al)=\frac{[c(EDTA)\times 30.00-c(Zn)V_2]M(Al)}{V}$$

式中，$\rho(Fe)$为混合液中 Fe 的质量浓度，g/L；$\rho(Al)$为混合液中 Al 的质量浓度，g/L；$c(EDTA)$为 EDTA 标准溶液的浓度，mol/L；V_1为滴定 Fe 时消耗 EDTA 标准溶液的体积，mL；V_2为滴定 Al 时消耗 Zn 标准溶液的体积，mL；V为所移取的铁铝混合液的体积，mL；$M(Fe)$为 Fe 的摩尔质量，g/mol；$M(Al)$为 Al 的摩尔质量，g/mol。

项目	1	2	3
V/mL			
$V_1(EDTA)$/mL			
$V_2(Zn)$/mL			
$c(EDTA)$/(mol/L)			
$\rho(Fe)$/(g/L)			
$\rho(Al)$/(g/L)			
Fe 的平均质量浓度/(g/L)			
Al 的平均质量浓度/(g/L)			
Fe 相对平均偏差/%			
Al 相对平均偏差/%			

【练习题】

一、填空题

1．浓度为 0.02mol/L 的金属离子 M 能被 EDTA 准确滴定的条件是________。

2．EDTA 配合物的条件稳定常数 K_f'随溶液的酸度而变化，溶液的酸度越高，EDTA 的酸效应系数越________；K_f'越________，滴定时 pM 突跃范围越________。

3．标定 EDTA 溶液时，若控制 pH=5，常选用________为金属离子指示剂；若控制 pH=10，常选用________为金属离子指示剂。

二、选择题

1．在Fe^{3+}、Zn^{2+}共存的溶液中，用 EDTA 测定Fe^{3+}，要消除Zn^{2+}的干扰，最简便的方法是________。

A．沉淀分离法　　B．控制酸度法　　C．配位掩蔽法　　D．离子交换法

2．在配位滴定中用返滴定法测定 Al^{3+}，若在 pH=5～6 时返滴定过量的 EDTA，应选用的标准溶液为________。

A．Al^{3+}　　B．Ca^{2+}　　C．Zn^{2+}　　D．Ag^{+}

3．酸效应曲线不能回答的问题是________。

A．进行各金属离子滴定时的最低 pH

B．在一定 pH 范围内滴定某种金属离子时，哪些离子可能有干扰

C．控制溶液的酸度，有可能在同一溶液中连续测定几种离子

D．准确测定各离子时溶液的最低酸度

三、思考题

1．配位滴定法测定 Al^{3+}，为什么采用返滴定法？

2．说明磺基水杨酸和二甲酚橙指示剂使用的 pH 条件和终点颜色变化。

3．用锌滴定 EDTA 时，可选用哪几种指示剂？本实验中用锌返滴定 EDTA 时加入六亚甲基四胺溶液的作用是什么？

实验 10　$KMnO_4$标准溶液的配制与标定

【实验目的】

1．掌握 $KMnO_4$ 标定方法。

2．了解 $KMnO_4$ 自身指示剂的特点。

【实验原理】

市售的 $KMnO_4$ 中含有少量的 MnO_2 和其他杂质，如硫酸盐、氯化物及硝酸盐等。蒸馏水中也含有微量还原性物质，它们可与 MnO_4^- 反应而析出 $MnO(OH)_2$（MnO_2 的水合物），产生的 MnO_2 和 $MnO(OH)_2$ 又能进一步促进 $KMnO_4$ 的分解。光线也能促进它分解，因此，$KMnO_4$ 标准溶液不能用直接法配制。

标定 $KMnO_4$ 溶液的基准物质很多，有 $Na_2C_2O_4$、$(NH_4)_2Fe(SO_4)_2 \cdot 6H_2O$（俗称摩尔盐）、$H_2C_2O_4 \cdot 2H_2O$、$As_2O_3$ 和纯铁丝等，其中 $Na_2C_2O_4$ 不含结晶水，容易提纯，没有吸湿性，因此是常用的基准物质。

在酸性溶液中，$C_2O_4^{2-}$ 与 MnO_4^- 按下式反应：

$$2MnO_4^- + 5C_2O_4^{2} + 16H^+ \longrightarrow 2Mn^{2+} + 10CO_2\uparrow + 8H_2O$$

此反应在室温下进行很慢，必须加热至 75～85℃（瓶口大量冒烟），以促进反应的进行。但温度也不宜过高，否则容易引起草酸分解：

$$H_2C_2O_4 \longrightarrow H_2O + CO_2\uparrow + CO\uparrow$$

在滴定中，最初几滴 $KMnO_4$ 即使在加热的情况下，与 $C_2O_4^{2-}$ 反应仍然很慢，一旦溶液中产生 Mn^{2+}以后，反应速率才逐渐加快，这是因为 Mn^{2+}对反应有催化作用。

在滴定过程中，必须保持一定的酸度，否则容易产生 MnO_2 沉淀，引起误差。调整酸度要使用硫酸，因盐酸中 Cl^-有还原性，硝酸中 NO_3^- 又具有氧化性，醋酸太弱，不能达到所需

的酸度，所以都不适用。一般滴定开始的最宜酸度约为 $c(H^+)$=1mol/L。在酸性加热的情况下 $KMnO_4$ 溶液分解，所以滴定速度不宜过快。由于 $KMnO_4$ 溶液本身具有特殊的紫红色，滴定时 $KMnO_4$ 溶液稍微过量即可察觉，故 $KMnO_4$ 自身作为指示剂。

【仪器和试剂】

仪器：棕色滴定管（50mL），锥形瓶（250mL，3 只），棕色细口试剂瓶（500mL），烧杯（1000mL），水浴锅，分析天平，电炉，台秤。

试剂：$Na_2C_2O_4$（A.R.，s），H_2SO_4 溶液（3mol/L），$KMnO_4$（A.R.，s）。

【实验步骤】

1．0.02mol/L $KMnO_4$ 标准溶液的配制

在台秤上称取 $KMnO_4$ 固体约 1.6g 于 1L 烧杯中，加 500mL 蒸馏水使其溶解，盖上表面皿，加热至沸并保持微沸状态约 1h，其间可补加一定量的蒸馏水，以保持溶液体积基本不变。冷却后将溶液转移至棕色瓶内，在暗处放置 2～3 天，然后用 G_3 或 G_4 砂芯漏斗过滤除去 MnO_2 等杂质，将滤液贮存于棕色试剂瓶中备用。此外，也可将 $KMnO_4$ 固体溶于新煮沸并且放冷的蒸馏水中，将该溶液在暗处放置 7～10 天，用砂芯漏斗过滤备用。

2．0.02mol/L $KMnO_4$ 标准溶液的标定

准确称取 0.15～0.20g $Na_2C_2O_4$ 基准物，置于 250mL 锥形瓶中，加新鲜蒸馏水 40mL，使之溶解，再加入 10mL 3mol/L H_2SO_4 溶液，然后将锥形瓶置水浴中加热至 75～85℃（刚好冒蒸汽），趁热用待标定的高锰酸钾溶液滴定。每加入一滴 $KMnO_4$ 溶液，都要摇动锥形瓶，使 $KMnO_4$ 颜色褪去后，再继续滴定。由于产生的少量 Mn^{2+} 对滴定反应有催化作用，使反应速率加快，滴定速度可以逐渐加快，但临近终点时滴定速度要减慢，直至溶液呈现微红色并持续 30s 不褪色即为终点。平行 3 次测定。记录滴定所耗用 $KMnO_4$ 溶液的体积，按下式计算 $KMnO_4$ 溶液的浓度，以 3 次平行测定结果的平均值作为实验结果。

$$c(\mathrm{KMnO_4})=\frac{\frac{2}{5}m(\mathrm{Na_2C_2O_4})}{M(\mathrm{Na_2C_2O_4})V(\mathrm{KMnO_4})\times 10^{-3}}$$

$$[M(\mathrm{Na_2C_2O_4})=134.0\mathrm{g/mol}]$$

式中，$c(KMnO_4)$ 为 $KMnO_4$ 浓度，mol/L；$m(Na_2C_2O_4)$ 为 $Na_2C_2O_4$ 质量，g；$M(Na_2C_2O_4)$ 为 $Na_2C_2O_4$ 的摩尔质量，g/mol；$V(KMnO_4)$ 为滴定 $Na_2C_2O_4$ 时消耗 $KMnO_4$ 溶液的体积，mL。

【注意事项】

1．$KMnO_4$ 色深，液面弯月面不易看出，读数时应以液面的最高线为准（即读液面的边缘）。

2．滴定速度不能太快，若滴定速度过快，部分 $KMnO_4$ 在热溶液下按下式分解：

$$4KMnO_4+2H_2SO_4 \longrightarrow 4MnO_2\downarrow+2K_2SO_4+2H_2O+3O_2\uparrow$$

产生 MnO_2，促进 $KMnO_4$ 分解，增加误差。

3．在室温下，$KMnO_4$ 与 $Na_2C_2O_4$ 之间反应速率缓慢，需将溶液加热，但温度不能太高，否则引起 $H_2C_2O_4$ 分解：

$$H_2C_2O_4 \longrightarrow H_2O+CO_2\uparrow+CO\uparrow$$

4．$KMnO_4$ 滴定终点不太稳定，这是由于空气中含有还原气体及灰尘等杂质，能使 $KMnO_4$ 慢慢分解，而使微红色消失，所以经过 30s 不褪色即可认为已达终点。

【数据处理】

项目	1	2	3
$m(Na_2C_2O_4)$/g			
$V_{初}$/mL $V_{终}$/mL $KMnO_4$ 的实际消耗量 V/mL			
$c(KMnO_4)$/(mol/L)			
$\bar{c}\ (KMnO_4)$/(mol/L)			
相对偏差/%			

【练习题】

一、填空题

1．以 $Na_2C_2O_4$ 为基准标定 $KMnO_4$ 溶液以__________为指示剂，由__________色变为_________色即为终点。

2．配制 $KMnO_4$ 标准溶液应采用_______；为了避免光对 $KMnO_4$ 溶液的催化分解，配制好的 $KMnO_4$ 溶液应贮存在________中，密闭保存。

3．盛放 $KMnO_4$ 溶液的烧杯或锥形瓶等容器放置较久后，其壁上常有棕色沉淀物，这是___________，用___________洗涤才能除去此沉淀。

二、选择题

1．下列操作错误的是________。

A．配制 NaOH 标准溶液用量筒取水

B．$KMnO_4$ 标准溶液装在碱式滴定管中

C．$AgNO_3$ 标准溶液贮于棕色瓶中

D．配制碘标准溶液时将碘溶于少量浓 KI 溶液然后再用水稀释

2．以下基准物质在使用前要进行处理，其处理方法错误的是________。

A．$H_2C_2O_4\cdot 2H_2O$ 置于空气中保存　　B．Na_2CO_3 在约 300℃干燥

C．$K_2Cr_2O_7$ 在 120℃下干燥　　D．NaCl 置于空气中保存

3．为配制 $KMnO_4$ 标准溶液所选用 $KMnO_4$ 的规格应该是________。

A．工业纯　　B．分析纯　　C．化学纯　　D．超纯

三、思考题

1．配制 $KMnO_4$ 标准溶液时，为什么要将 $KMnO_4$ 溶液煮沸一定时间并放置数天？配好的 $KMnO_4$ 溶液为什么要过滤后才能保存？过滤时是否可以用滤纸？

2．用 $Na_2C_2O_4$ 为基准物标定 $KMnO_4$ 溶液时，应该注意哪些反应条件？

3．装过 $KMnO_4$ 溶液的滴定管或容器，常有不易洗去的棕色物质，这是什么？怎样除去？

实验 11 过氧化氢含量的测定

【实验目的】

1. 掌握 $KMnO_4$ 溶液的标定方法。
2. 掌握 $KMnO_4$ 法测定 H_2O_2 含量的原理和方法。
3. 了解 $KMnO_4$ 自身指示剂的特点。

【实验原理】

H_2O_2 在工业、生物、医药等方面具有广泛的用途。它在酸性溶液中是强氧化剂，但遇 $KMnO_4$ 却为还原剂。

室温条件下，在稀硫酸溶液中 H_2O_2 被 $KMnO_4$ 定量地氧化生成氧气和水。因此，可用 $KMnO_4$ 法测定 H_2O_2 含量，其反应式为：

$$5H_2O_2+2MnO_4^-+6H^+ \longrightarrow 2Mn^{2+}+5O_2\uparrow+8H_2O$$

滴定时加入 $KMnO_4$ 的速度不能太快，否则易产生棕色 MnO_2 沉淀，MnO_2 又可促进 H_2O_2 的分解，增加测定误差。滴入第一滴 $KMnO_4$ 溶液不易褪色，待 Mn^{2+} 生成后，由于 Mn^{2+} 的催化作用，加快了反应速率，故能顺利地滴定到终点。

测定 H_2O_2 时，可用 $KMnO_4$ 溶液作滴定剂，根据微过量的 $KMnO_4$ 本身紫红色显示终点。根据 $KMnO_4$ 的浓度和滴定所耗用的体积，可以算出溶液中 H_2O_2 的含量。

市售的 $KMnO_4$ 中含有少量的 MnO_2 和其他杂质，如硫酸盐、氯化物及硝酸盐等。蒸馏水中也含有微量还原性物质，它们可与 MnO_4^- 反应而析出 $MnO(OH)_2$（MnO_2 的水合物），产生的 MnO_2 和 $MnO(OH)_2$ 又能进一步促进 $KMnO_4$ 的分解。光线也能促进它分解，因此，$KMnO_4$ 标准溶液不能用直接法配制。

标定 $KMnO_4$ 溶液的基准物质很多，有 $Na_2C_2O_4$、$(NH_4)_2Fe(SO_4)_2\cdot 6H_2O$（俗称摩尔盐）、$H_2C_2O_4\cdot 2H_2O$、$As_2O_3$ 和纯铁丝等，其中 $Na_2C_2O_4$ 不含结晶水，容易提纯，没有吸湿性，因此是常用的基准物质。

在酸性溶液中，$C_2O_4^{2-}$ 与 MnO_4^- 按下式反应：

$$2MnO_4^-+5C_2O_4^{2-}+16H^+ \longrightarrow 2Mn^{2+}+10CO_2\uparrow+8H_2O$$

此反应在室温下进行很慢，必须加热至 75～85℃（瓶口大量冒烟），以促进反应的进行。但温度也不宜过高，否则容易引起草酸分解：

$$H_2C_2O_4 \longrightarrow H_2O+CO_2\uparrow+CO\uparrow$$

在滴定中，最初几滴 $KMnO_4$ 即使在加热的情况下，与 $C_2O_4^{2-}$ 反应仍然很慢，一旦溶液中产生 Mn^{2+} 以后，反应速率才逐渐加快，这是因为 Mn^{2+} 对反应有催化作用。

在滴定过程中，必须保持一定的酸度，否则容易产生 MnO_2 沉淀，引起误差。调节酸度要使用硫酸，因盐酸中 Cl^- 有还原性，硝酸中 NO_3^- 又具有氧化性，醋酸太弱，不能达到所需的酸度，所以都不适用。一般滴定开始的最适宜酸度约为 $c(H^+)=1mol/L$。在酸性加热的情况下 $KMnO_4$ 溶液分解，所以滴定速度不宜过快。由于 $KMnO_4$ 溶液本身具有特殊的紫红色，滴

定时 $KMnO_4$ 溶液稍微过量即可察觉，故 $KMnO_4$ 自身作为指示剂。

【仪器和试剂】

仪器：棕色滴定管（50mL），锥形瓶（250mL，3 只），移液管（1mL，1 支，25mL，1 支），容量瓶（250mL），棕色细口试剂瓶（500mL），烧杯（1000mL），台秤，分析天平，电炉，表面皿，恒温水浴锅。

试剂：$Na_2C_2O_4$（A.R.，s），$KMnO_4$（A.R.，s），H_2SO_4（3mol/L），H_2O_2（30%）。

【实验步骤】

1．0.02mol/L $KMnO_4$ 标准溶液的配制

在台秤上称取 $KMnO_4$ 固体约 1.6g 于 1000mL 烧杯中，加 500mL 蒸馏水使其溶解，盖上表面皿，加热至沸并保持微沸状态约 1h，其间可补加一定量的蒸馏水，以保持溶液体积基本不变。冷却后将溶液转移至棕色瓶内，在暗处放置 2～3 天，然后用 G_3 或 G_4 砂芯漏斗过滤除去 MnO_2 等杂质，将滤液贮存于棕色试剂瓶内备用。此外，也可将 $KMnO_4$ 固体溶于新煮沸过并且放冷的蒸馏水中，将该溶液在暗处放置 7～10 天，用砂芯漏斗过滤备用。

2．0.02mol/L $KMnO_4$ 标准溶液的标定

准确称取 0.15～0.20g $Na_2C_2O_4$ 基准物 3 份，分别置于 250mL 锥形瓶中，加新鲜蒸馏水 40mL 使之溶解，再各加入 10mL 3mol/L H_2SO_4 溶液，然后将锥形瓶置水浴锅中加热至 75～85℃（瓶口大量冒烟），趁热用待标定的 $KMnO_4$ 溶液滴定。每加入一滴 $KMnO_4$ 溶液，都要摇动锥形瓶，使 $KMnO_4$ 颜色褪去后，再继续滴定。由于产生的少量 Mn^{2+} 对滴定反应有催化作用，使反应速率加快，滴定速度可以逐渐加快，但临近终点时滴定速度要减慢，直至溶液呈现微红色并持续 30s 不褪色即为终点。记录滴定所耗用 $KMnO_4$ 溶液的体积，按下式计算 $KMnO_4$ 溶液的准确浓度，以 3 次平行测定结果的平均值作为 $KMnO_4$ 标准溶液的浓度。

$$c(\mathrm{KMnO_4})=\frac{\frac{2}{5}m(\mathrm{Na_2C_2O_4})}{M(\mathrm{Na_2C_2O_4})V(\mathrm{KMnO_4})\times10^{-3}}$$

$$[M(\mathrm{Na_2C_2O_4})=134.0\mathrm{g/mol}]$$

式中，$c(KMnO_4)$ 为 $KMnO_4$ 浓度，mol/L；$m(Na_2C_2O_4)$ 为 $Na_2C_2O_4$ 质量，g；$M(Na_2C_2O_4)$ 为 $Na_2C_2O_4$ 的摩尔质量，g/mol；$V(KMnO_4)$ 为滴定 $Na_2C_2O_4$ 时消耗 $KMnO_4$ 溶液的体积，mL。

3．H_2O_2 含量的测定

用移液管移取 30% H_2O_2 溶液 1.00mL，置于 250mL 容量瓶中，加蒸馏水稀释至刻度，充分摇匀。然后用移液管移取 25.00mL 上述溶液，置于 250mL 锥形瓶中，加入 30mL 蒸馏水和 10mL 3mol/L H_2SO_4 溶液，用 $KMnO_4$ 标准溶液滴定至溶液呈微红色，在 30 s 内不褪色即为终点。记录滴定时所消耗的 $KMnO_4$ 溶液的体积，平行测定 3 次。

按下式计算样品中 H_2O_2 的含量

$$\mathrm{H_2O_2}\text{含量（g/100mL）}=\frac{\frac{5}{2}c(\mathrm{KMnO_4})V(\mathrm{KMnO_4})\times10^{-3}M(\mathrm{H_2O_2})}{1.00\times\frac{25.00}{250.0}}\times100$$

$$[M(\mathrm{H_2O_2})=34.02\mathrm{g/mol}]$$

式中，$c(KMnO_4)$为$KMnO_4$浓度，mol/L；$M(H_2O_2)$为H_2O_2的摩尔质量，g/mol；$V(KMnO_4)$为滴定H_2O_2时消耗$KMnO_4$溶液的体积，mL。

【注意事项】

1．$KMnO_4$色深，液面弯月面不易看出，读数时应以液面的最高线为准（即读液面的边缘）。

2．滴定速度不能太快，若滴定速度过快，部分$KMnO_4$在热溶液下将按下式分解：

$$4KMnO_4+2H_2SO_4 \longrightarrow 4MnO_2\downarrow+2K_2SO_4+2H_2O+3O_2\uparrow$$

产生MnO_2，促进H_2O_2分解，增加误差。

3．在室温下，$KMnO_4$与$Na_2C_2O_4$之间反应速率缓慢，需将溶液加热，但温度不能太高，否则引起$H_2C_2O_4$分解：

$$H_2C_2O_4 \longrightarrow H_2O+CO_2\uparrow+CO\uparrow$$

4. $KMnO_4$滴定终点不太稳定，这是由于空气中含有还原气体及灰尘等杂质，能使$KMnO_4$慢慢分解，而使微红色消失，所以经过30s不褪色即可认为已达终点。

5．市售H_2O_2中常含有少量乙酰苯胺或尿素等作为稳定剂，它们也有还原性，妨碍测定。此时应采用碘量法测定为宜。

【数据处理】

1．$KMnO_4$标准溶液的标定

项目	1	2	3
$m(Na_2C_2O_4)$/g			
$V_{初}$/mL $V_{终}$/mL $KMnO_4$的实际消耗量 V/mL			
c $(KMnO_4)$/(mol/L)			
$\overline{c}$ $(KMnO_4)$/(mol/L)			
相对平均偏差/%			

2．H_2O_2含量的测定

项目	1	2	3
H_2O_2的实际用量/mL			
$KMnO_4$的实际消耗量/mL			
H_2O_2的含量/(g/100mL)			
H_2O_2含量的平均值/(g/100mL)			
相对平均偏差/%			

【练习题】

一、填空题

1．高锰酸钾法是以________为标准溶液的氧化还原滴定法，此法需要在强酸性溶液中进行，一般用________调节酸度，而不能用HCl溶液或HNO_3溶液。

2．$KMnO_4$颜色较深，读数时应以液面的________为准。

3．H_2O_2称为绿色氧化剂的主要原因是：__________________。

二、选择题

1．用 $KMnO_4$测定 H_2O_2含量，H_2O_2样品的体积为 1.00mL，消耗 0.02017mol/L $KMnO_4$ 标准溶液的体积为 17.50mL，则样品中 H_2O_2 的含量（g/L）为________。［已知 $M(H_2O_2)$= 34.02g/mol］

A．30.02　　B．3.002　　C．4.803　　D．12.01

2．某学生在用 $Na_2C_2O_4$标定 $KMnO_4$溶液浓度时，所得结果偏高，原因主要是_______。

A．将 $Na_2C_2O_4$溶解加 H_2SO_4后，加热至沸，稍冷即用 $KMnO_4$溶液滴定

B．在滴定的开始阶段，$KMnO_4$溶液滴加过快

C．终点时溶液呈较深的红色

D．无法判断

3．用草酸钠作基准物标定 $KMnO_4$标准溶液时，开始反应速率慢，稍后，反应速率明显加快，这是________起催化作用。

A．H^+　　B．MnO_4^-　　C．Mn^{2+}　　D．CO_2

三、思考题

1．$KMnO_4$法测定 H_2O_2含量时，滴定速度太快会对结果产生什么影响？

2．用 $KMnO_4$法测定 H_2O_2时，为何不能通过加热来加速反应？

3．用 $KMnO_4$法测定 H_2O_2含量时，能否用 HNO_3、HCl 或 HAc 来调节溶液酸度？为什么？

实验 12　碘和硫代硫酸钠标准溶液的配制与标定

【实验目的】

1．掌握 I_2标准溶液的配制及标定。

2．掌握 $Na_2S_2O_3$标准溶液的配制及标定。

【实验原理】

用升华法制得的纯 I_2，可以用直接法配制成 I_2的标准溶液，但是 I_2易挥发，难以准确称取，所以一般仍采用间接法配制。I_2在水中的溶解度很小（20℃时为 1.33×10^{-3}mol/L），一般先将一定量的 I_2溶于过量的 KI 溶液中，稀释至一定体积。溶液贮存于棕色试剂瓶中，放置暗处保存。I_2溶液具有腐蚀性，贮存和使用时应避免与橡皮塞和橡皮管接触。

I_2标准溶液的浓度常用 As_2O_3基准物质标定，也可用已标定好的 $Na_2S_2O_3$标准溶液标定。As_2O_3（俗称砒霜，剧毒，操作时须十分小心）难溶于水，易溶于碱性溶液中，生成亚砷酸盐：

$$As_2O_3+6OH^- \longrightarrow 2AsO_3^{3-}+3H_2O$$

以 $NaHCO_3$调节溶液 pH 8，再用 I_2溶液滴定 AsO_3^{3-}，其反应为：

$$AsO_3^{3-}+I_2+H_2O \longrightarrow AsO_4^{3-}+2I^-+2H^+$$

此反应是可逆的，在中性或微碱性溶液中，反应能定量地向右进行；在酸性溶液中，AsO_4^{3-}能氧化I^-而析出I_2。

结晶的硫代硫酸钠（$Na_2S_2O_3 \cdot 5H_2O$）一般都含有少量的S、Na_2SO_3、Na_2SO_4等杂质，容易风化和潮解，因此不能采用直接法配制其标准溶液。同时，$Na_2S_2O_3$溶液易受微生物、空气中的氧以及溶解在水中的CO_2影响而分解。

$$Na_2S_2O_3 \xrightarrow{\text{细胞}} Na_2SO_3+S\downarrow$$

$$S_2O_3^{2-}+CO_2+H_2O \longrightarrow HSO_3^-+HCO_3^-+S\downarrow$$

$$2S_2O_3^{2-}+O_2 \longrightarrow 2SO_4^{2-}+2S\downarrow$$

为此，配制$Na_2S_2O_3$标准溶液时应用新煮沸冷却的蒸馏水，并加入少量Na_2CO_3（0.02%）使溶液呈微碱性，以防止其分解。溶液应避光和热，存放在棕色试剂瓶中，置暗处。

标定$Na_2S_2O_3$溶液的基准物有$KBrO_3$、$K_2Cr_2O_7$、Cu^{2+}等。标定操作采用滴定碘法，即在弱酸性溶液中，氧化剂与I^-作用析出I_2：

$$BrO_3^-+6I^-+6H^+ \longrightarrow 3I_2+Br^-+3H_2O$$

$$Cr_2O_7^{2-}+6I^-+14H^+ \longrightarrow 3I_2+2Cr^{3+}+7H_2O$$

$$2Cu^{2+}+4I^- \longrightarrow 2CuI\downarrow+I_2$$

析出的I_2再用$Na_2S_2O_3$溶液滴定：

$$I_2+2S_2O_3^{2-} \longrightarrow 2I^-+S_4O_6^{2-}$$

【仪器和试剂】

仪器：分析天平，滴定管（50mL），试剂瓶（500mL），移液管（25mL），容量瓶（250mL），锥形瓶（250mL），台秤，烧杯，量筒，棕色试剂瓶。

试剂：I_2单质，As_2O_3基准物质，$K_2Cr_2O_7$基准物质，KI（s），Na_2CO_3（s），NaOH（6mol/L），$Na_2S_2O_3$（0.1mol/L），$NaHCO_3$（s），KI（20%），淀粉（0.5%），盐酸（6mol/L），H_2O_2（30%），氨水（1∶1），醋酸（1∶1），NH_4HF_2（20%），KSCN（10%），酚酞指示剂。

【实验步骤】

1．I_2标准溶液的配制及标定

（1）配制

称取3.3g I_2和5g KI，置于研钵中（在通风橱中操作），加入少量水研磨，待I_2全部溶解后，将溶液转入棕色试剂瓶中。加蒸馏水稀释至250mL，充分摇匀，放暗处保存，作为碘储备液。用移液管准确移取碘储备液25.00mL于250mL容量瓶中定容。

（2）标定

准确称取As_2O_3基准物质1.2g（准确至0.1mg），置于100mL烧杯中，加10mL 6mol/L NaOH，温热溶解，然后滴加2滴酚酞指示剂，用6mol/L HCl溶液中和至溶液刚好变无色，再加入2～3g $NaHCO_3$，搅拌使之溶解。定量转移至250mL容量瓶中定容，摇匀。移取25.00mL于250mL锥形瓶中，加50mL蒸馏水、5g $NaHCO_3$、2mL淀粉指示剂，用I_2溶液滴定至稳定的蓝色，保持30s不褪色即为终点。记录滴定剂消耗的体积。平行测定3次。计算公式：

$$c(I_2)=\frac{2\times\dfrac{m(As_2O_3)}{M(As_2O_3)}\times\dfrac{25.00}{250.00}}{V(I_2)\times10^{-3}}$$

$$[M(As_2O_3)=197.84g/mol]$$

式中，$c(I_2)$为 I_2 溶液的浓度，mol/L；$V(I_2)$为 I_2 溶液的体积，mL；$M(As_2O_3)$为 As_2O_3 的摩尔质量，g/mol；$m(As_2O_3)$为 As_2O_3 的质量，g。

2．$Na_2S_2O_3$标准溶液的配制及标定

（1）配制

称取 25g $Na_2S_2O_3\cdot5H_2O$ 于烧杯中，加入 300～500mL 新煮沸经冷却的蒸馏水。溶解后，加入约 0.1g Na_2CO_3，用新煮沸经冷却的蒸馏水稀释至 1L，贮存于棕色试剂瓶中，在暗处放置 3～5 天后，作为 $Na_2S_2O_3$ 储备液（即得浓度为 0.1mol/L 的 $Na_2S_2O_3$ 溶液，可在其中加入少量的三氯甲烷）。

（2）标定

① 用 $K_2Cr_2O_7$ 标定：$K_2Cr_2O_7$ 标准溶液的配制：称取 $K_2Cr_2O_7$ 0.13g（准确至 0.1mg）于烧杯中，加水溶解，定量转移至 250mL 容量瓶中，加水稀释至刻度，摇匀。准确计算 $K_2Cr_2O_7$ 的浓度。

$$c(K_2Cr_2O_7)=\frac{m(K_2Cr_2O_7)}{M(K_2Cr_2O_7)\times250.00\times10^{-3}}$$

$$[M(K_2Cr_2O_7)=294.19g/mol]$$

式中，$c(K_2Cr_2O_7)$为 $K_2Cr_2O_7$ 溶液的浓度，mol/L；$M(K_2Cr_2O_7)$为 $K_2Cr_2O_7$ 的摩尔质量，g/mol；$m(K_2Cr_2O_7)$为 $K_2Cr_2O_7$ 的质量，g。

$Na_2S_2O_3$ 溶液的标定：准确移取 25.00mL $K_2Cr_2O_7$ 标准溶液于锥形瓶中，加入 5mL 6mol/L HCl 溶液、5mL KI（20%）溶液，摇匀放在暗处 5min，待反应完全后，加入 100mL 蒸馏水，用 $Na_2S_2O_3$ 溶液滴定至淡黄色，加入 2mL 淀粉指示剂，继续滴定至溶液呈现亮绿色为终点。记录所消耗 $Na_2S_2O_3$ 溶液的体积，平行测定 3 次。计算 $Na_2S_2O_3$ 溶液的浓度：

$$c(Na_2S_2O_3)=\frac{6c(K_2Cr_2O_7)V(K_2Cr_2O_7)}{V(Na_2S_2O_3)}$$

② 用纯铜标定：纯铜标准溶液的配制：准确称取纯铜 0.2g（准确至 0.1mg），置于 250mL 烧杯中，加入 10mL 6mol/L HCl，在摇动下逐滴加入 2～3mL H_2O_2（30%）（勿太多），至金属铜分解完全。加热，将多余的 H_2O_2 分解赶尽，然后定量转移至 250mL 容量瓶中，定容摇匀即可。

$Na_2S_2O_3$ 溶液的标定：准确移取 25.00mL Cu^{2+}标准溶液于锥形瓶中，滴加氨水（1∶1）至沉淀刚刚生成，然后加入 8mL 醋酸（1∶1）、10mL NH_4HF_2、10mL KI 溶液，用 $Na_2S_2O_3$ 溶液滴定至淡黄色，加入 3mL 淀粉指示剂，继续滴定至溶液呈浅蓝色。再加入 10mL KSCN 溶液，继续滴定至溶液的蓝色消失即为终点，记录所消耗 $Na_2S_2O_3$ 溶液的体积，平行测定 3 次。计算 $Na_2S_2O_3$ 溶液的浓度。

$$c(Na_2S_2O_3)=\frac{\dfrac{m(Cu)}{M(Cu)}\times\dfrac{25.00}{250.00}}{V(Na_2S_2O_3)\times10^{-3}}$$

$$[M(Cu)=63.55g/mol]$$

【注意事项】

1．As_2O_3为剧毒药品，应严格管理。

2．KI 要过量，但浓度不能超过 2%～4%，因I^-浓度太高，淀粉指示剂颜色转变不灵敏。

3．淀粉指示剂和 KSCN 溶液在接近终点时加入，不能早加以防止对I_2的吸附。

【数据处理】

1．I_2标准溶液的标定

项目	1	2	3
$m(As_2O_3)$/g			
$V(I_2)$/mL			
$c\ (I_2)$/(mol/L)			
$\overline{c}\ (I_2)$/(mol/L)			
相对平均偏差/%			

2．$Na_2S_2O_3$标准溶液的标定

项目	1	2	3
$m(K_2Cr_2O_7)$/g			
$V(Na_2S_2O_3)$/mL			
$c\ (Na_2S_2O_3)$/(mol/L)			
$\overline{c}\ (Na_2S_2O_3)$/(mol/L)			
相对平均偏差/%			

【练习题】

一、填空题

1．配制$Na_2S_2O_3$标准溶液时，应用________的蒸馏水溶解，以除去水中的________并杀死微生物；加入少量Na_2CO_3（浓度约 0.02%），使溶液呈________，防止$Na_2S_2O_3$的分解；配好后放置 8～14 天，待其浓度稳定后，过滤除 S，再标定。

2．标定$Na_2S_2O_3$溶液最常用的基准物质是________。标定时采用________滴定法，先将$K_2Cr_2O_7$与过量的________作用，再用$Na_2S_2O_3$标准溶液滴定析出的________。

3．标定$Na_2S_2O_3$时淀粉指示剂应在近终点时加入，不可加入过早。若当溶液中还剩有很多I_2时即加淀粉指示剂，则大量的I_2被淀粉牢固地吸附，不易完全放出，使终点难以确定。因此，必须在滴定至近终点，溶液呈________时，再加入淀粉指示剂。

二、选择题

1．碘量法要求在中性或弱酸性介质中进行滴定，若酸度太高，将会使________。

A．反应不定量　　B．I_2易挥发　　C．终点不明显　　D．I^-被氧化

2．在间接碘量法测定中，下列操作正确的是________。

A．边滴定边快速摇动

B．加入过量 KI，并在室温和避免阳光直射的条件下滴定

C．在 70～80℃恒温条件下滴定

D．滴定一开始就加入淀粉指示剂

3．标定 $Na_2S_2O_3$ 的基准物是________。

A．$H_2C_2O_4 \cdot 2H_2O$　B．$K_2Cr_2O_7$　C．As_2O_3　D．Fe

三、思考题

1．配制 I_2 溶液时加入 KI 的目的是什么？

2．标定 I_2 溶液时为什么要加入 $NaHCO_3$？

3．配制 $Na_2S_2O_3$ 标准溶液应注意哪些问题？

实验 13　碘量法测定铜盐中铜的含量

【实验目的】

1．掌握 $Na_2S_2O_3$ 溶液的配制及标定要点。

2．了解淀粉指示剂的作用原理。

3．了解间接碘量法测定铜的原理。

4．掌握间接碘量法测定铜含量的操作过程。

【实验原理】

$Na_2S_2O_3 \cdot 5H_2O$ 易风化、潮解，且易受空气和微生物作用而分解，因此，其标准溶液仅能用间接法配制。标定 $Na_2S_2O_3$ 标准溶液可选择 KIO_3、$KBrO_3$ 或 $K_2Cr_2O_7$ 作氧化剂，定量地将 I^- 氧化为 I_2。再用 $Na_2S_2O_3$ 溶液滴定，其反应如下：

$$IO_3^- + 5I^- + 6H^+ = 3I_2 + 3H_2O$$

$$I_2 + 2S_2O_3^{2-} = 2I^- + S_4O_6^{2-}$$

所以 1mol IO_3^- 相当于 6mol $S_2O_3^{2-}$，以上试剂 KIO_3、$KBrO_3$ 因对环境友好而使用较多。

胆矾（$CuSO_4 \cdot 5H_2O$）是农药波尔多液的主要原料。胆矾中的铜常用间接碘量法进行测定。在弱酸性溶液中，Cu^{2+} 可被过量的 KI 还原为 CuI，同时析出 I_2，再用 $Na_2S_2O_3$ 标准溶液滴定析出的 I_2。

$$2Cu^{2+} + 4I^- \longrightarrow 2CuI\downarrow + I_2$$

$$I_2 + 2S_2O_3^{2-} \longrightarrow 2I^- + S_4O_6^{2-}$$

由于 CuI 沉淀表面会吸附一些 I_2，使滴定终点不明显，并影响准确度，故在接近化学计量点时，加入少量 KSCN，CuI 沉淀转化成更难溶的 CuSCN，被吸附的 I_2 从沉淀表面解吸出来，使反应更完全。

$$CuI + SCN^- \longrightarrow CuSCN\downarrow + I^-$$

KSCN 应在接近终点时加入，否则较多的 I_2 会明显地为 KSCN 所还原而使结果偏低：

$$SCN^- + 4I_2 + 4H_2O \longrightarrow SO_4^{2-} + 7I^- + ICN + 8H^+$$

同时，为了防止铜盐水解，反应必须在酸性溶液中进行。酸度过低，铜盐水解而使 Cu^{2+} 氧化 I^- 进行不完全，使结果偏低，而且反应速率慢，终点拖长；酸度过高，则 I^- 被空气氧化为 I_2 的反应被 Cu^{2+} 催化，使结果偏高。

Fe^{3+} 能氧化 I^- 而生成 I_2，对测定有干扰，但可加入 NaF 使 Fe^{3+} 形成 $[FeF_6]^{3-}$ 配离子而掩蔽，以排除 Fe^{3+} 的干扰。

【仪器和试剂】

仪器：滴定管（50mL），移液管（25mL），容量瓶（250mL，1 只），锥形瓶（250mL），碘量瓶（250mL），棕色试剂瓶（250mL），烧杯（100mL），量筒，分析天平，台秤，电炉。

试剂：$Na_2S_2O_3 \cdot 5H_2O$（s），Na_2CO_3（s），KIO_3（s），HCl（6mol/L），KI（10%），淀粉指示剂（0.5%），$CuSO_4 \cdot 5H_2O$（s），H_2SO_4（1mol/L），KSCN（10%），饱和 NaF 溶液。

【实验步骤】

1．$Na_2S_2O_3$标准溶液的配制及标定

（1）0.1mol/L $Na_2S_2O_3$溶液的配制

称取 6.5g $Na_2S_2O_3 \cdot 5H_2O$ 于烧杯中，加入 100mL 新煮沸经冷却的蒸馏水，溶解后，加入约 0.05～0.1gNa_2CO_3，用新煮沸且冷却的蒸馏水稀释至 250mL，贮存于棕色试剂瓶中，暗处放置 3～5 天后标定。

（2）$Na_2S_2O_3$溶液的标定

① KIO_3法：准确称取 0.9g 左右 KIO_3 基准物质于烧杯中，溶于适量水，定量转移至 250mL 的容量瓶中，稀释，摇匀。准确移取上述溶液 25.00mL 于 250mL 锥形瓶中，加入 2g KI 固体，摇匀，加入 5mL 1mol/L H_2SO_4 溶液，加蒸馏水稀释至约 100mL，立即用配制好的 $Na_2S_2O_3$ 溶液滴定至浅黄色，然后再加 3mL 淀粉指示剂，继续滴定至溶液由蓝色变为无色。平行测定三次。

② $K_2Cr_2O_7$法：准确称取 1.2g 于 120℃烘至恒重的 $K_2Cr_2O_7$，置于烧杯中，溶于适量水，定量转移至 250mL 的容量瓶中，稀释，摇匀。准确移取上述 $K_2Cr_2O_7$ 溶液 25.00mL 于碘量瓶中，加入 5mL 6mol/L HCl 溶液，加入 1g KI 固体，摇匀，于暗处放置 5min。加 100mL 水，用配制好的硫代硫酸钠溶液滴定。近终点时加 3mL 淀粉指示剂，继续滴定至溶液由蓝色变为亮绿色。平行测定三次。

2．胆矾中铜含量的测定

准确称取胆矾试样 0.5～0.6g（准确至 0.1mg）置于 250mL 锥形瓶中，加 1mol/L H_2SO_4 溶液 3mL 及 100mL 蒸馏水。样品溶解后，加入 10mL 饱和 NaF 溶液和 10mL 10% KI 溶液，摇匀后立即用 $Na_2S_2O_3$ 标准溶液滴定至浅黄色。加 5mL 0.5%淀粉指示剂，继续滴定至浅蓝色，再加入 10mL 10% KSCN 溶液，混合后溶液的蓝色加深，继续滴定至蓝色刚好消失即为终点。记录所消耗 $Na_2S_2O_3$ 溶液的体积，平行测定 3 次。计算铜的百分含量：

$$w_{Cu} = \frac{c(Na_2S_2O_3)V(Na_2S_2O_3) \times 10^{-3} M_{Cu}}{m_s} \times 100\%$$

（M_{Cu}=63.55g/mol）

式中，w_{Cu} 为铜的百分含量；$c(Na_2S_2O_3)$为 $Na_2S_2O_3$ 溶液浓度，mol/L；$V(Na_2S_2O_3)$为消耗 $Na_2S_2O_3$ 溶液体积，mL；M_{Cu} 为 Cu 的摩尔质量，g/mol；m_s 为称取胆矾的质量，g。

【注意事项】

1．铜盐中铜含量也可以用碘量法，此时不但干扰少，试样只需用水溶解即可。

2．溶液 pH 应严格控制在 3.0～4.0 之间。

3．加入 KI 后，析出 I_2 的速度很快，故应立即滴定。

4．指示剂加入时机应是滴定至浅黄色，而 NH_4SCN 加入的时机应是临近终点。

5．实验所用试剂的种类较多，并且加入的先后顺序不能错，对每种试剂应配备专用容器。

【数据处理】

1．$Na_2S_2O_3$ 标准溶液标定

项目	1	2	3
KIO_3 质量/g			
$V_{初}$/mL $V_{终}$/mL $V(Na_2S_2O_3)$/mL			
$Na_2S_2O_3$ 溶液的浓度/(mol/L)			
$Na_2S_2O_3$ 溶液的平均浓度/(mol/L)			
个别测定的绝对偏差/(mol/L)			
相对平均偏差/%			

2．铜盐中铜的百分含量

项目	1	2	3
胆矾质量/g			
$V_{初}$/mL $V_{终}$/mL $V(Na_2S_2O_3)$/mL			
Cu 含量/%			
Cu 平均含量/%			
个别测定的绝对偏差/%			
相对平均偏差/%			

【练习题】

一、填空题

1．Fe^{3+}能氧化 I^-而生成 I_2，对测定有干扰，应加_____掩蔽 Fe^{3+}。

2．为防止 CuI 沉淀吸附 I_2，在接近化学计量点时，加入少量_____。

3．碘量法测铜时，加入 KI 的目的是________________。

二、选择题

1．碘量法要求在中性或弱酸性介质中进行滴定，若酸度太高，会导致_____。

A．反应不定量　　B．I_2 易挥发　　C．终点不明显　　D．I^-被氧化

2．在间接碘量法测定中，下列操作正确的是_____。

A．边滴定边快速摇动

B．加入过量 KI，并在室温和避阳光直射的条件下滴定

C．在 70～80℃恒温条件下滴定

D．滴定一开始就加入淀粉指示剂

3．标定 $Na_2S_2O_3$ 的基准物不可能是_____。

A．$H_2C_2O_4 \cdot 2H_2O$　B．$K_2Cr_2O_7$　C．KIO_3　D．$KBrO_3$

三、思考题

1．胆矾易溶于水，为什么溶解时还要加硫酸？

2．用碘量法测铜含量时，为什么要加 KSCN 溶液？为什么不能在酸化后立即加入 KSCN 溶液？

3．碘量法测铜时为何 pH 必须维持在 3～4 之间，过低或过高有什么影响？

实验 14　铁矿石中全铁含量的测定

【实验目的】

1．掌握 $K_2Cr_2O_7$ 标准溶液的配制及使用。

2．学习矿石试样的酸溶法。

3．学习 $K_2Cr_2O_7$ 法测定铁的原理及方法。

4．了解二苯胺磺酸钠指示剂的作用原理。

5．对无汞定铁法有所了解，增强环保意识。

【实验原理】

用盐酸分解铁矿石后，在热盐酸溶液中，以甲基橙为指示剂，用 $SnCl_2$ 将 Fe^{3+} 还原为 Fe^{2+}，并过量 1～2 滴。经典的方法用 $HgCl_2$ 氧化过量的 $SnCl_2$，除去 Sn^{2+} 的干扰，但因 $HgCl_2$ 会造成环境污染，本实验采用无汞定铁法。还原反应为：

$$2FeCl_4^- + SnCl_4^{2-} + 2Cl^- \longrightarrow 2FeCl_4^{2-} + SnCl_6^{2-}$$

用甲基橙指示 $SnCl_2$ 还原 Fe^{3+} 的原理是：Sn^{2+} 将 Fe^{3+} 还原后，过量的 Sn^{2+} 可将甲基橙还原为氢化甲基橙而褪色，不仅指示了还原的终点，Sn^{2+} 还能继续使氢化甲基橙还原成 *N,N*-二甲基对苯二胺和对氨基苯磺酸，过量的 Sn^{2+} 则可以消除。反应为：

$$(CH_3)_2NC_6H_4N{=}NC_6H_4SO_3Na + H^+ \longrightarrow (CH_3)_2NC_6H_4NH{-}NHC_6H_4SO_3Na + H^+ \longrightarrow (CH_3)_2NC_6H_4NH_2 + NH_2C_6H_4SO_3Na$$

以上反应为不可逆反应，因而甲基橙的还原产物不消耗 $K_2Cr_2O_7$。

所用盐酸的浓度应控制在 4mol/L。如果盐酸浓度大于 6mol/L，Sn^{2+} 会先将甲基橙还原为无色，无法指示 Fe^{3+} 的还原反应；如果盐酸浓度低于 2mol/L，则甲基橙褪色缓慢。

滴定反应为：

$$6Fe^{2+} + Cr_2O_7^{2-} + 14H^+ \longrightarrow 6Fe^{3+} + 2Cr^{3+} + 7H_2O$$

滴定突跃范围为 0.93～1.34V，使用二苯胺磺酸钠为指示剂时，由于它的条件电位为 0.85V，因而需加入 H_3PO_4 使滴定生成的 Fe^{3+} 生成 $Fe[(HPO_4)_2]^-$，从而降低了 Fe^{3+}/Fe^{2+} 电对的电位，使滴定突跃范围为 0.71～1.34V，此时二苯胺磺酸钠便是一个适用的指示剂，同时也消除了 Fe^{3+} 的黄色对终点观察的干扰。

当矿样中含有 Cu（Ⅱ）、As（Ⅴ）、Ti（Ⅳ）、Mo（Ⅵ）、Sb（Ⅴ）等离子时，均可被 $SnCl_2$

还原，同时又被 $K_2Cr_2O_7$ 氧化，干扰铁的测定。

有的实验教材中用 $SnCl_2$-$HgCl_2$-$K_2Cr_2O_7$ 有汞法测定矿石中的铁，该法成熟，准确度高，但由于使用了 $HgCl_2$，环境污染比较严重。而被列为铁矿石分析国家标准的 $SnCl_2$-$TiCl_3$-$K_2Cr_2O_7$ 无汞法，虽然克服了有汞法的缺点，但实验过程操作烦琐，有时现象不甚明显。本方法的优点是：过量的氯化亚锡容易除去，重铬酸钾溶液比较稳定，滴定终点的变化明显，受温度的影响（30℃以下）较小，测定的结果比较准确。

【仪器和试剂】

仪器：滴定管（50mL），移液管（2mL，25mL），容量瓶（50mL，250mL），分析天平，烧杯（100mL）。

试剂：硫磷混酸（将 200mL 浓硫酸在搅拌下缓慢注入 500mL 水中，冷却后加入 300mL 浓磷酸，混匀），浓 HCl，$K_2Cr_2O_7$（A.R.），10% $SnCl_2$ 溶液和 5% $SnCl_2$ 溶液（称取 10g 氯化亚锡溶于 20mL 盐酸中，用水稀释至 100mL），二苯胺磺酸钠（0.5%），甲基橙（0.1%），铁矿石试样。

【实验步骤】

1．0.01mol/L $K_2Cr_2O_7$ 标准溶液的配制

将 $K_2Cr_2O_7$ 置于 150℃的烘箱中干燥 1h，存于干燥器中冷却到室温，准确称取 0.70～0.80g 于小烧杯中，加少量蒸馏水溶解后转入 250mL 容量瓶中，用蒸馏水定容，摇匀，备用。

2．铁矿石中铁含量的测定（常量法）

准确称取 1.0～1.5g 铁矿石粉试样于 250mL 烧杯中，用少量蒸馏水润湿。加入 20mL 浓 HCl，滴加 20 滴 10% $SnCl_2$ 溶液，盖上表面皿，在 250～300℃沙浴上加热至剩余残渣为白色或接近白色（一般 3～5min 即可），表明试样已分解完全。稍冷后用少量蒸馏水冲洗表面皿及杯壁，冷却后将溶液转移至 250mL 容量瓶中，用蒸馏水定容，摇匀。

准确移取试样溶液 25.00mL 于 250mL 锥形瓶中，加入 8mL 浓 HCl，加热至近沸，加入 5 滴甲基橙指示剂，边摇动锥形瓶边慢慢滴加 10% $SnCl_2$ 溶液，当溶液由橙红色变为红色时，表明已接近 Fe^{3+} 的还原终点，再慢慢滴加 5% $SnCl_2$ 溶液至溶液呈浅粉色。若摇动锥形瓶后粉色褪去，说明 $SnCl_2$ 已过量，可补加一滴甲基橙以除去稍微过量的 $SnCl_2$，使溶液呈浅粉色即为还原终点。然后，立即用水流冷却，并加入 50mL 蒸馏水、20mL 硫磷混酸、4 滴二苯胺磺酸钠指示剂。并立即用 $K_2Cr_2O_7$ 标准溶液滴至出现稳定的紫色，即为终点。平行滴定 3 次，计算铁矿石中铁的含量。

3．铁矿石中铁含量的测定（微量法）

准确称取 0.20～0.30g 铁矿石粉试样于 100mL 烧杯中，用少量蒸馏水润湿。加入 5mL 浓 HCl，滴加 5 滴 10% $SnCl_2$ 溶液，盖上表面皿，在 250～300℃沙浴上加热至剩余残渣为白色或接近白色（一般 3～5min 即可），表明试样已分解完全。稍冷后用少量蒸馏水冲洗表面皿及杯壁，冷却后将溶液转移至 50mL 容量瓶中，用蒸馏水定容，摇匀。

准确移取试样溶液 2.00mL 于 50mL 锥形瓶中，加入 1mL 浓 HCl，加热至近沸，加入 2 滴甲基橙指示剂，边摇动锥形瓶边慢慢滴加 10% $SnCl_2$ 溶液，当溶液由橙红色变为红色时，表明已接近 Fe^{3+} 的还原终点，再慢慢滴加 5% $SnCl_2$ 溶液至溶液呈浅粉色。若摇动锥形瓶后粉色褪去，说明 $SnCl_2$ 已过量，可补加一滴甲基橙以除去稍微过量的 $SnCl_2$，使溶液呈浅粉色即为

还原终点。然后，立即用水流冷却，并加入 8mL 蒸馏水、22mL 硫磷混酸、5 滴二苯胺磺酸钠指示剂。并立即用 $K_2Cr_2O_7$ 标准溶液滴至出现稳定的紫色，即为终点。平行滴定 3 次，计算铁矿石中铁的含量。

【注意事项】

1．分解铁矿石试样时，加热至近沸时要摇动，避免沸腾。若试样中铁含量较高，分解后溶液呈红棕色，应滴加 $SnCl_2$ 溶液使溶液变为黄色，再进行后续实验更佳。

2．熔矿温度要严格控制。通常铁矿在 250～300℃加热 3～5min 即可分解。温度过低，样品不易分解；温度过高，时间太长，磷酸会转化为难溶的焦磷酸盐，在 350℃以上凝成硬块，影响滴定终点辨别，并使分析结果偏低。

3．当 $SnCl_2$ 过量时，可补加 1 滴甲基橙，以消除稍微过量的 $SnCl_2$，若溶液呈浅粉色，即为还原终点。若补加 1 滴甲基橙后红色立刻褪去，则应视为实验失败，需重做。

4．在硫磷混酸中，Fe^{3+}/Fe^{2+}电对的条件电位降低，Fe^{2+}更易被氧化，为防止空气对 Fe^{2+} 的氧化造成测定误差，应立即滴定。

5．由于二苯胺磺酸钠指示剂也要消耗一定量的 $K_2Cr_2O_7$，故不能加得太多。指示剂必须用新配制的，每周应更换一次。

【数据处理】

$$c(K_2Cr_2O_7)=\frac{m}{M(K_2Cr_2O_7)V(K_2Cr_2O_7)}$$

$$w(Fe)=\frac{6c(K_2Cr_2O_7)V(K_2Cr_2O_7)\times\dfrac{250.0}{25.00}M(Fe)}{m_s}\times 100$$

$[M(Fe)=55.84g/mol，M(K_2Cr_2O_7)=294.19g/mol]$

式中，$c(K_2Cr_2O_7)$为 $K_2Cr_2O_7$ 浓度，mol/L；$V(K_2Cr_2O_7)$为 $K_2Cr_2O_7$ 溶液的体积，L；$M(K_2Cr_2O_7)$为 $K_2Cr_2O_7$ 的摩尔质量，g/mol；$M(Fe)$为 Fe 的摩尔质量，g/mol；m_s 为称取铁矿石的质量，g。

【练习题】

一、填空题

1．用________溶液溶解铁矿石；用 $SnCl_2$ 将 Fe^{3+}全部还原为 Fe^{2+}，离子反应式为____________，过量的 $SnCl_2$ 用______除去。

2．在滴定前加入 H_3PO_4 的作用是____________。

3．以下是测定全铁的实验过程，请将各步骤相关的反应产物填写于方框中，相应溶液的颜色写在线上

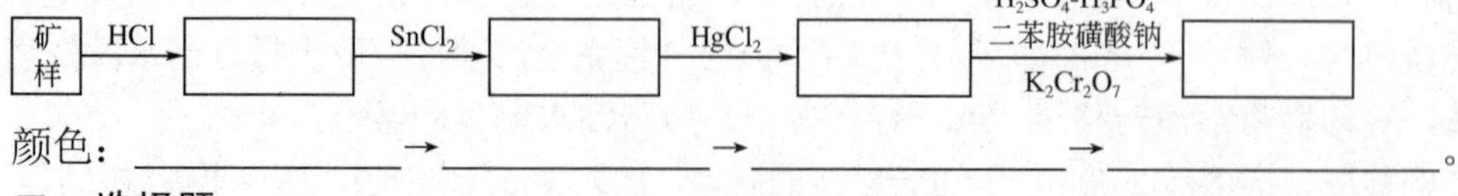

颜色：________→________→________→________。

二、选择题

1．用 $K_2Cr_2O_7$ 法滴定 Fe^{2+}时，用来调节溶液酸度的酸最好是______。

A．H_3PO_4　　B．H_2SO_4　　C．HCl　　D．H_3PO_4-H_2SO_4 混酸

2．在 1mol/L H_2SO_4 溶液中，$E^{\ominus'}(Ce^{4+}/Ce^{3+})$=1.44V，$E^{\ominus'}(Fe^{3+}/Fe^{2+})$=0.68V，以 Ce^{4+} 滴定 Fe^{2+} 时，最适宜的指示剂为________。

A．二苯胺磺酸钠［$E^{\ominus'}$(In)=0.84V］

B．邻苯氨基苯甲酸［$E^{\ominus'}$(In)=0.89V］

C．邻二氮菲-亚铁［$E^{\ominus'}$(In)=1.06V］

D．硝基邻二氮菲-亚铁［$E^{\ominus}$(In)=1.25V］

3．用 $K_2Cr_2O_7$ 法测定 Fe 时，若 $SnCl_2$ 量加入不足，则导致测定结果________。

A．偏高　　B．偏低　　C．不变　　D．无法判断

三、思考题

1．$K_2Cr_2O_7$ 标准溶液采用什么方法配制，为什么？

2．用 $SnCl_2$ 还原 Fe^{3+} 时，为何要在加热而又不能沸腾的条件下进行？加入的 $SnCl_2$ 量不足或过量会给测试结果带来什么影响？

3．本实验中甲基橙起什么作用？

实验 15　土壤中腐殖质组成的测定

【实验目的】

1．学会从土壤中提取腐殖质的方法。

2．学会用重铬酸钾法测定土壤中腐殖质的含量。

【实验原理】

土壤腐殖质是土壤有机质的主要成分。一般来讲，它主要是由胡敏酸（HA）和富里酸（FA）所组成的。不同的土壤类型，其 HA/FA 值有所不同。同时这个值与土壤肥力也有一定关系。因此，测定土壤腐殖质组成对于鉴别土壤类型和了解土壤肥力均有重要意义。

用 0.1mol/L 焦磷酸钠和 0.1mol/L 氢氧化钠混合浸提液处理土壤，能将土壤中难溶于水和易溶于水的结合态腐殖质配合成易溶于水的腐殖质钠盐，从而比较完全地将腐殖质提取出来。焦磷酸钠还起脱钙作用，反应图示如下：

$$2R\left[\begin{matrix}COO \\ COO\end{matrix}\right\rangle Ca \;\; \left[\begin{matrix}COO \\ COO\end{matrix}\right\rangle Mg + 2Na_4P_2O_7 \longrightarrow 2R\left[\begin{matrix}COONa \\ COONa \\ COONa \\ COONa\end{matrix}\right. + Ca_2P_2O_7 + Mg_2P_2O_7$$

取一部分浸出液测定碳量，作为胡敏酸和富里酸的总量。再取一部分浸出液，经酸化后使胡敏酸沉淀，分离出沉淀并使其溶解于氢氧化钠中，测定碳量作为胡敏酸的含量。富里酸可按差数算出。碳量的测定采用外加热重铬酸钾氧化法。在 170～180℃条件下，用过量的标准重铬酸钾的硫酸溶液氧化腐殖质（碳），剩余的重铬酸钾以硫酸亚铁溶液返滴定，从所消耗的重铬酸钾的量计算有机质含量。测定过程的化学反应式如下：

$$2K_2Cr_2O_7+3C+8H_2SO_4 \longrightarrow 2K_2SO_4+2Cr_2(SO_4)_3+3CO_2+8H_2O$$

$$K_2Cr_2O_7+6FeSO_4+7H_2SO_4 \longrightarrow K_2SO_4+Cr_2(SO_4)_3+3Fe_2(SO_4)_3+7H_2O$$

本实验中，由于土壤中腐殖质氧化率平均只能达到 90%，故须乘以校正系数 1.1（即 100/90）才能代表土壤中腐殖质的含量。由于本实验的误差较大，故只需取 3 位有效数字。

【仪器和试剂】

仪器：水浴锅，注射筒，过滤用装置，常量滴定仪器。

试剂：焦磷酸钠和氢氧化钠混合液（其浓度均为 0.1mol/L，pH 13，使用时新配），H_2SO_4（3mol/L），H_2SO_4（0.01mol/L），NaOH（0.02mol/L），$K_2Cr_2O_7$（0.13mol/L），$FeSO_4$（0.10mol/L），邻菲啰啉指示剂（称取硫酸亚铁 0.695g 和邻菲啰啉 1.485g 溶于 100mL 水中，此时试剂与硫酸亚铁形成棕红色配合物$[Fe(C_{12}H_8N_3)_3]^{2+}$）。

【实验步骤】

1．滤液准备

准确称取通过 0.25mm 筛孔的风干土样 2.50g，置于 250mL 锥形瓶中，用移液管准确加入焦磷酸钠和氢氧化钠混合液 50.00mL，振荡 5min，塞上橡皮塞，然后静置 13～14h（控制温度在 20℃左右），旋即摇匀进行干过滤，收集滤液（一定要清亮）。

2．胡敏酸和富里酸总碳量的测定

吸取滤液 5.00mL，移入 250mL 锥形瓶中，加 3mol/L H_2SO_4 约 5 滴（调节 pH 为 7）至溶液出现浑浊为止，置于水浴锅上蒸干。加 0.13mol/L $K_2Cr_2O_7$ 标准溶液 5.00mL，用注射筒迅速注入浓硫酸 5mL，盖上小漏斗，在沸水浴上加热 15min，冷却后加蒸馏水 50mL 稀释，加邻菲啰啉指示剂 3 滴，用 0.10mol/L 硫酸亚铁滴定，记录消耗的体积 V_1。

3．胡敏酸（碳）量的测定

吸取上述滤液 25.00mL 于小烧杯中，置于沸水浴上加热，在玻璃棒搅拌下滴加 3mol/L H_2SO_4 酸化（约 30 滴），至有絮状沉淀析出为止，继续加热 10min 使胡敏酸完全沉淀。过滤，以 0.01mol/L H_2SO_4 洗涤滤纸和沉淀，洗至滤液无色为止（即富里酸完全洗去）。以热的 0.02mol/L NaOH 溶解沉淀，溶解液收集于 250mL 锥形瓶中（切忌溶解液损失），加 0.13mol/L $K_2Cr_2O_7$ 标准溶液 5.00mL，用注射筒迅速注入浓硫酸 5mL，盖上小漏斗，在沸水浴上加热 15min，冷却后加蒸馏水 50mL 稀释，另加邻菲啰啉指示剂 3 滴，用 0.100mol/L 硫酸亚铁滴定，记录消耗的体积 V_2。

【注意事项】

1．在中和调节溶液 pH 时，只能用稀酸，并不断用玻璃棒搅拌溶液，然后用玻璃棒蘸少许溶液放在 pH 试纸上，看其颜色，从而达到严格控制 pH。

2．蒸干前必须将 pH 调至 7，否则会引起碳损失。

3．消煮的溶液，颜色一般是黄色或黄中稍带绿色。如以绿色为主，说明重铬酸钾用量不足，应减少土样重做。

【数据处理】

1．腐殖质（胡敏酸和富里酸）总碳量（%）

$$=\frac{\frac{2}{3}\left[c(\mathrm{K_2Cr_2O_7})\times 5.00-\frac{1}{6}c(\mathrm{FeSO_4})V_1\right]\times 10^{-3}\times\frac{50.00}{5.00}M(\mathrm{C})\times 1.1}{m}\times 100\%$$

2．胡敏酸碳量（%）$=\dfrac{\dfrac{2}{3}\left[c(K_2Cr_2O_7)\times 5.00-\dfrac{1}{6}c(FeSO_4)V_2\right]\times 10^{-3}\times\dfrac{50.00}{20.00}M(C)\times 1.1}{m}\times 100\%$

式中，V_1 为测总碳量时待测液滴定用去的硫酸亚铁体积，mL；V_2 为测胡敏酸碳量时待测液滴定用去的硫酸亚铁体积，mL；m 为风干土样的质量，g；M(C)为碳的摩尔质量，其值为 12.01g/mol；1.1 为氧化校正系数。

3．富里酸碳(%)=腐殖质总碳(%)−胡敏酸碳(%)

4．HA/FA=胡敏酸碳(%)/富里酸碳(%)

【练习题】

一、填空题

1．土壤腐殖质主要是由____________________所组成的。

2．本实验有机质含量以________为指标来表示，以________法来测定。

3．本实验中硫酸亚铁溶液的作用是________。

二、思考题

1．与 $KMnO_4$ 法比较，说明 $K_2Cr_2O_7$ 法的特点。

2．土样消煮时为什么必须严格控制温度和时间？

3．测定腐殖质总量和胡敏酸时，都是蒸干后用 $K_2Cr_2O_7$ 氧化消煮进行测定的，可否不蒸干测定？怎样测？

实验 16 氯化物中氯含量的测定

Ⅰ 莫尔法

【实验目的】

1．学习 $AgNO_3$ 标准溶液的配制和标定。

2．掌握利用莫尔法进行沉淀滴定的原理、方法和实验操作。

【实验原理】

莫尔法是测定某些可溶性氯化物中氯含量的常用方法，该法在中性或弱碱性溶液中，以 K_2CrO_4 为指示剂，用 $AgNO_3$ 标准溶液直接滴定试液中的 Cl^-，由于 AgCl 沉淀的溶解度比 Ag_2CrO_4 小，因此在滴定过程中，溶液中首先析出 AgCl 沉淀，当 AgCl 定量沉淀后，微过量 Ag^+的立即与 CrO_4^{2-} 形成砖红色的 Ag_2CrO_4 沉淀，指示到达终点，砖红色的 Ag_2CrO_4 与白色的 AgCl 沉淀一起，使溶液略带橙红色。其反应方程式如下：

$$Ag^++Cl^- \longrightarrow AgCl\downarrow \text{（白色）}$$

$$2Ag^++CrO_4^{2-} \longrightarrow Ag_2CrO_4\downarrow \text{（砖红色）}$$

当分析精确度要求较高时，必须进行空白校正。

滴定必须在中性或弱碱性溶液中进行，适宜的 pH 应控制在 6.5～10.5。当试液中存在铵盐时，为防止生成［$Ag(NH_3)_2]^+$，pH 应控制在 6.5～7.2。

指示剂的用量对滴定结果有影响，适宜的用量为 5.0×10^{-3}mol/L 左右。

凡是能与 Ag^+生成微溶性沉淀或配合物的阴离子，都会产生干扰，如 CO_3^{2-}、PO_4^{3-}、S^{2-}、AsO_4^{3-}、SO_3^{2-}、$C_2O_4^{2-}$ 等必须先除去。其中 S^{2-}可以酸化后以 H_2S 形式加热煮沸除去，SO_3^{2-} 氧化为 SO_4^{2-} 后不干扰测定。凡能与 CrO_4^{2-} 生成沉淀的 Ba^{2+}、Pb^{2+}、Hg^{2+}等也干扰测定，Ba^{2+} 的干扰可加入过量的 Na_2SO_4 来消除。大量有色离子，如 Cu^{2+}、Co^{2+}、Ni^{2+}影响终点观察。此外 Al^{3+}、Fe^{3+}、Bi^{3+}、Sn^{4+}等高价金属离子在中性或弱碱性溶液中易水解生成沉淀，从而干扰测定，应尽量除去。

【仪器和试剂】

仪器：滴定管（50mL），移液管（25mL），容量瓶（250mL），锥形瓶（250mL），烧杯（100mL），试剂瓶（100mL），量筒，台秤，分析天平等。

试剂：NaCl（基准物质，使用前先在 500～600℃烘干 2～3h，保存于干燥器内备用），$AgNO_3$（C.P.或 A.R.），K_2CrO_4 指示剂（5%），NaCl 试样。

【实验步骤】

1．0.1mol/L NaCl 标准溶液的配制

准确称取 NaCl 基准物质 1.5g 左右于小烧杯中，加水溶解，定量转移至 250mL 容量瓶，稀释至刻度，摇匀。计算 NaCl 标准溶液的浓度。

2．0.1mol/L $AgNO_3$溶液的配制

称取硝酸银 4.2～4.3g，加不含 Cl^-的蒸馏水溶解，转移至棕色试剂瓶中，稀释至 250mL 左右，摇匀，置于暗处备用，以防见光分解。

3．0.1mol/L $AgNO_3$溶液浓度的标定

准确移取 25.00mL NaCl 标准溶液，置于 250mL 锥形瓶中，加 25mL 蒸馏水，用 1mL 吸量管加入 1mL 5%K_2CrO_4 指示剂，在不断摇动下，以 0.1mol/L $AgNO_3$ 溶液滴定至溶液出现橙红色，即为终点。平行滴定 3 份，根据所消耗 $AgNO_3$ 的体积和 NaCl 的浓度，计算 $AgNO_3$ 溶液的浓度。

4．氯化物试样中氯含量的测定

准确称取 1.6g 左右 NaCl 于小烧杯中，加蒸馏水溶解后，定量转移至 250mL 容量瓶，加蒸馏水稀释至刻度，摇匀。

准确移取 25.00mL NaCl 试液置于 250mL 锥形瓶中，加入 25mL 蒸馏水，用 1mL 吸量管加入 1mL 5% K_2CrO_4 指示剂，在不断摇动下，以 $AgNO_3$ 标准溶液滴定至溶液出现橙红色，即为终点。平行滴定 3 份，计算试样中 Cl^-的质量分数。

【注意事项】

1. 在装有约 70mL 水的锥形瓶中加入几百毫克无 Cl^-的 $CaCO_3$ 及 5% K_2CrO_4 指示剂 1mL，以 $AgNO_3$ 标准溶液滴定至与试样滴定终点颜色一致为止。空白溶液消耗 $AgNO_3$ 标准溶液的量一般为 0.03～0.05mL，应予扣除。

2．本实验测定氯离子含量时，关键是要控制溶液的酸度，最适宜的 pH 应控制在 6.5～10.5。

3．沉淀滴定中，为减少沉淀对被测离子的吸附，滴定体积大些为好，故须加水稀释试液。

4．Ag 是贵重金属，AgCl 滴定的废液应予以回收，不可随意倒入水槽。

5．实验结束后，装 $AgNO_3$ 溶液的滴定管应先用蒸馏水冲洗 2～3 次，再用自来水洗净，以免产生 AgCl 沉淀吸附于管壁后，难以清洗。

【数据处理】

1．计算 NaCl 标准溶液的浓度

$$c(\mathrm{NaCl})=\frac{m(\mathrm{NaCl})}{M(\mathrm{NaCl})\times\dfrac{250.0}{1000}}$$

2．0.1mol/L $AgNO_3$ 溶液浓度的标定

$$c(\mathrm{AgNO_3})=\frac{c(\mathrm{NaCl})V(\mathrm{NaCl})}{V(\mathrm{AgNO_3})}$$

式中，m(NaCl)为称量 NaCl 的质量，g；M(NaCl)为 NaCl 的摩尔质量，g/mol；c(NaCl)为 NaCl 溶液浓度，mol/L；V(NaCl)为消耗 NaCl 溶液的体积，L；$V(AgNO_3)$为所取 $AgNO_3$ 溶液的体积，L。

项目	1	2	3
V(NaCl)/mL			
$V(AgNO_3)$终读数/mL $V(AgNO_3)$初读数/mL $V(AgNO_3)$/mL			
$c(AgNO_3)$/(mol/L)	c_1=	c_2=	c_3=
平均浓度/(mol/L)			
相对平均偏差/%			

3．氯化物试样中氯含量的测定

$$w(\mathrm{Cl^-})=\frac{c(\mathrm{AgNO_3})V(\mathrm{AgNO_3})\dfrac{M(\mathrm{Cl})}{1000}}{m_s}\times\frac{250.00}{25.00}$$

式中，$w(Cl^-)$为 Cl^-的百分含量，%；$c(AgNO_3)$是 $AgNO_3$ 溶液的浓度，mol/L；$V(AgNO_3)$为消耗 $AgNO_3$ 溶液的体积，mL；M(Cl)是 Cl 的摩尔质量，g/mol；m_s 为称量 NaCl 的质量，g。

项目	1	2	3
$m_{试样}$/g			
V/mL	250.0		
V(试样)/mL	25.00	25.00	25.00
$V(AgNO_3)$终读数/mL $V(AgNO_3)$初读数/mL $V(AgNO_3)$/mL			
$w(Cl^-)$/%			
$w(Cl^-)$的平均值/%			
$w(Cl^-)$相对平均偏差/%			

Ⅱ 佛尔哈德法

【实验目的】

1．学习 NH_4SCN 标准溶液的配制和标定。

2．掌握用佛尔哈德法测定氯化物中氯含量的原理与操作。

【实验原理】

与莫尔法相比，佛尔哈德法选择性高，其原理为在含有 Cl^- 的 HNO_3 溶液中，先加一定量且过量的已知浓度的 $AgNO_3$ 标准溶液，定量生成 AgCl 沉淀后，以铁铵矾为指示剂，用 NH_4SCN 标准溶液滴定过量的 Ag^+，达到化学计量点时，微过量的 SCN^- 与指示剂 Fe^{3+} 生成血红色的 $[Fe(SCN)]^{2+}$，指示滴定终点。其反应方程式如下：

$$Ag^+（过量）+Cl^- \longrightarrow AgCl\downarrow +Ag^+（剩余量） \qquad K_{sp}=1.77\times10^{-10}$$

$$Ag^+（剩余量）+SCN^- \longrightarrow AgSCN\downarrow（白色） \qquad K_{sp}=1.0\times10^{-12}$$

$$Fe^{3+}+SCN^- \longrightarrow [Fe(SCN)]^{2+}（红色） \qquad K_f=138$$

指示剂用量大小对滴定有影响，实验证明，一般控制 Fe^{3+} 浓度 0.015mol/L 为宜。

滴定时，一般控制 pH 在 0～1 之间，剧烈摇动溶液，并加入硝基苯（有毒）或石油醚保护 AgCl 沉淀，使其与溶液隔开，防止 AgCl 沉淀与 SCN^- 发生交换反应而消耗滴定剂。

测定时，CO_3^{2-}、PO_4^{3-}、AsO_4^{3-}、$C_2O_4^{2-}$ 等由于酸效应的作用而不影响测定，但能与 SCN^- 生成沉淀或配合物，或能氧化 SCN^- 的物质均有干扰，测定前应设法除去。

佛尔哈德法常用于直接测定银合金和矿石中银的质量分数。

【仪器和试剂】

仪器：50mL 酸式滴定管，25mL 移液管，250mL 容量瓶，250mL 锥形瓶，100mL 烧杯，500mL 试剂瓶，量筒，台秤，电子天平等。

试剂：$AgNO_3$（A.R.），NH_4SCN（A.R.），硝基苯，NaCl 试样（s），NaCl（基准试剂，使用前 500～600℃烘 2～3h，保存于干燥器内备用），铁铵矾指示剂［400g/L：称取 40g $NH_4Fe(SO_4)_2\cdot12H_2O$，加水溶解，然后用 1mol/L HNO_3 溶液稀释至 100mL］，HNO_3（1∶1：若含有氮的氧化物而呈黄色时，应煮沸驱除氮氧化物）。

【实验步骤】

1．0.1mol/L $AgNO_3$ 溶液的配制和标定

见莫尔法。

2．0.1mol/L NH_4SCN 标准溶液的配制

称取 3.8g NH_4SCN 于小烧杯中，加 500mL 蒸馏水溶解，转移至 500mL 试剂瓶中，摇匀，备用。

3．0.1mol/L NH_4SCN 标准溶液的标定

准确移取 25.00mL $AgNO_3$ 标准溶液，置于 250mL 锥形瓶中，加入 5mL 6mol/L HNO_3、1.0mL 铁铵矾指示剂，在剧烈振荡下，用 NH_4SCN 溶液滴定至溶液颜色为淡红色稳定不变时，即为终点。平行测定 3 份。计算 NH_4SCN 溶液的浓度。

4．试样分析

准确称取约 1.6g NaCl 试样于小烧杯中，加蒸馏水溶解后，定量转入 250mL 容量瓶中，稀释至刻度，摇匀。

用移液管移取 25.00mL 试样溶液于 250mL 锥形瓶中，加入 5mL 6mol/L HNO_3，由滴定管准确加入 $AgNO_3$ 标准溶液至过量 5～10mL （加 $AgNO_3$ 溶液时，生成白色 AgCl 沉淀，接近化学计量点时，氯化银要凝聚，充分振荡溶液，再让其静置片刻，使沉淀沉降，然后滴加几滴 $AgNO_3$ 到上层清液，如不生成沉淀，说明 $AgNO_3$ 已过量，这时，再适当加至过量 5～10mL $AgNO_3$ 即可）。然后，加入 2mL 硝基苯，用橡皮塞塞住瓶口，剧烈振荡 30s，使 AgCl 沉淀进入硝基苯层而与溶液隔开。再加入 1.0mL 铁铵矾指示剂，用 NH_4SCN 标准溶液滴至出现淡红色的$[Fe(SCN)]^{2+}$配合物且稳定不变时，即为终点。平行测定 3 份。计算试样中 Cl^-的含量。

【注意事项】

1．硝基苯有毒，实验中应注意安全。

2．返滴定法测定可溶性氯化物中氯含量时，$AgNO_3$ 标准溶液应过量 15.00～20.00mL。

3．本实验 $AgNO_3$ 标准溶液消耗量较大，Ag 是贵重金属，含银的沉淀及含银的废液应回收处理，不可随意倒入水槽中。

【数据处理】

1．计算 $AgNO_3$ 标准溶液的浓度。

2．计算 NH_4SCN 标准溶液的浓度。

3．计算试样中 Cl^-的含量。

【练习题】

一、填空题

1．$AgNO_3$ 标准溶液应贮存在________中，因为它见光易________。保存过久的 $AgNO_3$ 标准溶液，使用前应________。

2．配制 $AgNO_3$ 标准溶液的水应无________，否则配成的 $AgNO_3$ 溶液出现白色浑浊，不能使用。$AgNO_3$ 标准溶液滴定时应使用________滴定管，应注意勿与皮肤接触，因 $AgNO_3$ 有________。

3．光线可促使 AgCl 分解出________而使沉淀颜色变深，影响终点的观察，因此，滴定时应避免强光直射。

二、选择题

1．佛尔哈德法的指示剂是________。

A．$K_2Cr_2O_7$　　B．K_2CrO_4　　C．Fe^{3+}　　D．SCN^-

2．佛尔哈德法测定 Cl^-时，溶液应为________。

A．酸性　　B．弱酸性　　C．中性　　D．碱性

3．测定 Ag^+含量时，选用________标准溶液作滴定剂。

A．NaCl　　B．$AgNO_3$　　C．NH_4SCN　　D．Na_2SO_4

三、思考题

1．以 K_2CrO_4 作指示剂时，指示剂浓度过大或过小对测定有何影响？

2．用佛尔哈德法测可溶性氯化物中氯离子的含量时，为什么要加入硝基苯？当用此法测定 Br^-、I^-时，还需加入硝基苯吗？

3．测定氯的含量时，为什么莫尔法溶液的 pH 应控制在 6.5～10.5，而佛尔哈德法应控制在 0～1？

实验 17 钡盐中钡含量的测定

【实验目的】

1．了解测定 $BaCl_2 \cdot 2H_2O$ 中钡含量的原理和方法。

2．掌握晶形沉淀的制备、过滤、洗涤、灼烧及恒重的基本操作技术。

【实验原理】

$BaSO_4$ 重量法既可用于测定 $BaCl_2 \cdot 2H_2O$ 的含量，也可用于测定SO_4^{2-} 的含量。称取一定量的 $BaCl_2 \cdot 2H_2O$，以水溶解，加稀盐酸溶液酸化，加热至微沸，在不断搅动下，慢慢地加入稀、热的 H_2SO_4 溶液，Ba^{2+}与 SO_4^{2-} 反应，生成晶形沉淀。沉淀经陈化、过滤、洗涤、烘干、炭化、灰化、灼烧后，以 $BaSO_4$ 形式称量。可求出 $BaCl_2 \cdot 2H_2O$ 中钡的含量。

Ba^{2+}可生成一系列微溶化合物，如 $BaCO_3$、BaC_2O_4、$BaCrO_4$、$BaHPO_4$、$BaSO_4$ 等，其中 $BaSO_4$ 溶解度最小。100mL 溶液中，100℃时溶解 0.4mg，25℃时仅溶解 0.25mg。在过量沉淀剂存在下，溶解度大为减小，可以忽略不计。

$BaSO_4$ 重量法一般在 0.05mol/L 左右盐酸介质中进行沉淀，这是为了防止产生 $BaCO_3$、$BaHPO_4$ 沉淀以及防止生成 $Ba(OH)_2$ 共沉淀。同时，适当提高酸度，增加 $BaSO_4$ 在沉淀过程中的溶解度，以降低其相对过饱和度，有利于获得较好的晶形沉淀。

【仪器和试剂】

仪器：马弗炉，瓷坩埚，滤纸。

试剂：H_2SO_4（1mol/L，0.1mol/L），HCl（2mol/L），$BaCl_2 \cdot 2H_2O$（s，A.R.），$AgNO_3$（0.1mol/L）。

【实验步骤】

1．称样及沉淀的制备

用分析天平准确称取 2 份 0.4～0.6g $BaCl_2 \cdot 2H_2O$ 试样，分别置于 250mL 烧杯中，各加入约 100mL 水、3mL 2mol/L HCl 溶液，搅拌溶解，加热至 80℃左右（勿使溶液沸腾，以防溅失）。

另取 4mL 1mol/L H_2SO_4 两份，分别置于两个 100mL 烧杯中，加入 30mL 水，加热至近沸，趁热将两份 H_2SO_4 溶液分别用胶头滴管逐滴加到两份热的钡盐溶液中，并用玻璃棒不断搅拌（有较多沉淀析出时，可稍加快搅拌速度），直至两份 H_2SO_4 溶液加完为止。待 $BaSO_4$ 沉淀下沉后，于上层清液中加入 1～2 滴 0.1mol/L H_2SO_4 溶液，仔细观察 Ba^{2+}沉淀是否完全。沉淀完全后，盖上表面皿（勿将玻璃棒拿出杯外，以免沉淀损失），放置隔夜陈化。也可将沉淀放在水浴或砂浴上，保温 40min 陈化。

2．沉淀的过滤和洗涤

沉淀的过滤采用倾析法，用中速或慢速定量滤纸，用稀 H_2SO_4（用 1mL 1mol/L H_2SO_4 加 100mL 水配成）洗涤沉淀 3～4 次，每次约 10mL。然后将沉淀小心地转移到滤纸上，并用小片滤纸擦净烧杯内壁，将滤纸片放在漏斗内的滤纸上，再用水洗沉淀至无 Cl^-为止（检验方法：用试管收集滤液约 2mL，加入 1 滴 2mol/L HNO_3和 2 滴 $AgNO_3$溶液，不出现浑浊则说明无 Cl^-）。

3．空坩埚的恒重

洗净瓷坩埚两只（带盖），晾干，编号。将两只洁净的瓷坩埚放在（800±20）℃的马弗炉中灼烧（第一次灼烧 40min，第二次后每次灼烧 20min），取出，稍冷，将坩埚移入干燥器中，冷却至室温，然后称量，记录质量，重复上述操作，直至两次质量之差不超过 0.4mg，即为恒重。并记录坩埚的最后质量。

4．沉淀的灼烧和恒重

将折叠好的沉淀滤纸包置于已恒重的瓷坩埚中，经烘干、炭化、灰化（滤纸灰化时空气要充足，可轻微晃动瓷坩埚，否则 $BaSO_4$ 易被滤纸上的炭还原为灰黑色的 BaS，反应式为：$BaSO_4+4C \longrightarrow BaS+4CO\uparrow$，$BaSO_4+4CO \longrightarrow BaS+4CO_2\uparrow$。若滤纸燃烧，切忌用嘴吹，应立即将坩埚盖盖灭火苗）后，在（800±20）℃的马弗炉中灼烧 30min，然后冷却，称量，记录质量。计算 $BaCl_2 \cdot 2H_2O$ 中钡的含量。

【练习题】

一、填空题

1．本实验所用的沉淀剂是________，使 Ba^{2+}沉淀完全的办法是________。

2．洗涤沉淀时的操作原则是________。

3．沉淀的过滤洗涤常采用倾析法，其优点是________和________。

二、选择题

1．在称量灼烧后的沉淀时应________。

A．干燥器中冷至室温称量，每次核对平衡点至稳定不变

B．干燥器中冷至室温称量，尽快加好砝码，迅速读数

C．灼烧后的沉淀立即称量

D．打开干燥器盖子，使沉淀充分冷却后称量

2．下列关于倾析法的说法，错误的是________。

A．溶液沿着玻璃棒流入漏斗中　　B．玻璃棒直立

C．沉淀一般要洗涤 3～4 次　　D．玻璃棒应靠在三层滤纸的一边

3．晶形沉淀的沉淀条件是________。

A．浓、冷、慢、搅、陈　　B．稀、热、快、搅、陈

C．稀、热、慢、搅、陈　　D．稀、冷、慢、搅、陈

三、思考题

1．为什么试液和沉淀剂都要预先稀释，而且试液要预先加热？HCl 的加入有何作用？

2．为什么要在热溶液中沉淀 $BaSO_4$，但要想冷却后过滤？晶形沉淀为何要陈化？

3．什么叫恒重？怎样才能把灼烧后的沉淀称准？

实验 18　丁二酮肟重量法测定合金钢中镍的含量

【实验目的】

1．了解有机沉淀剂在重量分析中的应用。

2．学习重量法的实验操作。

3．熟悉微波炉用于干燥样品方面的特点。

【实验原理】

镍铬合金钢中含有百分之几至百分之几十的镍，可以用丁二酮肟重量法或 EDTA 配位滴定法进行测定。虽然 EDTA 配位滴定法比较简便，但必须先分离大量的铁，因此，在测定钢铁中高含量的镍时，依然使用丁二酮肟重量法。

丁二酮肟是最早使用的有机沉淀剂之一，是测定镍选择性较高的试剂。它在氨性溶液中与镍生成的配合物沉淀的结构式如下所示：

此沉淀呈红色，溶解度很小（K_{sp}=2.3×10^{-25}），组成恒定，烘干后即可直接称量。在酸性溶液中，丁二酮肟与钯、铂生成沉淀，在氨性溶液中与镍、亚铁生成红色沉淀，故当亚铁离子存在时，必须预先氧化以消除干扰。铁（Ⅲ）、铬（Ⅲ）、钛（Ⅳ）虽然不与丁二酮肟反应，但在氨性溶液中生成氢氧化物沉淀，也干扰测定，故必须加入酒石酸或柠檬酸进行掩蔽。

丁二酮肟是二元酸（以 H_2D 表示），它以 HD^- 形式与 Ni^{2+}配合，通常要控制溶液的 pH 为 7.0～8.0。若 pH 过高，不但 D^{2-}较多，而且 Ni^{2+}与氨生成配合物，都会造成丁二酮肟镍沉淀不完全。

称样量以含 50～80mg 为宜。丁二酮肟的用量以过量 40%～80%为宜，太少则沉淀不完全，过多则在沉淀冷却时析出，造成结果严重偏高。

丁二酮肟的缺点之一，是试剂本身在水中的溶解度较小，必须使用乙醇溶液。在沉淀时，溶液要充分稀释，并要使乙醇的浓度控制在 20%左右，以防止过量试剂沉淀出来。但乙醇不可过量太多，否则会增大丁二酮肟的溶解度。

【仪器和试剂】

仪器：玻璃坩埚（G_4A 或 P_{16}，2 个），电动循环水真空及抽滤瓶，电热恒温水浴，微波炉或电热恒温干燥箱，分析天平。

试剂：丁二酮肟乙醇溶液（1%），HCl 溶液（1∶1），HNO_3 溶液（1∶2），$NH_3 \cdot H_2O$（1∶1），酒石酸溶液（50%），乙醇（95%）。

【实验步骤】

1．坩埚恒重

以下两种方法可任选其一。

微波炉加热干燥：用去离子水洗净坩埚，抽滤至水雾消失。在适宜的输出功率下，第一次加热 8min（有沉淀时 10min），第二次加热 3min，在干燥器中冷却时间为 10～12min。两次称得质量之差若不超过 0.4mg，即已恒重，否则应再次加热，冷却，称量，直至恒重。微波炉的使用方法及注意事项，参阅实验室提供的操作规程。

电热恒温干燥箱加热干燥：控制温度为（145±5）℃，第一次加热 1h，第二次加热 30min。在干燥器中冷却时间均为 30min。两次称得的质量之差若不超过 0.4mg，即已恒重。

2．溶解样品及制备沉淀

准确称取两份约 0.15g 镍铬钢样，分别置于 250mL 烧杯中，盖上表面皿，从杯嘴处加入 20mL HCl 溶液和 20mL HNO_3 溶液，于通风橱中小火加热至完全溶解，再煮沸约 10min，以除去氮氧化物。稍冷，加入 100mL 水、10mL 酒石酸溶液，在水浴中加热至 70℃，边搅拌边滴加氨水，调节 pH 为 9 左右（溶液由黄绿色→棕黄色→褐色→深绿色），如有少量白色沉淀，应用慢速滤纸过滤除去。滤液用 400mL 烧杯收集，并用热水洗涤烧杯 3 次，再用热水淋洗滤纸 8 次，最后使溶液总体积控制在 250mL 左右。

在不断搅拌下，滴加 HCl 溶液调节 pH 3～4（深棕绿色），在水浴中加热至 70℃，再加入 20mL 乙醇和 35mL 丁二酮肟溶液，滴加氨水调节 pH 7～8，静置陈化 30min。

3．过滤，干燥，恒重

在已干燥恒重的玻璃坩埚中进行抽滤，将全部沉淀转移至坩埚中，先用 20%乙醇溶液洗两次烧杯和沉淀，每次 10mL，再用温水洗涤烧杯和沉淀，少量多次，直至无 Cl^-。最后，抽干 2min 以上，至不再产生水雾。

按照实验步骤 1 的操作条件，将沉淀干燥至恒重。计算合金钢试样中镍的质量分数。

【注意事项】

1．可向指导老师询问样品中镍的大致含量，并根据实际称取样品的质量适当调整丁二酮肟的用量。

2．调节试液的 pH 时，可用 pH 试纸检验，但要尽量减少试液的损失。

3．用玻璃坩埚抽滤时，速度不宜过快，不要将沉淀吸干结成饼状。每次倾入洗涤液时应将坩埚中的沉淀冲散，以利于洗涤充分，洗涤用水量应控制在 200mL 左右。

4．不要将不同干燥次数的坩埚放入同一微波炉或电热干燥箱中同时加热。

5．丁二酮肟吸入可能会抑制中枢神经系统，诱发心脏病甚至系统疾病。同时，对眼、皮肤可造成灼伤、刺激。受热分解或引燃时会产生刺激性的剧毒气体。操作时要注意防护。若与皮肤、眼睛接触应立即用清水冲洗。用后及时密封，储存于阴凉、通风处，并远离火种、热源。

【练习题】

一、填空题

1．本实验所用沉淀剂是________，加入过量沉淀剂并稀释的目的是________。

2．沉淀前加入酒石酸的作用是________。

3．称取的钢样为 0.1502g，用酸溶解后加入稍过量的 1%丁二酮肟溶液，过滤，将沉淀烘干、称量得 0.1549g，则钢样中含镍________（镍和丁二酮肟的摩尔质量分别为 58.69g/mol、116.2g/mol）。

二、思考题

1．溶解钢样时，加入 HNO_3 的作用是什么？

2．为了得到纯净的丁二酮肟镍沉淀，应选择和控制好哪些实验条件？

3．本实验与硫酸钡重量法有哪些异同？试总结一下有机沉淀剂的特点。

实验 19 复合肥中有效磷含量的测定

【实验目的】

1．了解实际试样的处理方法。

2．掌握磷钼酸喹啉重量法测定肥料中有效磷含量的方法。

【实验原理】

以水溶性磷为主的磷肥用水和中性柠檬酸铵溶液提取，不溶性磷肥用 2%柠檬酸提取。提取液（若有必要，先进行水解）中磷酸离子在酸性介质中与喹钼柠酮试剂生成黄色磷钼酸喹啉沉淀，用磷钼酸喹啉重量法测定磷的含量。

【仪器和试剂】

仪器：常用实验室仪器和水平往复式振荡器。

试剂：柠檬酸，氨水，中性柠檬酸铵溶液（pH 7.0，20℃时相对密度为 1.09），柠檬酸溶液（2%，pH 约 2.1），氨水（1∶7），钼酸钠，硝酸（1∶1），喹啉（不含还原剂），丙酮，喹钼柠酮试剂。

【实验步骤】

1．样品的制备

① 含五氯化二磷大于 10%的复混肥料：称取实验室样品 1g（称准至 0.1mg）。

② 含五氯化二磷小于 10%的复混肥料：称取实验室样品 2g（称准至 0.1mg）。

2．提取过程

① 含磷酸铵、重过磷酸钙、过磷酸钙或氨化过磷酸钙的复混肥料样品：将样品置于 75mL 体积的瓷蒸发皿中，加 25mL 水研磨提取，将清液倾注过滤到预先注入 5mL 硝酸（1∶1）的 250mL 容量瓶中，继续洗涤沉淀 3 次，每次用 25mL 水，然后将沉淀转移到滤纸上，并用水洗涤沉淀直到容量瓶中溶液大约为 200mL 为止，用水稀释至刻度，混合均匀即为溶液 A，供测定水溶性磷用。

② 转移含有水不溶性残渣的滤纸到干燥的 250mL 容量瓶中，加入 100mL 预先加热到 65℃的中性柠檬酸铵溶液，盖上瓶塞，振荡至滤纸分裂为纤维状为止，将容量瓶置于（65±1）℃的水浴中，保温提取 1h，每隔 10min 振荡容量瓶一次，从水浴中取出容量瓶，冷却至室温，用水稀释至刻度，混匀，用干燥滤纸和漏斗过滤，弃去最初几毫升滤液，所得滤液为溶液 B，供测定不溶性磷用。

3．磷的测定

① 含磷酸铵、重过磷酸钙、过磷酸钙或氨化过磷酸钙的复混肥料中水溶性磷的测定：用移液管吸取 25.00mL 含 10～20mg P_2O_5 的溶液 A ，移入 500mL 烧杯中，加入 10mL 硝酸（1∶1）溶液，用水稀释至 100mL，预热近沸（如需水解，在电炉上煮沸几分钟），加入 35mL 喹钼柠酮试剂，盖上表面皿，在电热板上微沸 1min 或置于近沸水浴中保温至沉淀分层，取出烧杯冷却至室温，冷却过程转动烧杯 3～4 次。用预先在（180±2）℃干燥至恒重的玻璃坩埚过滤，先将上层清液过滤完，然后用倾析法洗涤 1～2 次（每次约用 25mL 水），将沉淀移入坩埚中，再用水继续洗涤，共用 125～150mL。将坩埚连同沉淀置于（180±2）℃干燥箱内，待温度达到 180℃后干燥 45min，移入干燥器中冷却，称重。

② 含磷酸铵、重过磷酸钙、过磷酸钙或氨化过磷酸钙的复混肥料中有效磷的测定：用移液管吸取溶液 A 和溶液 B 25.00mL，一并放入 500mL 烧杯中，使烧杯的试液中所含 P_2O_5 总量为 10～20mg。加入 10mL 硝酸（1∶1）溶液，用水稀释至 100mL。预热近沸（如需水解，在电炉上煮沸几分钟），加入 35mL 喹钼柠酮试剂，盖上表面皿，在电热板上微沸 1min 或置于近沸水浴中保温至沉淀分层，取出烧杯冷却至室温，冷却过程中转动烧杯 3～4 次。用预先在（180±2）℃干燥至恒重的玻璃坩埚过滤，先将上层清液过滤完，然后用倾析法洗涤 1～2 次（每次约用 25mL 水），将沉淀移入坩埚中，再用水继续洗涤，共用 125～150mL。将坩埚连同沉淀置于（180±2）℃干燥箱内，待温度达到 180℃后干燥 45min，移入干燥器中冷却，称重。

③ 空白试验：对每个系列的测定，按照上述测定步骤，除不加试样外，利用相同试剂、溶液、用量进行空白试验。

④ 肥料中 P_2O_5 含量的计算公式：

水溶性磷

$$X_1=\frac{(m_1-m_2)\times 0.03207}{m_s\times\dfrac{V}{250}}\times 100\%$$

有效磷

$$X_2=\frac{(m_1-m_2)\times 0.03207}{m_s\times\dfrac{V}{500}}\times 100\%$$

式中，m_1 为磷钼酸喹啉沉淀的质量，g；m_2 为空白试验所得磷钼酸喹啉沉淀的质量，g；m_s 为试样质量，g；V 为沉淀所提取液的总体积，mL；0.03207 为磷钼酸喹啉沉淀质量换算为 P_2O_5 质量的系数。

【练习题】

一、填空题

1．本实验所用的沉淀剂是__________。

2．中性柠檬酸铵溶液的作用是__________。

二、思考题

1．写出磷的测定方法中有关的化学反应方程式。

2．什么是空白实验？做空白实验的目的是什么？

实验20 分光光度法测定水样中Cr（Ⅵ）

【实验目的】

1．掌握分光光度法测定Cr（Ⅵ）的原理及方法。

2．学会分光光度计的正确使用。

3．掌握利用标准曲线法进行微量成分吸光度测定的基本方法和有关计算。

【实验原理】

1,5-二苯基碳酰二肼（DPC）是检测Cr（Ⅵ）的灵敏试剂。据文献报道，Cr（Ⅵ）与DPC在H_2SO_4介质中发生配位反应，生成的产物为Cr（Ⅲ）与配合试剂的螯合物，产物对540nm附近的可见光有最大吸收，在此波长条件下，只有Hg^{2+}对其显色反应有干扰。因此，可以认为此显色反应是对Cr（Ⅵ）检测的特征反应。

【仪器和试剂】

仪器：722型分光光度计，容量瓶（50mL），吸量管（5mL、10mL）等。

试剂：重铬酸钾（A.R.），二苯基碳酰二肼（DPC）。

100mg/L的Cr（Ⅵ）标准储备溶液：准确称取0.1000g的$K_2Cr_2O_7$于干燥烧杯中，用蒸馏水溶解后转移至1L容量瓶中，用蒸馏水稀释至刻度，充分摇匀。使用时以此溶液按比例稀释，配制标准系列溶液。

DPC溶液：先将DPC用甲醇溶解，再加水稀释，配成0.80g/L的溶液。

【实验步骤】

1．Cr（Ⅵ）最大吸收波长的测定

用吸量管吸取0.0mL、0.50mL $K_2Cr_2O_7$标准溶液（100mg/L），分别注入两个50mL比色管中，各加入3.00mL 0.05g/L DPC溶液、5.00mL 1mol/L H_2SO_4，用水稀释至刻度，摇匀。放置10min后，用1cm比色皿，以试剂空白（即0.00mL $K_2Cr_2O_7$标准溶液）为参比溶液，在520～560nm之间，每隔10nm测一次吸光度，在最大吸收峰附近，每隔5nm测定一次吸光度。在坐标纸上，以波长λ为横坐标、吸光度A为纵坐标、绘制A和λ关系的吸收曲线。从吸收曲线上选择测定Cr（Ⅵ）的适宜波长，一般选用最大吸收波长λ_{max}。

2．标准曲线的制作

用移液管吸取$K_2Cr_2O_7$标准溶液（100mg/L）10.00mL于100mL容量瓶中，用水稀释至刻度，摇匀。此溶液每升含Cr（Ⅵ）10mg。在5个50mL容量瓶中，用吸量管分别加入0mL、2.50mL、5.00mL、7.50mL、10.00mL 10mg/L重铬酸钾标准溶液，分别加入10.00mL 0.80g/L DPC溶液、5.00mL 1mol/L H_2SO_4溶液，用水稀释至刻度，摇匀后放置10min。用1cm比色皿，以试剂为空白，在所选择的波长下，测量各溶液的吸光度。以Cr（Ⅵ）含量为横坐标、吸光度A为纵坐标，绘制标准曲线。

3．水样中Cr（Ⅵ）含量的测定

准确吸取适量试液于50mL容量瓶中，按标准曲线的制作步骤，加入各种试剂，测量吸光度。从标准曲线上查出试液中Cr（Ⅵ）的含量（mg/L）。

【注意事项】

1．不能颠倒各种试剂的加入顺序。

2．每改变一次波长必须重新调零。

3．读数据时要注意 A 和 T 所对应的数据。

4．最佳波长选择好后不要再改变。

5．实验报告中要进行数据记录，并进行处理，最后得出结论。

【数据处理】

1．绘制 A-λ 曲线，得出 λ_{max}。

2．绘制工作曲线，从工作曲线上找出未知试样的含量，并计算水样中 Cr（Ⅵ）的含量（mg/L）。

10mg/L $K_2Cr_2O_7$ 标准溶液体积/mL	0.00	2.50	5.00	7.50	10.00
Cr（Ⅵ）浓度/(mg/L)	0.00	0.5	1.0	1.5	2.0
吸光度 A					

以 Cr（Ⅵ）浓度为横坐标、吸光度 A 为纵坐标，用 EXCEL 绘制标准曲线，得标准曲线的回归方程为________，相关系数 R^2 为________；水样中的 Cr（Ⅵ）吸光度 A_______；计算水样中的 Cr（Ⅵ）的含量（mg/L）。

【练习题】

一、填空题

1．本实验的显色剂是________，标准溶液是________。

2．不同浓度的同一物质，其吸光度随浓度的增大而_______，但最大吸收波长_______。

3．一有色溶液，在比色皿厚度为 2cm 时，测得吸光度为 0.340。如果浓度增大 1 倍时，其吸光度 A=________，T=________。

二、选择题

1．符合朗伯-比耳定律的有色溶液稀释时，其最大吸收峰的波长位置________。

A．向短波方向移动　　B．向长波方向移动

C．不移动，且吸光度值降低　　D．不移动，且吸光度值升高

2．扫描 $K_2Cr_2O_7$ 硫酸溶液的紫外-可见吸收光谱时，一般选作参比溶液的是________。

A．蒸馏水　　B．H_2SO_4 溶液

C．$K_2Cr_2O_7$ 的水溶液　　D．$K_2Cr_2O_7$ 的硫酸溶液

3．某分析工作者，在分光光度法测定前用参比溶液调节仪器时，只调至透光率为 95.0%，测得某有色溶液的透光率为 35.2%，此时溶液的真正透光率为________。

A．40.2%　　B．37.1%　　C．35.1%　　D．30.2%

三、思考题

1．本实验采用何种溶液做参比溶液，为什么？

2．为什么要用 DPC 显色后再测定？

3．怎样测定试样中三价铬和六价铬含量？

实验21 溶液pH的测定

【实验目的】

1．掌握用电位法测量溶液pH的基本原理和方法。

2．学会测定玻璃电极的响应斜率，进一步加深对玻璃电极响应特性的了解。

【实验原理】

酸度计是测量溶液pH的常用仪器，由电极和电计两部分组成。电极分为指示电极和参比电极，也有将指示电极和参比电极组合在一起的复合电极，其应用于测量的原理相同。

以pH玻璃电极作指示电极，饱和甘汞电极作参比电极，插入待测溶液中组成原电池，在一定条件下采用酸度计的电计测量电池的电动势，根据电池电动势与溶液pH存在的直线关系，实现对待测溶液pH的测量。组成的测量原电池为：

（−）Ag，AgCl | HCl（0.1mol/L）| 玻璃膜 | 试液 || KCl（饱和）| $HgCl_2$，Hg（+）

|←——玻璃电极——→|　　|←—饱和甘汞电极—→|

在一定条件下，pH玻璃电极的敏感膜能选择性响应α_{H^+}，其电极电位与待测溶液的pH成直线关系。即在298.15K时，

$$E_{玻璃}=K'-0.0592\text{pH}$$

式中，$E_{玻璃}$为pH玻璃电极的电极电位；K'为一常数。

因此，测得的电池电动势E：

$$E=E_{甘汞}-E_{玻璃}=E_{甘汞}-(K'-0.0592\text{pH})=E_{甘汞}-K'+0.0592\text{pH}$$

$E_{甘汞}$和K'在一定条件下都为常数，将其合并为K，即得：

$$E=K+0.0592\text{pH}$$

可见，在一定的温度下，电池电动势与溶液的pH成线性关系。这就是以电位法测量溶液pH的依据。该式中，常数K无法测量与计算，在实际工作中，试样溶液的pH常采用同已知准确pH的标准缓冲溶液相比而求得。其做法为：

测得标准缓冲溶液的电动势E_s，得$E_s=K+0.0592\text{pH}_s$；在相同条件下，测得待测溶液的电动势为E_x，得$E_x=K+0.0592\text{pH}_x$。则两式相减为

$$E_x-E_s=0.0592(\text{pH}_x-\text{pH}_s)$$

即

$$\text{pH}_x=\frac{E_x-E_s}{0.592}+\text{pH}_s$$

因此，以标准缓冲溶液的pH_s为基准，通过测量E_s和E_x就可以求出pH_x，酸度计就是根据这一原理设计的。

玻璃电极的响应斜率与温度有关，在一定的温度下应该是定值，25℃时玻璃电极的理论响应斜率为0.0592。但是pH玻璃电极由于制作工艺等的差异，其斜率可能不同，需用实验方法来测定。

【仪器和试剂】

仪器：梅特勒-托利多 Delta 320 型酸度计，复合 pH 玻璃电极。

试剂：邻苯二甲酸氢钾标准缓冲溶液（pH 4.00），磷酸二氢钾和磷酸氢二钠标准缓冲溶液（pH 6.86），硼砂标准缓冲溶液（pH 9.18），土壤，河水（海水），各种饮料。

【实验步骤】

1．标准缓冲溶液的配制

将相应标准缓冲溶液试剂包中的试剂用蒸馏水溶解，转入试剂包规定的容量瓶中定容，贴好标签备用。

2．酸度计的标定（按照操作说明书操作）

① 选择温度测定，调节温度补偿，达到溶液温度值。

② 选择 pH 校正。

③ 分别进行 1 点、2 点、3 点校正（以下以 2 点校正为例，适用酸性溶液）。

④ 把用蒸馏水清洗过的电极插入 pH 6.86 标准缓冲溶液中。

⑤ 调节定位，使仪器显示读数与该缓冲溶液当时温度下的 pH 一致。

⑥ 用蒸馏水清洗电极，用滤纸吸干，再插入 pH 4.00 的标准缓冲溶液中，调节使仪器显示读数与该缓冲液当时温度下的 pH 一致，仪器完成标定。用任意标准溶液验证，如有误差，再重复④～⑥步骤。

3．pH 玻璃电极响应斜率的测定

选择测定 mV，将电极插入 pH 4.00 的标准缓冲溶液中，摇动烧杯，使溶液均匀，在显示屏上读出溶液的 mV 值，依次测定 pH 6.86、pH 9.18 标准缓冲溶液的 mV。

4．溶液 pH 的测定。

当被测溶液与标定溶液温度相同时，用蒸馏水缓缓淋洗两电极 3～5 次，再用待测溶液淋洗 3～5 次。然后将它们插入装有 25～50mL 溶液的烧杯中，电极浸入水中，摇动烧杯，使溶液均匀，待读数稳定后，读取 pH；用蒸馏水清洗电极，滤纸吸干。

5．土壤水浸液 pH 的测定

称取通过 2mm 孔径筛的风干试样 20.0g（精确至 0.1g）于 50mL 高型烧杯中，加蒸馏水 20mL，以搅拌器搅拌 1min，使土粒充分分散，放置 30min 后进行测定。将电极插入待测液中（注意玻璃电极球泡下部位于土液界面下，甘汞电极插入上部清液），轻轻摇动烧杯，以除去电极上的水膜，促使其快速平衡，静置片刻，按下读数开关，待读数稳定时记下 pH。放开读数开关，取出电极，以水洗净，用滤纸条吸干水分后即可进行第二个样品的测定。每测 5～6 个样品后需用标准溶液检查定位。

【注意事项】

1．观察敏感膜玻璃是否有刻痕和裂缝；参比溶液是否浑浊或发霉（有絮状物）；参比电极的液接界部位是否堵塞；电极的引出线及插头是否完好，要保持电极插头的干燥与清洁。

2．玻璃球泡易破损，使用时要小心。

3．电极不得测试非水溶液，如油脂、有机溶剂、牛奶及胶体等，若不得已测试，必须马上清洗，用稀 $NaHCO_3$ 溶液浸泡清洗，时间不得太长，然后用蒸馏水漂洗干净。

4．电极正常测试水温为 0～60℃，超过 60℃极易损坏电极。

5．电极不得测试含 F^- 高的水样。

6．每次测试结束，电极都需用蒸馏水冲洗干净，特别是测量过酸或碱溶液后。

7．电极保护套内的 KCl 溶液（3mol/L）要及时补充，不能干涸。

【数据处理】

1．pH 玻璃电极响应斜率的测定

作 E-pH 图，求出直线斜率即为该玻璃电极的响应斜率。若偏离 59mV/pH（25℃）太多，则该电极不能使用。

2．记录未知试液的 pH。

3．记录未知土壤试液的 pH。

【练习题】

一、填空题

1．要测定指示电极的电极电位，需将它与另一个准确已知电极电位的电极相比较，后一种电极称为________电极，它的电极电位在测定过程中应保持________。

2. pH 玻璃电极膜电位的产生是________的结果。测定 pH 时，以 pH 玻璃电极作________，以饱和甘汞电极作参比电极插入待测液中组成原电池进行测量，也可把 pH 玻璃电极和参比电极组合在一起的________电极插入待测液中组成原电池进行测量。

3．使用酸度计测未知溶液的 pH 之前，先要进行________操作，但并非每次测定前都要进行该操作，一般每天操作一次已能达到要求。如果复合电极是干放的，则在使用前必须在中浸 8h 以上。临使用前使复合电极的参比电极________露出，甩去玻璃电极下端________，将仪器电极插座上的短路插拔去，插入复合电极。

二、选择题

1．pH 计标定所选用的 pH 标准缓冲溶液同被测样品 pH 应________。

A．相差较大　　B．尽量接近　　C．完全相等　　D．无关系

2．玻璃电极属于________。

A．单晶膜电极　　B．非晶体膜电极　　C．敏化电极　　D．多晶膜电极

3．pH 玻璃电极在使用前一定要在水中浸泡几小时，目的在于________。

A．清洗电极　　B．活化电极　　C．校正电极　　D．除去沾污的杂质

三、思考题

1．请叙述电位法测定溶液 pH 的原理。

2．pH 计为什么要用标准缓冲溶液校正？

3．使用和安装玻璃电极或 pH 复合电极时应注意什么问题？

实验 22　电位滴定法测定水中氯的含量

【实验目的】

1．学习电位滴定法的基本原理和实验操作。

2．掌握电位滴定中数据的处理方法。

【实验原理】

电位滴定法是根据滴定过程中电极电位的突跃来确定终点的分析方法。与普通滴定法相比较，电位滴定法具有以下优点：能用于反应平衡常数较小、滴定突跃不明显的滴定；能用于缺乏合适指示剂的滴定；能用于浑浊或有色溶液的滴定；能用于非水溶液的滴定；可以连续滴定和自动滴定。

进行电位滴定时，在被测溶液中插入一个指示电极和一个参比电极组成一个化学电池。随着滴定剂的加入，被测离子的浓度不断发生变化，因而指示电极的电位相应地发生变化，在化学计量点附近离子浓度发生突跃，引起指示电极发生电位突跃。根据测量工作电池电动势的变化就可以确定终点。

通常采用 3 种方法来确定电位滴定终点。

① E-V 曲线法：如图 4.2（a）所示，E-V 曲线法简单，但准确性稍差。

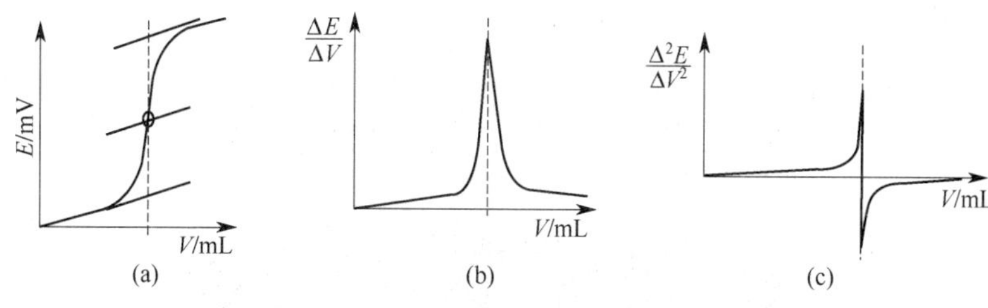

图 4.2　确定电位滴定终点的方法

② $\Delta E/\Delta V$-V 曲线法：如图 4.2（b）所示。 由电位改变量与滴定剂体积增量之比进行计算。$\Delta E/\Delta V$-V 曲线上存在着极值点，该点对应着 E-V 曲线中的拐点。

③ $\Delta^2 E/\Delta V^2$-V 曲线法：如图 4.2（c）所示。$\Delta^2 E/\Delta V^2$ 表示 E-V 曲线的二阶微商。$\Delta^2 E/\Delta V^2$ 值由下式计算：

$$\frac{\Delta^2 E}{\Delta V^2}=\frac{\left(\dfrac{\Delta E}{\Delta V}\right)_2-\left(\dfrac{\Delta E}{\Delta V}\right)_1}{\Delta V}$$

氯离子是水中主要阴离子之一，测定氯离子含量一般用 $AgNO_3$ 溶液滴定，滴定反应为：

$$Ag^{+}+Cl^{-} \xlongequal{} AgCl\downarrow \qquad K_{sp}=1.8\times10^{-10}$$

用银电极作指示电极，用双液接甘汞电极（即带有 KNO_3 作盐桥的饱和甘汞电极）作参比电极，浸入被测溶液组成工作电池，用 $AgNO_3$ 标准溶液滴定，随着滴定剂的滴入，溶液中的 Ag^+（和 Cl^-）浓度不断变化，电位发生变化，在化学计量点附近发生突变，指示到达滴定终点。由于电位法确定终点受体系浑浊程度的影响较小，从而大大提高了测定结果的准确度。

【仪器和试剂】

仪器：ZDJ-5B 型自动滴定仪，Ag 电极，双盐桥饱和甘汞电极，容量瓶（250mL），移液管（5mL、50mL），烧杯（250mL），搅拌子与洗瓶等。

试剂：NaCl（A.R.，s），$AgNO_3$ 溶液（0.05mol/L，待标定）。

【实验步骤】

1．0.05mol/L NaCl 标准溶液的配制

在分析天平上准确称取 0.7～0.8g NaCl 基准物，放入小烧杯中，加少量蒸馏水溶解后，转入 250mL 容量瓶中，用蒸馏水定容，摇匀，备用。

氯化钠标准溶液的浓度按下式计算：

$$c(\mathrm{NaCl})=\frac{\dfrac{m(\mathrm{NaCl})}{M(\mathrm{NaCl})}}{V}$$

式中，c(NaCl)为氯化钠标准溶液的浓度，mol/L；m(NaCl)为称取氯化钠的质量，g；M(NaCl)为氯化钠的摩尔质量，g/mol；V 为配制溶液的体积，L。

2．$AgNO_3$溶液浓度的标定

如图 4.3 安装仪器，安装好银电极和参比电极。

图 4.3　安装仪器

用移液管准确移取 5.00mL NaCl 标准溶液，加入洁净的样品杯中，加入 100mL 蒸馏水（去离子水），放入一个干净搅拌子。将样品杯安装到电极架，按下按钮将滴定杯下移并转至下搅拌器的中心，使样品杯底接触搅拌器表面，最后放松按钮。

滴定仪操作步骤如下。

① 打开开关，登陆。

② 清洗（用 $AgNO_3$ 溶液清洗滴定管和管路 3 次）。

③ 滴定：按【开始新滴定】开始滴定。

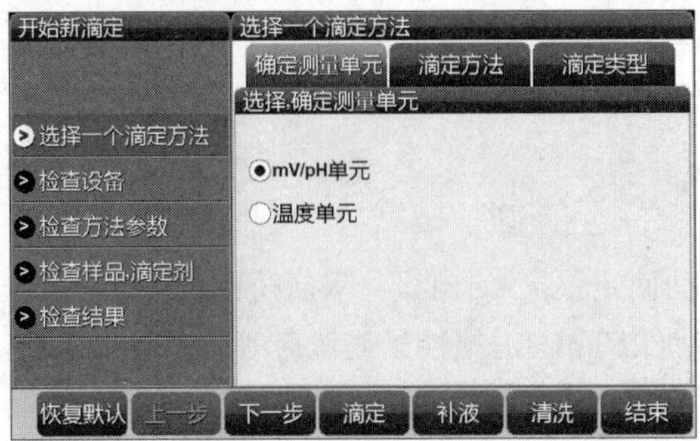

仪器参数设置：滴定方法（选动态滴定，动态滴定方法是仪器的主要滴定方法之一，这是一种根据突跃大小自动寻找终点的方法，适合大多数未知样品的测量）。

滴定管系数的设置（与仪器滴定管的一致），测量单元（测量单元 1），搅拌器（下搅拌），过程参数（最小添加体积 0.02，其他默认）。

参数设置完成后，按【滴定】按钮开始滴定，找到终点时仪器默认会自动鸣叫 3 次。记录消耗 $AgNO_3$ 溶液体积。平行测定 3 次。

平行测定选择【重复上次滴定】按钮开始，仪器将记录上一次滴定的参数或者控制过程，点击“重复上次滴定”项，即可直接开始上一次的滴定过程，所有测量参数不变。滴定结束，可以查阅、存贮、打印、统计等。

3．自来水中氯含量的测定

准确移取 100.00mL 自来水样，加入洁净的样品杯中，放入一只干净的搅拌子。将样品杯安装到电极架，按下按钮将样品杯下移并转至下搅拌器的中心，使样品杯杯底接触搅拌器表面，最后放松按钮。

从【重复上次滴定】或【开始新滴定】开始滴定。在到达终点后，仪器默认会自动鸣叫 。记下所消耗的 $AgNO_3$ 溶液的准确体积。平行测定 3 次。

【注意事项】

1．初次使用或长时间停用再次启用时：用蒸馏水清洗滴定管和管路，清洗次数设为 6 次。

2．滴定前，用硝酸银清洗滴定管和管路，一般将仪器清洗次数设为 3 次。清洗外参比电极并加注外参比溶液。

3．滴定结束后，应立即将电极、样品杯和滴定毛细管清洗干净。防止沉淀粘在电极、样品杯上，时间久了不易洗掉。样品杯清洗时注意不要把搅拌子倒入水槽。

4．滴定后，要把输液管、滴定管内硝酸银溶液全部排回贮液瓶内。

5．一周以上不使用仪器时需将参比电极外参比溶液倒出。

【数据处理】

1．$AgNO_3$溶液浓度的标定

实验次数	1	2	3
$V(NaCl)$/mL			
$V(AgNO_3)$/mL			
$c(AgNO_3)$/(mol/L)			
$c(AgNO_3)$平均值/(mol/L)			
相对平均偏差/%			

$$c(AgNO_3)(\text{mol/ L})=\frac{c(NaCl)V(NaCl)}{V(AgNO_3)}$$

式中，$c(NaCl)$为 NaCl 标准溶液的浓度，mol/L；$V(NaCl)$为 NaCl 标准溶液的体积，L；$V(AgNO_3)$为 $AgNO_3$ 溶液的体积，L。

2．自来水中氯含量的测定

根据滴定终点（自动电位滴定）所消耗的 $AgNO_3$ 溶液体积计算水样中 Cl^-的质量浓度（mg/L）。

实验次数	1	2	3
V（自来水）/mL			
$V(AgNO_3)$/mL			
$\rho(Cl^-)$/(mg/L)			
$\rho(Cl^-)$平均值/(mg/L)			
相对平均偏差/%			

$$\rho(\mathrm{Cl^-})(\mathrm{mg/L})=\frac{c(\mathrm{AgNO_3})V(\mathrm{AgNO_3})}{V(\text{自来水})}\times 35.45\times 1000$$

【练习题】

一、填空题

1．组成不同或浓度不同的溶液接触界面上，将产生________电位。

2．在电位滴定中，有几种确定终点的方法，它们是在 E-V 图上的________，一阶微商曲线上的________，二阶微商曲线上的________点对应的体积，即为终点时的 $V_{终点}$。

3．电位法测量常以________作为电池的电解质溶液，浸入两个电极，一个是指示电极，另一个是参比电极，在零电流条件下，测量所组成的原电池________。

二、选择题

1．AgCl-Ag 电极的电位取决于溶液中的________。

A．Ag^+浓度　　B．Cl^-活度

C．Ag^+和 AgCl 浓度总和　　D．AgCl 浓度

2．银电极属于________。

A．离子选择性电极　　B．金属基电极

C．晶体膜电极　　D．非晶体膜电极

3．正确的饱和甘汞电极半电池的组成为________。

A．Hg | Hg_2Cl_2（1mol/L）| KCl（饱和）

B．Hg | Hg_2Cl_2（固）| KCl（饱和）

C．Hg | Hg_2Cl_2（固）| HCl（1mol/L）

D．Hg | $HgCl_2$（固）| KCl（饱和）

三、思考题

1．与化学分析中的普通滴定法相比，电位滴定法有何特点？

2．如何计算滴定反应终点的电位值？

3．本实验中哪些因素容易造成误差？如何能提高实验的准确度？

实验 23　氟离子选择性电极测定自来水中氟的含量

【实验目的】

1．掌握电位分析法的基本原理和离子选择性电极的应用。

2．熟悉酸度计或离子活度计的使用方法。

3．熟悉用标准曲线法和标准加入法测定水中 F^-的含量。

【实验原理】

氟是人体必需的微量元素，摄入适量的氟有利于牙齿的健康，但摄入过量对人体有害。因此，监测饮用水中的氟含量十分必要。

测定溶液中的氟离子，一般由氟离子选择性电极（简称氟电极）作指示电极、饱和甘汞电极作参比电极。它们与待测液组成测量电池。可表示为

Hg，Hg_2Cl_2 | KCl（饱和）|| F^-试液 | LaF_3 | NaF，NaCl（均 0.1mol/L）| AgCl，Ag

其电池电动势为（忽略液接电位）

$$E_{电池}=E_F-E_{SCE}$$

而氟离子选择性电极的敏感膜为 LaF_3 单晶膜（掺入微量 EuF_2，以利于导电），电极管内装入 NaF+NaCl 混合溶液作为内参比溶液，以 Ag-AgCl 电极作内参比电极。当将氟电极浸入含 F^-的溶液中时，电极可对 a_{F^-} 产生选择性响应，其电极电位为

$$E_F=E_{AgCl/Ag}+K-(RT/F)\ln a_{F^-}$$

因此

$$E_{电池}=E_{AgCl/Ag}+K-(RT/F)\ln a_{F^-}-E_{SCE}$$

令 $K'=E_{AgCl/Ag}+K-E_{SCE}$，可得

$$E_{电池}=K'-(RT/F)\ln a_{F^-}$$

在 25℃时，$E_{电池}$表示为

$$E_{电池}=K'-0.0592\lg a_{F^-}$$

但在实际测定中要测量的是离子的浓度，而不是活度。所以必须控制试样溶液的离子强度，使测定过程中活度系数为定值。则上式可写为：

$$E_{电池}=K'-0.0592\lg c_{F^-}=K'+0.0592\text{pF}$$

式中，K'为常数。

当 F^-浓度为 10^{-6}～1mol/L 时，$E_{电池}$与 $\lg c_{F^-}$ 或 pF 呈线性关系。据此可建立溶液中 c_{F^-} 的测定方法，有标准曲线法和标准加入法。

标准曲线法常采用在系列标准溶液与待测试液中加入总离子强度调节缓冲剂（TISAB），在控制溶液离子强度的条件下，依靠实验通过绘制系列标准溶液的 $E_{电池}$-pF 曲线来求得待测试液的 c_{F^-}。由于氟电极响应的是试液中氟离子的活度（浓度），当 pH<5 时，因形成 HF 分子，电极对它不响应；而当 pH>6 时，易引起单晶膜中 La^{3+}的水解，形成 $La(OH)_3$，影响电极的响应，故实际测定时，还常利用 TISAB 控制试液的 pH 在 5～6 之间。此外，TISAB 还含有消除 Al^{3+}、Fe^{3+}干扰的成分（如柠檬酸盐）。

标准加入法适于复杂样品体系的测定，是先测量电极在未知试液（体积 V_0）中的电位值 E_1，然后加入小体积（V_s）大浓度（c_s）的欲测组分的标准溶液，混合均匀后（混合溶液背景变化不大），再测试液中的电位值 E_2，根据两次测量值的增量 ΔE，按下式计算欲测组分的浓度 c_{F^-}：

$$c_{F^-}=\frac{c_s V_s}{V_s+V_x}\left(10^{\frac{|E_2-E_1|}{s}}-1\right)^{-1}$$

式中，$s=2.030RT/(nF)$。

【仪器和试剂】

仪器：酸度计或离子计，氟离子选择性电极，饱和甘汞电极，电磁搅拌器，吸量管，容量瓶（100mL）等。

试剂：NaF（G.R.或 A.R.），柠檬酸钠（A.R.），冰醋酸 （A.R.），NaCl（A.R.）。

氟标准贮备溶液：称取于 120℃干燥 2h 并冷却的 NaF 0.2210g，用水溶解后转入 1000mL 容量瓶中，稀释至刻度，摇匀。贮于塑料瓶中。此溶液含 F^-为 100μg/mL。

氟标准溶液：吸取 10.00mL 氟标准贮备溶液于 100mL 容量瓶中，用水稀释至刻度，摇匀。此溶液含 F^-为 10.00μg/mL。

总离子强度调节缓冲剂（TISAB）：于 1000mL 烧杯中加入 500mL 水与 57mL 冰醋酸、58g NaCl、12g 柠檬酸钠（$Na_3C_6H_5O_7 \cdot 2H_2O$），搅拌至溶解。将烧杯放冷后，缓慢加入 6mol/L NaOH 溶液（约 125mL），直至 pH 为 5.0～5.5，冷至室温，转入 1000mL 容量瓶中，用去离子水稀释至刻度，摇匀。转入洗净后干燥的试剂瓶中。

【实验步骤】

1．氟电极的准备

电极在使用前应在 1.0×10^{-3} mol/L NaF 溶液中浸泡 1～2h，进行活化，再用去离子水清洗电极到空白电位，即氟电极在去离子水中的电位约为−300mV（此值各电极不一样）。

仪器的调节请参照仪器使用说明书进行。

2．方法一（标准曲线法）

① 标准系列溶液的配制：吸取 10μg/mL 的氟标准溶液 0mL、0.50mL、1.00mL、3.00mL、5.00mL、8.00mL、10.00mL 及适量水样（一般约 20mL），分别放入 100mL 容量瓶中，各加入 20mL TISAB，用水稀释至刻度，摇匀。

② 测量：将标准系列溶液由低浓度到高浓度依次移入塑料烧杯中，插入氟电极和参比电极，分别与酸度计相接，放入一只塑料搅拌子，电磁搅拌 2min，静置 1min 后读取平衡电位（达平衡电位所需时间与电极状况、溶液浓度和温度等有关，视实际情况掌握），最后测定水样的电位值。在每一次测量之前，都要用去离子水将电极冲洗干净，并用滤纸条拭干。

3．方法二（一次标准加入法）

取 20.00mL 水样（或适量）于 100mL 容量瓶中，加入 20mL TISAB 溶液，用水稀释至刻度，摇匀后全部转入 200mL 的干燥烧杯中，测定电位值 E_1。

向被测溶液中加入 1.00mL 浓度为 100μg/mL 的氟标准溶液，搅拌均匀，测定其电位值为 E_2。加入空白溶液到上面测过 E_2 的试液中，使试液稀释 1 倍，搅拌均匀，测定其电位值为 E_3。

【注意事项】

1．饱和甘汞电极使用前应检查内电极是否浸入饱和 KCl 溶液中，若未浸入，应补充饱和 KCl 溶液。

2．在用氟电极测定标准溶液与样品溶液时，电磁搅拌器的搅拌速度应保持相同。

【数据处理】

根据所测标准系列数据，在半对数坐标纸上作 E-c_{F^-} 标准曲线或在普通方格坐标纸上作 E-pF 标准曲线。在标准曲线上查出稀释后水样的 c_{F^-}（pF 值）。

由一次标准加入法测得 E_1 和 E_2，代入下列公式可计算出稀释后水样的 c_{F^-}：

$$c_{F^-}(\mu g/mL)=\frac{c_s V_s}{V_s+V_x}(10^{\frac{|E_2-E_1|}{s}}-1)^{-1}$$

式中，s 为电极响应斜率，理论值为 $2.303RT/(nF)$，和实际值有一定的差别，为避免引入误差，可由计算标准曲线的斜率求得，也可借稀释一倍的方法测得。在测出 E_2 后的溶液中加入同体积的空白溶液，测其电位为 E_3，则实际响应斜率为：

$$s=\frac{E_3-E_2}{-\lg 2}$$

据 c_{F^-} 可计算出水样中 F^- 含量为：

$$\rho(F^-)(mg/L)=\frac{c(F^-)\times 100.00}{20.00}\times\frac{1000}{1000}$$

【练习题】

一、填空题

1．总离子强度调节缓冲剂（TISAB）中各组成所起的作用，NaCl 为________，柠檬酸钠为________，冰醋酸与 NaOH 溶液的作用为________。

2．氟离子选择性电极标准加入法适于复杂样品体系的测定，加入欲测组分的标准溶液的原则是________，其原因是______________________。

3．氟离子选择性电极在使用前应在________________________。

二、思考题

1．本实验测定的是 F^- 的活度还是浓度？为什么？

2．测定 F^- 时，为什么要控制酸度，pH 过高或过低有何影响？

3．测定标准溶液系列时，为什么按从稀到浓的顺序进行？

实验 24　高锰酸钾和重铬酸钾混合物中各组分含量的测定

【实验目的】

1．学习和掌握紫外-可见分光光度计的使用方法。

2．熟悉测绘吸收曲线的一般方法。

3．学会用解联立方程组的方法，定量测定吸收曲线相互重叠的二元混合物。

【实验原理】

有色溶液对可见光的吸收具有选择性。利用分光光度计能连续变换波长的性能，对一定浓度的有色溶液进行波长扫描测定，可以测绘出其在可见光区的吸收曲线。从吸收曲线上可找出最大吸收波长（λ_{max}），以作为测量时选择波长的参考依据。

对高锰酸钾（A）和重铬酸钾（B）混合物中两组分进行同时测定，需找出两个波长 λ_1 和 λ_2，使两组分的吸光度差值 ΔA 较大，这样测定的误差较小。同时，为了提高检测的灵敏度，λ_1 和 λ_2 一般应分别选择在 A、B 两组分最大吸收峰处或其附近。本实验采用溶剂空白为参比，以分光光度计进行波长扫描，分别绘制出高锰酸钾和重铬酸钾溶液的吸收曲线。根据高锰酸钾和重铬酸钾溶液的吸收曲线的形状，可选择 λ_1 为 440nm、λ_2 为 545nm 作为测量波长。

以选择的测量波长（λ_1 或 λ_2），分别测出已知浓度的高锰酸钾或重铬酸钾单一组分溶液的吸光度，算出两者在两波长下的摩尔吸光系数 ε 值，然后再测量混合物在此两波长下的吸光度。根据吸光度具有加和性，可建立联立方程组：

在波长 λ_1 时 $$A_{\lambda_1}^{A+B}=\varepsilon_{\lambda_1}^{A}bc^{A}+\varepsilon_{\lambda_1}^{B}bc^{B}$$

在波长 λ_2 时 $$A_{\lambda_2}^{A+B}=\varepsilon_{\lambda_2}^{A}bc^{A}+\varepsilon_{\lambda_2}^{B}bc^{B}$$

上两式中，$A_{\lambda_1}^{A+B}$、$A_{\lambda_2}^{A+B}$ 分别是波长 λ_1 和 λ_2 时，组分 A 和 B 混合溶液的吸光度；$\varepsilon_{\lambda_1}^{A}$、$\varepsilon_{\lambda_1}^{B}$ 分别是波长 λ_1 时，组分 A 和 B 溶液的摩尔吸光系数；$\varepsilon_{\lambda_2}^{A}$、$\varepsilon_{\lambda_2}^{B}$ 分别是波长 λ_2 时，组分 A 和 B 溶液的摩尔吸光系数；c^{A}、c^{B} 分别是 A、B 两组分的浓度；b 为液层厚度。因此，解联立方程组即可求出 A、B 两组分各自的浓度 c^{A} 和 c^{B}。

【仪器和试剂】

仪器：紫外-可见分光光度计或可见分光光度计，比色皿（1cm），滤纸片，擦镜纸。

试剂：$KMnO_4$ 溶液（2.00×10^{-4}mol/L，其中含 0.25mol/L H_2SO_4），$K_2Cr_2O_7$ 溶液（1.20×10^{-3}mol/L，其中含 0.25mol/L H_2SO_4），$KMnO_4$ 和 $K_2Cr_2O_7$ 的混合溶液，H_2SO_4 溶液（0.25mol/L）。

【实验步骤】

1．按照仪器操作说明，开启仪器。让仪器充分预热。

2．设定仪器扫描参数。

3．$KMnO_4$ 溶液吸收曲线的测绘

以 0.25mol/L H_2SO_4 为参比，在波长 400～600nm 范围内对一定浓度的 $KMnO_4$ 溶液进行波长扫描，即得到吸收光谱图，找出其最大吸收波长 λ_{max}，以及相对应的吸光度 A，并加以记录。

4．$K_2Cr_2O_7$ 溶液吸收曲线的测绘

按上述同样的操作在同一谱图上扫描出 $K_2Cr_2O_7$ 的吸收曲线，记录最大吸收波长 λ_{max} 及吸光度 A。

5．取 2.00×10^{-4} mol/L $KMnO_4$ 溶液在 440nm 及 545nm 下测量吸光度 A_{440} 与 A_{545}。根据朗伯-比耳定律分别计算出 $KMnO_4$ 在此两个波长下的摩尔吸光系数 ε_{440}（$KMnO_4$）与 ε_{545}（$KMnO_4$）。

6．同样方法可测出 1.20×10^{-3}mol/L $K_2Cr_2O_7$ 溶液在 440nm 及 545nm 下的吸光度 A_{440} 与 A_{545}，据此分别计算出 $K_2Cr_2O_7$ 溶液的摩尔吸光系数 ε_{440}（$K_2Cr_2O_7$）与 ε_{545}（$K_2Cr_2O_7$）。

7．同样条件下测量出 $KMnO_4$ 和 $K_2Cr_2O_7$ 混合溶液在此两个波长下的吸光度 A_{440}^{mix} 与 A_{545}^{mix}。

【注意事项】

1．按照仪器的使用方法进行规范操作。

2．注意手拿比色皿时，只能接触毛玻璃一面。比色皿使用时应用被测溶液淋洗 3 次，

以保持被测液浓度不变。比色皿中所装溶液高度以 3/4～4/5 高度为宜。对于易挥发的试样，应在比色皿上盖上玻璃片或者盖子。一般参比溶液的比色皿放在第一格，待测溶液放在后面。

3．实验完毕，及时把比色皿洗净、晾干，放回比色皿盒中。切勿用毛刷刷洗。

【数据处理】

将以上数据代入联立方程组中，即可求解出混合溶液中 $KMnO_4$ 和 $K_2Cr_2O_7$ 的浓度。

【练习题】

一、填空题

1．吸光度具有________，因此在多组分体系中，若各种吸光物质之间无相互作用，这时体系的总吸光度等于________。

2．以分光光度计进行波长扫描，高锰酸钾和重铬酸钾溶液的吸收峰波长分别为 440nm、545nm，表明它们的光吸收均落在________光区。

3．互补色光是指________。

二、思考题

1．做吸收曲线时每换一次波长是否需要用参比液调“透光率 100%”？为什么？

2．为什么要在最大吸收波长处测量混合物的吸光度？

3．参比溶液的作用是什么？本实验能否用蒸馏水作参比溶液？

实验 25 紫外吸收光谱法测定苯甲酸钠的含量

【实验目的】

1．学习和熟悉紫外分光光度计的原理、结构及使用方法。

2．掌握紫外分光光度法测定苯甲酸的方法和原理。

3．熟悉标准曲线法测定样品中苯甲酸的含量。

【实验原理】

为了防止食品在储存、运输过程中发生腐败、变质，常在食品中加入少量防腐剂。防腐剂使用的品种和用量在食品卫生标准中都有严格的规定，苯甲酸及其钠盐、钾盐是食品卫生标准允许使用的主要防腐剂之一，其使用量一般在 0.1%左右。

苯甲酸具有芳香结构，在波长 225nm 和 272nm 处有 K 吸收带和 B 吸收带。根据苯甲酸（钠）在 225nm 处有最大吸收，测得其吸光度即可用标准曲线法求出样品中苯甲酸的含量。

【仪器和试剂】

仪器：紫外分光光度计（UV1600 型或其他型号），比色皿（1.0cm），容量瓶（10mL）。

试剂：NaOH 溶液（0.1mol/L），蒸馏水，市售饮料。

苯甲酸钠标准溶液（20μg/mL）：准确称量经过干燥的苯甲酸钠 20mg（105℃干燥 2h）于 1L 容量瓶中，用适量的水溶解后定容。由于苯甲酸钠在冷水中的溶解速度较慢，可用超声、加热等方法加快苯甲酸钠的溶解。

【实验步骤】

1．最大吸收波长的测定

以蒸馏水为空白，用1cm石英比色皿，在200～400nm波长范围内，以1nm为间隔，对一定浓度的苯甲酸钠溶液进行扫描，得苯甲酸钠的吸光度与波长的关系曲线，找出最大吸收峰的波长。

2．苯甲酸钠标准曲线的绘制

用10mL移液管分别移取苯甲酸钠标准溶液0.00mL、1.00mL、2.00mL、3.00mL、4.00mL和5.00mL于6个10mL容量瓶中，各加入1.00mL 0.1mol/L NaOH溶液后，用水稀释至刻度。以试剂空白为参比，在波长225nm处测定各标准溶液的吸光度值。

3．样品溶液的测定

准确移取市售饮料0. 50mL于10mL容量瓶中，用超声波脱气5min驱赶二氧化碳后，加入1.00mL 0.1mol/L NaOH溶液后，用水稀释至刻度。以试剂空白为参比，在波长225nm处测定样品溶液的吸光度值A_x。

【注意事项】

1．试样和工作曲线测定的实验条件应完全一致。

2．不同牌号的饮料中苯甲酸钠含量不同，移取的样品量可酌量增减。本测定方法为微量、痕量分析技术，待测物浓度大于0.01mol/L时会偏离朗伯-比耳定律，不适用。

【数据处理】

1．最大吸收峰波长的测定。

2．标准曲线的绘制：以苯甲酸钠标准溶液的吸光度A为纵坐标、相应的浓度c为横坐标，绘制标准曲线。

3．样品溶液中苯甲酸钠含量的计算：从标准曲线上的A_x查出所对应的值c_x，按下式计算饮料中苯甲酸钠的含量：

$$样品中苯甲酸钠的含量（\mu g/mL）=c_x \times \frac{10.00}{0.50}$$

【练习题】

一、填空题

1．近紫外的波长范围为________。

2．紫外-可见分光光度计光源中，钨丝灯用于___________光区、氢灯或氘灯主要用于________光区的光谱测量。

3．本实验进行最大吸收波长的测定时用________作参比液，而进行标准曲线绘制和样品含量测定时用________作参比液，两者之所以不同的原因是________。

二、思考题

1．紫外分光光度计由哪些部件构成？各有什么作用？

2．本实验为什么要用石英比色皿，而不用玻璃比色皿？

3．苯甲酸的紫外光谱图中有哪些吸收峰？各自对应哪些吸收带？由哪些跃迁引起？

实验 26　固体及液体试样红外吸收光谱的测绘

【实验目的】

1. 学习用红外吸收光谱进行化合物的定性分析。
2. 掌握用压片法制作固体试样晶片的方法。
3. 掌握液膜法测绘物质红外光谱的方法。
4. 熟悉红外光谱仪的工作原理及其使用方法。

【实验原理】

红外光谱的基团特征频率区（$4000 \sim 1350cm^{-1}$）中，与一定结构单元相联系的振动频率称为基团频率，它反映了化合物分子中某一类型的原子基团的特征。例如 $CH_3(CH_2)_5CH_3$、$CH_3(CH_2)_4C{\equiv}N$ 和 $CH_3(CH_2)_5CH{=}CH_2$ 等分子中都有 CH_3、CH_2 基团，它们的伸缩振动频率与正癸烷分子的红外吸收光谱中 CH_3、CH_2 基团的伸缩振动频率一样，都出现在 $3000 \sim 2800cm^{-1}$ 范围内。同时，基团频率还与基团在不同化合物分子中所处的化学环境有关，这常常反映出分子结构的特点。例如羰基（C=O）的伸缩振动频率在 $1800 \sim 1600cm^{-1}$ 范围内，当它处于酸酐中时，σ（C=O）为 $1820 \sim 1750cm^{-1}$；在酯类中，σ（C=O）为 $1750 \sim 1725cm^{-1}$；在醛类中，σ（C=O）为 $1740 \sim 1720cm^{-1}$；在酮类化合物中，σ（C=O）为 $1725 \sim 1710cm^{-1}$；与苯环共轭时，如乙酰苯中，σ（C=O）为 $1695 \sim 1680cm^{-1}$，在酰胺中，σ（C=O）为 $1650cm^{-1}$ 等。因此，在基团特征频率区内，根据所掌握的各种基团频率及其位移规律，就可以确定有机化合物分子中存在的原子基团及其在分子中的相对位置。

红外光谱指纹区（$1350 \sim 650cm^{-1}$）吸收带很复杂，许多谱峰无法判断其归属，但化合物结构上的微小差异会使这一区域的谱峰产生明显差别，犹如人的指纹因人而异一样，因此指纹区的主要价值在于表示整个分子的特征。

由于绝大部分有机物的红外光谱比较复杂，特别是指纹区的许多谱峰无法一一判断其归属，因此，仅仅依靠对红外光谱图的解析常常难以确定有机物的结构，通常还需要借助于标准试样或红外标准谱图，通过比对试样与标准物的红外光谱，或比较试样的红外光谱与红外标准谱图，进行定性分析。

【仪器和试剂】

仪器：TJ270-30A 双光束红外分光光度计，磁性样品架，可拆式液体池，手压式压片机和压片模具，红外干燥灯，玛瑙研钵，试样勺，镊子等。

试剂：苯甲酸（A.R.），无水丙酮（A.R.），溴化钾（G.R.）。

【实验步骤】

1．固体样品苯甲酸的红外光谱的测绘（KBr 压片法）

① 取预先在 110℃烘干 48h 以上，并保存在干燥器内的溴化钾 150mg 左右，置于洁净的玛瑙研钵中，研磨成均匀粉末，颗粒粒度约为 2μm 以下。

② 将溴化钾粉末转移到干净的压片模具中，堆积均匀，用手压式压片机用力加压约 30s，

制成透明试样薄片。小心地从压模中取出晶片，装在磁性样品架上，并保存在干燥器内。

③ 另取一份 150mg 左右的溴化钾置于洁净的玛瑙研钵中，加入 1～2mg 苯甲酸标样，同上操作研磨均匀、压片并保存在干燥器中。

④ 将红外光谱仪按仪器操作步骤调节至正常。

⑤ 将溴化钾参比晶片和苯甲酸试样晶片分别置于主机的参比窗口和试样窗口上。测绘苯甲酸试样的红外吸收光谱。

⑥ 扫谱结束后，取出样品架，取下薄片，将压片模具、试样架等擦洗干净，置于干燥器中保存好。

2．液体试样丙酮的红外光谱的测绘（液膜法）

用滴管取少量液体样品丙酮，滴到液体池的一块盐片上，盖上另一块盐片（稍转动驱走气泡），使样品在两盐片间形成一层透明薄液膜。固定液体池后将其置于红外光谱仪的样品室中，测定样品的红外光谱图。

【注意事项】

1．实验条件

①压片压力 1.2×10^{5}kPa；②测定波数范围 4000～650cm^{-1}（波长 2.5～15μm）；③扫描速度 3 挡；④室内温度 18～20℃；⑤室内相对湿度<65%。

2．KBr 应干燥无水，固体试样研磨和放置均应在红外灯下，防止吸水变潮；KBr 和样品的质量比在（100～200）∶1 之间。

3．可拆式液体池的盐片应保持干燥透明，切不可用手触摸盐片表面；每次测定前后均应在红外灯下反复用无水乙醇及滑石粉抛光，用镜头纸擦拭干净，在红外灯下烘干后，置于干燥器中备用。盐片不能用水冲洗。

【数据处理】

1．记录实验条件。

2．在苯甲酸、丙酮试样红外吸收光谱图上，标出各特征吸收峰的波数，并确定其归属。

3．使用分子式索引、化合物名称索引从萨特勒标准红外光谱图集中查得苯甲酸、丙酮的标准红外光谱图，将苯甲酸、丙酮试样的光谱图与其标样光谱图中各吸收峰的位置、形状和相对强度逐一进行比较，并得出结论。

【练习题】

一、填空题

1．红外实验室对________和________需要维持一定的指标，其原因是________。

2．一般红外光谱图的纵坐标为________，横坐标为________。

3．有机物红外光谱图在定性鉴定中应用的最大优势是提供了较多的________信息。

二、思考题

1．红外吸收光谱测绘时，对固体试样的制样有何要求？

2．如何着手进行红外吸收光谱的定性分析？

3．芳香烃和羰基化合物的红外谱图各有什么主要特征？

实验27　火焰原子吸收光谱法测定自来水中钙的含量

【实验目的】

1．掌握火焰原子吸收光谱法的基本原理。

2．熟悉原子吸收分光光度计的组成部件及原理。

3．学习火焰原子吸收光谱仪的操作技术。

4．了解火焰原子吸收光谱法的应用。

【实验原理】

钙离子溶液雾化成气溶胶后进入火焰，在火焰温度下气溶胶中的钙变成钙原子蒸气，由光源钙空心阴极灯辐射出波长为422.7nm的钙特征谱线，被钙原子蒸气吸收。在恒定的实验条件下，吸光度与溶液中钙离子浓度成正比，即$A=Kc$。定量分析中可采用标准曲线法和标准加入法。

标准曲线法是配制已知浓度的标准系列溶液，在一定的仪器条件下，依次测出它们的吸光度，以标准溶液的浓度为横坐标、相应的吸光度为纵坐标，绘制标准曲线。试样经适当处理后，在与绘制标准曲线相同的实验条件下测量其吸光度，依试样溶液的吸光度，在标准曲线上即可查出试样溶液中被测元素的含量，再换算成原始试样中被测元素的含量。该法适用于分析共存的基体成分较为简单的试样。

当试样的组成比较复杂，常采用标准加入法。该法是取若干的容量瓶，分别加入等体积的试样溶液，从第二份开始分别按比例加入不等量的待测元素的标准溶液，然后用溶剂稀释定容，依次测出它们的吸光度。以加入的标样质量m为横坐标、相应的吸光度A为纵坐标、绘出标准曲线（见图4.4）。延长所绘的标准曲线与横坐标相交，交点至原点的距离即为加入容量瓶的试样中被测元素的质量，从而可以求出试样中被测元素的含量。

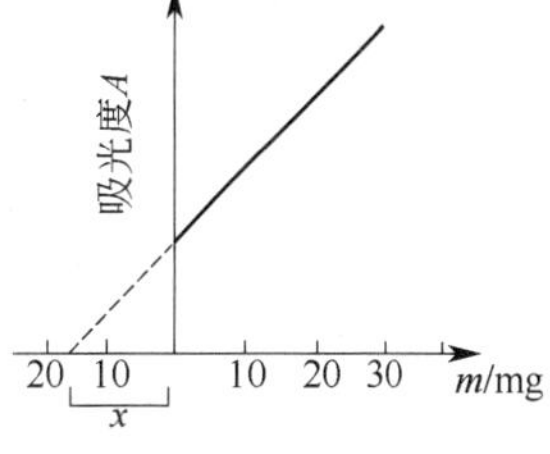

图4.4　标准加入法

分析方法的精密度高低，偶然误差的大小，可用仪器测量数据的标准偏差RSD来衡量，对于仪器分析方法要求RSD小于5%。分析方法是否准确、是否存在较大的系统误差，常通过回收试验加以检查。回收试验是在测定试样的待测组分含量（X_1）的基础上，加入已知量的该组分（X_2），再次测定其组分含量（X_3），从而可计算：

$$回收率=\frac{X_3-X_1}{X_2}\times100\%$$

对微量组分回收率要求在95%～110%。自来水中其他杂质元素对钙的原子吸收光谱测定基本上没有干扰，试样经适当稀释后，即可采用标准曲线法进行测定。

【仪器和试剂】

仪器：TAS990型原子吸收分光光度计（普析或其他型号），钙空心阴极灯，空气压缩机，乙炔钢瓶，容量瓶，移液管等。

试剂：碳酸钙（G.R.），纯水（二级），自来水样。

钙标准贮备液（1000μg/mL）：将2.4972g在110℃烘干过的碳酸钙于1∶4硝酸中溶解，用水稀释到1L。

【实验步骤】

1．设置原子吸收分光光度计实验条件

以TAS990型原子吸收分光光度计为例（其他型号依具体仪器而定），设置下列测量条件：

①钙吸收线波长 422.7nm；②空心阴极灯电流 3.0mA；③光谱带宽 0.4nm；④燃烧器高度 6.0mm；⑤燃气流量 1700L/min。

2．标准曲线法

① 配制钙标准使用液（25.0μg/mL）：准确吸取 12.50mL 1000μg/mL 钙标准贮备液，置于500mL容量瓶中，用纯水稀释至刻度，摇匀备用。该标准液含钙25.0μg/mL。

② 配制标准系列溶液：取5只100mL容量瓶，分别加入25.0μg/mL钙标准溶液0.00mL、20.00mL、40.00mL、60.00mL及80.00mL，用去离子水稀释至刻度，摇匀。该系列溶液浓度分别为0.0μg/mL、5.0μg/mL、10.0μg/mL、15.0μg/mL及20.0μg/mL。

③ 配制待测水样溶液：准确吸收25mL自来水样于50mL容量瓶中，加入去离子水稀释至刻度，摇匀，得样品A；准确吸收25mL自来水样于50mL容量瓶中，加入25.0μg/mL钙标准溶液10.00mL，以去离子水稀释至刻度，摇匀，得样品B。

④ 以去离子水为空白，测定上述各溶液的吸光度，以标准曲线法求出自来水中的钙含量，并计算样品测定的回收率。

3．标准加入法

① 配制钙标准使用液（10.0μg/mL）：准确吸取1.00mL 1000μg/mL钙标准贮备液，置于100mL容量瓶中，用纯水稀释至刻度，摇匀备用。该标准液含钙10.0μg/mL。

② 吸取5份10.00mL自来水样，分别置于25mL容量瓶中，各加入10.0μg/mL钙标准使用液0.0mL、1.0mL、2.0mL、3.0mL及4.0mL于容量瓶中，以去离子水稀释至刻度，配制成一组标准溶液。

③ 以去离子水为空白，测定上述各溶液的吸光度。以标准加入法求出自来水中的钙含量。

4．测试

按照仪器操作规程使用原子吸收分光光度计。在测定之前，先用去离子水喷雾，调节读数至零点，然后按照浓度由低到高的原则，依次测定溶液的吸光度值。

5．关机程序

测定结束后，先吸喷去离子水清洁燃烧器，然后关闭仪器。关仪器时，必须先关闭乙炔，再关电源，最后关闭空气。

【注意事项】

1．单色光束仪器一般预热20～30min。

2．严格按照仪器操作规程进行操作，注意安全。点燃火焰时，应先开空气，后开乙炔。熄灭火焰时，先关乙炔，后关空气，并检查乙炔钢瓶总开关关闭后压力表指针是否回到零，否则表示未关紧。

3．因待测元素为微量，测定中要防止污染、挥发和吸附损失。

【数据处理】

1．标准曲线法

① 记录测定钙标准系列溶液的吸光度值，然后以吸光度为纵坐标、标准系列浓度为横

坐标绘制标准曲线。计算或记录标准曲线的相关系数，评价线性关系优劣。根据样品 A 的吸光度得出样品中钙的浓度，再换算为自来水中钙的浓度（μg/mL）。

② 由样品 A、B 中钙的浓度，和加入已知量的钙浓度，计算样品测定的回收率。

③ 记录样品测定的 RSD。

2．标准加入法

绘制吸光度对钙标准质量溶液的标准曲线，将标准曲线延长至与横坐标相交处，则交点至原点间的距离数值对应于 10.00mL 自来水中钙的质量，计算出自来水中钙的含量，以 μg/mL 表示。

【练习题】

一、填空题

1．本实验所用原子吸收分光光度计可供优化的测量条件有______、______、______、______、______。

2．火焰原子化法的特点是，原子化效率较________，重现性较________，基体效应较________，灵敏度较________。

3．回收率符合要求，说明该测定方法________误差小、________高。

二、思考题

1．原子吸收分光光度计的主要组成部件有哪些？各起什么作用？

2．为什么燃助比和燃烧器高度的变化会明显影响钙的测量灵敏度？

3．试述标准曲线法的特点及适用范围。若试样成分比较复杂，宜用什么方法测定？

实验 28　石墨炉原子吸收光谱法测定水样中铜的含量

【实验目的】

1．了解石墨炉原子吸收光谱法的原理及特点。

2．熟悉石墨炉原子吸收光谱仪的基本结构，学习仪器的使用和操作技术。

3．熟悉石墨炉原子吸收光谱法的应用。

【实验原理】

石墨炉原子吸收光谱法是一种无火焰原子化的原子吸收光谱法。该仪器的核心部件是电热高温石墨管原子化器，它在不断通入惰性气体氩（防止试样及石墨管氧化）的情况下，用大电流（300A）通过石墨管而将之加热至高温（3000℃），使石墨管中的试样原子化而形成气态的基态原子。利用基态原子对特征谱线的吸收程度与浓度成正比的特点，进行定量分析，即

$$A=Kc$$

石墨炉法克服了火焰法雾化及原子化效率低的缺陷，方法的绝对灵敏度比火焰法高几个数量级，最低可测至 10^{-14}g，试样用量少，还可直接进行固体试样的测定。但该法仪器较复杂，背景吸收干扰较大，操作时间长，分析成本较高。

石墨炉原子吸收光谱法每一次测定过程可分为四步程序升温。

① 干燥：先通小电流，在稍高于溶剂沸点的温度下蒸发溶剂，把试样转化成干燥的固体试样。

② 灰化：把试样中复杂的物质分解为简单的化合物或把试样中易挥发的无机基体蒸发及把有机物分解，减小因分子吸收而引起的背景干扰。

③ 原子化：把试样分解为基态原子。

④ 净化：在下一个试样测定前提高石墨炉的温度，高温除去遗留下来的试样，以消除记忆效应。

自来水样中铜含量低，采用石墨炉原子吸收光谱法可实现定量测定，定量方法可用标准曲线法或标准加入法。本实验采用标准曲线法来测定水样中的铜含量。

【仪器和试剂】

仪器：石墨炉原子吸收光谱仪，铜元素空心阴极灯，容量瓶，移液管等。

试剂：硝酸（G.R.），纯水（二级）。

铜标准溶液Ⅰ（500mg/L）：称取 0.5000g 优级纯铜于 250mL 烧杯中，缓缓加入 20mL 硝酸（1∶1），加热溶解，冷却后移入 1L 容量瓶中，用纯水稀释至标线，摇匀。

铜标准使用液Ⅱ（0.5mg/L）：将铜标准溶液Ⅰ准确稀释 1000 倍。

【实验步骤】

1．试样溶液的准备

吸取自来水 20mL 于 25mL 容量瓶中，加入 2.5mL 0.2%（体积分数）硝酸，然后用纯水稀释至刻度，摇匀待用。

2．铜标准系列溶液的配制

取 5 只 100mL 容量瓶，各加入 10mL 0.2 %的硝酸溶液，然后分别加入 0.0mL、2.00mL、4.00mL、6.00mL 及 8.00mL 铜标准使用液Ⅱ，用纯水稀释至刻度，摇匀。该系列溶液相当于铜浓度分别为 0μg/L、10μg/L、20μg/L、30μg/L 及 40μg/L。

3．仪器操作

（1）开机及初始化

① 打开抽风机、冷却循环水和保护气，调节氩气压力到 0.5～0.6MPa。

② 开机：打开计算机电源，进入界面后，打开原子吸收光谱仪电源，打开石墨炉电源。

③ 仪器初始化与工作条件：在桌面双击“AAwin”图标，选择“联机”，仪器进行初始化自检；若各项“正常”，将进入元素灯设置界面，选择工作灯和预热灯；依次进行元素测量参数的设置；设置波长；进行寻峰（或寻波长）操作，完成后关闭；进入软件主界面。

（2）测量方法与参数设置

① 测量方法：依次点击菜单“仪器（Ⅰ）”→“测量方法”→“石墨炉”→“确定”，仪器即缓慢将石墨炉体切换到光路中（若当前是石墨炉法，则此步骤省略）；切换完成后，如需要更换石墨管，单击“更换石墨管”，即可将炉体打开，这时可更换新石墨管，然后单击“确定”，即可关闭石墨炉炉体。

② 标样和未知样：单击“样品”，按照提示设定标准样品的校正方法、曲线方程、浓度单位、实际浓度、标准样品的个数及未知样品个数。按完成退出。

③ 测量参数：单击“参数”，按提示设定标样和待测样的测量次数；设置图表吸光度显示范围，如设置为0～1。按确定退出。

④ 扣背景方式：若所测的样品较复杂，可选择扣背景方式。依次点击菜单“仪器”→“扣背景方式”，打开对话框，选择方式及参数后，单击“确定”或“执行”按钮即可。

⑤ 加热程序：单击“仪器”下“石墨炉加热程序”（见图4.5），设置干燥温度（序1）、灰化温度（序2）、原子化温度（序3）、净化温度（序4）和冷却时间（一般为40s）。按“确定”退出。

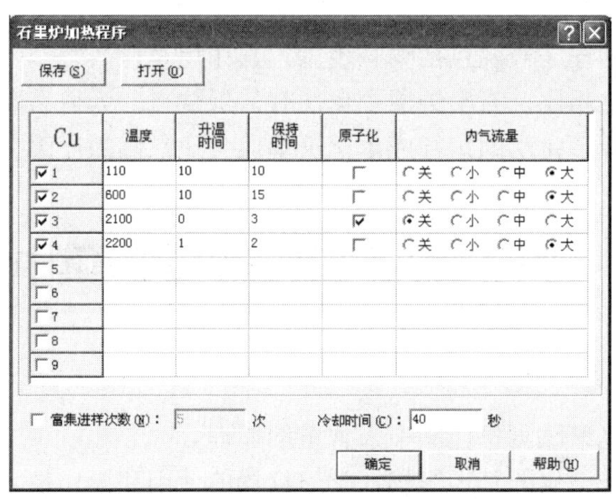

图4.5　石墨炉加热程序

⑥ 能量调节：单击“能量”选择自动平衡。

（3）测量

仪器预热至少30min后，确认抽风机、冷却循环水、氩气已打开，先不进样，空烧一至二次再进样。按样品表格的样品次序（空白→标样→未知样）进样，每进一样，点击测量，点“开始”即可进行一次测定。

（4）数据保存及打印

测量完成后按“保存”或“打印”，依照提示可保存测量数据或打印相应的数据和曲线。

（5）关机

实验结束，退出主程序，关闭原子吸收分光光度计和石墨炉电源开关，关好气源，关闭冷却循环水和抽风机，关闭计算机。

【注意事项】

1．实验前应仔细了解仪器的构造及操作，以便实验能顺利进行。

2．使用微量注射器时，要严格按照教师指导进行，防止损坏。

【数据处理】

1．记录实验条件。

2．列表记录测量的铜标准溶液的吸光度，然后以吸光度为纵坐标、铜标准溶液的浓度为横坐标，绘制工作曲线。评价工作曲线的线性关系优劣。

3．记录水样的吸光度，根据工作曲线求算水样中铜的含量或者直接通过工作站获取实验结果。记录测定的RSD。

【练习题】

一、填空题

1. 空心阴极灯的阴极内壁应衬上________材料；灯的工作电流过大，会导致灯________；但工作电流过小，会导致灯________。

2. 在实验中通氩气的作用是______________；通冷却循环水的作用是____________。

3. 与火焰法相比，石墨炉法的背景吸收较________，商品仪器采用________校正法和________校正法进行校正。

二、思考题

1. 石墨炉原子化的程序升温包括哪些步骤，其作用是什么？

2. 与火焰原子化法相比，石墨炉原子化法有何优缺点？为何石墨炉法的灵敏度较高？

3. 试分析石墨炉原子化法的运行成本比火焰原子化法高的原因。

实验 29 原子荧光光谱法测定蔬菜中汞的含量

【实验目的】

1. 了解原子荧光光谱法测量样品中汞含量的原理。

2. 熟悉原子荧光光谱仪的基本结构，学习仪器的使用和操作技术。

3. 掌握运用原子荧光分光光度计测量蔬菜中汞含量的方法。

【实验原理】

蔬菜是人们日常生活中不可缺少的副食品，是仅次于粮食的世界第二重要农产品。蔬菜中重金属的来源有多种途径，同一蔬菜种类对不同重金属元素的吸收富集能力不同，不同种类的蔬菜对同一种重金属元素的富集也不同。掌握蔬菜中重金属含量的测定方法，是防控蔬菜重金属污染的必然要求。氢化物发生原子荧光光谱法（HG-AFS）是近年来发展起来的一种分析植物中汞含量的方法。

原子荧光是原子蒸气受具有特征波长的光源照射后，其中一些自由原子被激发跃迁到较高能态，然后去活化回到某一较低能态（常常是基态）而发射出特征光谱的物理现象。不同待测元素具有不同的原子荧光光谱，根据原子荧光强度可测得试样中待测元素的含量。这就是原子荧光光谱分析。

蔬菜试样经酸加热消解后，在酸性介质中，试样中汞被硼氢化钾（KBH_4）还原成原子态汞，由载气（氩气）带入原子化器中，在特制汞空心阴极灯的照射下，基态汞原子被激发至高能态，在去活化回到基态时，发射出特征波长的荧光，其荧光强度和汞含量成正比，与标准系列比较定量。

【仪器和试剂】

仪器：各型号双道原子荧光分光光度计，微波消解炉，消解罐，氢化物发生器及附件，氩气钢瓶，定量注射器。

试剂：硝酸（G.R.），30%过氧化氢（G.R.），硝酸溶液（体积分数为 5%），氢氧化钠溶液（0.5%），硼氢化钾溶液（2%），纯水（二级）。

汞标准储备液（1mg/mL）：准确量取 1.080g 氧化汞，加入 70mL 盐酸（1∶1）、24mL HNO_3

（1∶1）、0.5g $K_2Cr_2O_7$，使其溶解后用去离子水定容到 1L，摇匀。

汞标准使用液（0.01μg/mL）：取一定量的汞标准储备液，用 5% HNO_3-0.05% $K_2Cr_2O_7$ 溶液作为定容介质将其稀释而成。

【实验步骤】

1．试样的微波消解

取一定量的新鲜蔬菜样品，洗净、晾干，称量其鲜重，然后置于烘箱中在 60℃下烘干至恒重，称量其干重，计算含水率。将烘干的样品用玛瑙研钵研磨，过 40 目筛，装于样品袋并保存于干燥器中备用。

称取 0.2g 备用样品于消解罐中，加入 5mL 硝酸、2mL 过氧化氢，盖好后，将消解罐放入微波炉消解系统中，根据样品特性设置微波炉消解系统的最佳分析条件，至消解完全。冷却后定量转移至 25mL（低含量样品可用 10mL）容量瓶中，用硝酸溶液（5%）定容至刻度，混匀待测。

2．系列标准溶液的配制

分别吸取 0.01μg/mL 汞标准使用液 0mL、0.50mL、1.00mL、2.00mL、4.00mL 及 5.00mL 于 50mL 容量瓶中，用硝酸（5%）稀释至刻度，混匀。各自相当于汞浓度 0μg/mL、0.10μg/mL、0.20μg/mL、0.40μg/mL、0.80μg/mL 及 1.00μg/mL。

流动注射用硼氢化钾溶液的配制：称取 2.5g 氢氧化钠，用纯水溶解，再称取 10.0g 硼氢化钾，在不断搅拌下溶解至上述氢氧化钠溶液中，并用纯水稀释至 500mL。

3．试样的测定

① 仪器操作参数：光电倍增管负高压为 270～300V；汞空心阴极灯电流为 15～40mA；原子化器温度为 200℃，高度为 10.0mm；氩气（载气）流速为 400mL/min；测量方式为标准曲线法；读数延误时间为 1.0s；读数时间为 10.0s。

② 标准曲线的绘制：用定量注射器每次吸取 2mL 汞浓度分别为 0μg/mL、0.10μg/mL、0.20μg/mL、0.40μg/mL、0.80μg/mL 及 1.00μg/mL 的系列标准溶液（如果为流动注射，则把载流及进样管直接放入标准试液和硼氢化钠溶液中），于氢化物发生器中（内有 2%硼氢化钾溶液）进行荧光强度的测定。以荧光强度为纵坐标、汞的浓度为横坐标，绘制标准曲线。

③ 用定量注射器吸取 2mL 汞的待测试样溶液（如果为流动注射，则如上类似方法处理），于氢化物发生器中（内有 2%硼氢化钾溶液）进行荧光强度的测定。

【注意事项】

1．汞标准储备液与标准使用液应加 $K_2Cr_2O_7$ 作保护剂，工作系列及硼氢化钾溶液均应现用现配。

2．测定汞时，要注意容器的污染问题。

【数据处理】

1．设定好仪器的最佳条件，由稀到浓测定汞系列标准溶液的荧光强度，最后测量试样的荧光强度，将荧光强度填写在下表中。

项目	1	2	3	4	5	6	待测
浓度/(μg/L)	0	0.10	0.20	0.40	0.80	1.00	
荧光强度							

2．绘制荧光强度对汞溶液浓度的标准曲线，并由标准曲线计算未知试样溶液的浓度，并计算样品（干样和鲜样）中的汞含量。

【练习题】

一、填空题

1．原子荧光是原子蒸气受______后，发射出______的物理现象，即______致发光现象。

2．实验中硼氢化钾的作用是_______；氩气的作用是________。

3．蔬菜样品经硝酸-双氧水体系________分解，其中的有机质被氧化为________。

二、思考题

1．原子荧光分光光度计和原子吸收分光光度计在仪器结构及组成上有哪些异同点？

2．试样转移定容时，若不慎将消解液洒出，会对测量结果造成什么影响？

3．依新鲜蔬菜的含水率，推导出将蔬菜的干基汞含量换算为湿基汞含量的计算式。

实验 30　气相色谱的定性和定量分析

【实验目的】

1．掌握气相色谱仪的结构、工作原理及基本使用方法。

2．学习根据色谱保留值进行定性分析的方法。

3．掌握归一化法的原理及定量分析方法。

【实验原理】

气相色谱法是利用试样中各组分在气体流动相和固定相间的分配系数不同，经过各组分在两相间反复多次的分配过程，将混合物组分进行分离分析的方法，适用于气体、易挥发或可转化为易挥发物质的液体和固体试样的分析。待分析的混合物组分，经色谱柱分离后，随载气依次流出色谱柱，经检测器转换为电信号，然后用数据记录装置将各组分的浓度或质量变化记录下来，得到各组分的色谱流出曲线，即色谱图。

气相色谱仪一般由 5 部分组成：载气系统、进样系统、分离系统（含温度控制装置）、检测系统、记录及数据处理系统。气相色谱流程如图 4.6 所示。

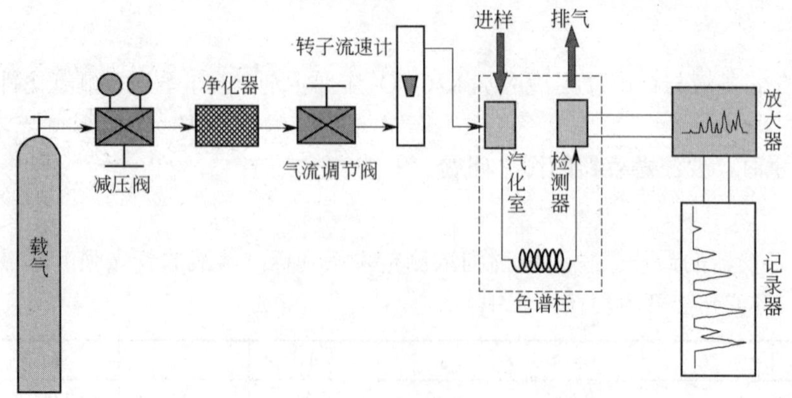

图 4.6　气相色谱流程

依据色谱图，可获得被分离组分的保留值和峰面积（或峰高）。在一定的色谱操作条件下，每种物质都有一确定的保留值，如保留时间、保留体积及相对保留值等，据此可作为定性分析的依据。而色谱定量分析的依据是，在一定的操作条件下，分析组分 i 的质量（m_i）或其在载气中的浓度与检测器的响应信号（色谱图上表现为峰面积 A_i 或峰高 h_i）成正比。即：

$$m_i=f_iA_i \quad 或 \quad m_i=f_ih_i$$

根据色谱保留值进行定性分析的方法，是在相同的色谱条件下对已知样品和待测试样进行色谱分析，分别测量各组分峰的保留值，若某组分峰与已知样品组分的保留值相同，则可认为二者是同一物质，从而确定各个色谱峰代表的组分。

依据组分峰的峰面积或峰高，采用归一化法、内标法或外标法，可计算出样品中组分的质量分数。本实验采用归一化法进行定量分析，应用这种方法的前提条件是试样中各组分都能流出色谱柱，并在色谱图上显示色谱峰。若试样中含有 n 个组分，且经色谱分离后各组分均能流出色谱峰，则其中某个组分 i 的质量分数 w_i 按归一化法根据下式计算：

$$w_i=\frac{A_x f_x}{\sum_{i=1}^{n} A_i f_i}\times 100\%$$

式中，A_i 为组分 i 的峰面积；f_i 为组分 i 的相对校正因子。归一化法的优点是简便、准确，当操作条件，如进样量、流量等变化时，对结果影响小。

【仪器和试剂】

仪器：岛津 GC2010 气相色谱仪（配有色谱数据工作站），FID 检测器，Rtx-5 毛细管色谱柱，氮气钢瓶，氢气钢瓶，空气钢瓶，微量注射器（10μL），容量瓶，移液管等。

试剂：丙酮，正己烷，苯，混合试样。

【实验步骤】

1．气相色谱仪的基本操作流程

（1）开启

① 开启载气 N_2 钢瓶的阀门，通气检漏，调整载气压力约为 0.5MPa。

② 开启色谱仪的电源。

③ 开启色谱工作站电源，打开色谱软件进行联机。

（2）实验条件的设置

柱温：初始温度 70℃，以 10℃/min 的速率升温至 120℃；汽化室温度 220℃；检测器温度 250℃；分流进样，分流比 100∶1；柱载气流速 1mL/min（Rtx-5 毛细管色谱柱要求柱流量为 2mL/min）；隔垫载气吹扫流速 3mL/min；H_2 流速 40mL/min，空气流速 420mL/min，尾吹气流速 30mL/min；根据分析样品的保留时间，输入停止时间（本实验为 6min）。

（3）设置流量和压力程序

待检测器（FID）温度达到时，打开氢气钢瓶和空气钢瓶，调整氢气压力为 0.2～0.3MPa、空气压力为 0.5MPa，调节载气 N_2 与氢气流量之比为 1∶1 左右、空气与氢气流量之比为 10∶1，点燃 FID。

（4）进样测试

等待基线平稳，进样分析。本实验采用分流进样方式，进样量为 3μL。进样操作：点击<

单次分析>→命名样品信息→点击<开始>→手动进样→点击 START。

（5）关机程序

结束时，首先调节柱温到室温，调节氢气、空气流量为零，然后关闭氢气、空气钢瓶，待柱温降到室温后关闭色谱仪，最后将氮气钢瓶关闭。退出分析软件，关闭电脑、仪器主机。

2．样品分析

① 纯样液保留时间的测定：分别用微量注射器移取丙酮、正己烷、苯等纯样 3μL，依次进样分析，分别测定出各色谱峰的保留时间 t_R。

② 混合试样的分析：用微量注射器移取 3μL 混合试液进行分析，连续记录各组分峰的保留时间 t_R，记录各色谱峰的峰面积。

【注意事项】

1．先通载气，确保载气通过色谱柱后，方可打开色谱仪，调节柱温。

2．用微量注射器进样前后一定要用溶剂洗针，进样时要用样品洗针。

3．实验完毕后，应先将柱温降到室温后，再关载气。

【数据处理】

1．详细记录色谱分析的实验条件，包括所用仪器的型号、色谱柱类型、载气种类、流速、进样量、检测器类型及参数等。

2．将混合物试液各组分色谱峰的保留时间与纯样液进行对照，对各色谱峰所代表的组分作出定性判断。

3．根据峰面积和校正因子，用归一化法计算混合物试液中各组分的质量分数。

【练习题】

一、填空题

1．色谱定性分析的依据是，各种物质在一定的色谱条件（固定相、操作条件）下均有确定不变的________；而色谱定量分析的依据是，在一定的操作条件下，每一分析组分的质量与其相应的色谱峰的________成正比。

2．基线是反映检测器________随时间变化的线，稳定的基线是一条________。

3．与填充柱相比，毛细管色谱柱的________好，可使用长色谱柱，因此其________高，分离复杂混合物的能力大为提高。

二、思考题

1．气相色谱仪由哪几个主要部分组成？它们的主要功能是什么？

2．色谱归一化法定量有何特点？使用该方法应具备什么条件？

3．试根据混合试样各组分及固定液的性质，解释混合物色谱图中各组分的流出顺序。

实验 31 气相色谱法测定醇的同系物

【实验目的】

1．熟悉气相色谱分析的原理及色谱工作站的使用方法。

2．掌握气相色谱仪器的基本组成部分。

3．学会用保留时间定性，用归一化法定量，并用分离度对各组分分离进行评价。

【实验原理】

各种物质在一定的色谱条件（固定相、操作条件）下均有确定不变的保留值，因此保留值可作为一种色谱定性分析的指标。而在一定的操作条件下，每一分析组分的质量与其相应的色谱峰的峰面积成正比，据此可以进行定量分析。

本实验采用气相色谱法测定甲醇、乙醇、丙醇、丁醇的混合试样，选用 TPA 改性聚乙二醇为固定相、FID 为检测器。定性分析采用已知物进行对照，确认各组分峰的归属。定量分析采用峰面积归一化法，测定混合物中各组分的含量。

归一化法的优点是简便、准确，当操作条件（如进样量、流量等）变化时，对结果的影响小；但要求试样中各组分都能流出色谱柱，并在色谱图上显示色谱峰，其校正因子 f_i 都应为已知。归一化法计算各组分的质量分数的公式为：

$$w_i=\frac{A_x f_x}{\sum_{i=1}^{n} A_i f_i}\times 100\%$$

混合试样的成功分离是色谱法定量分析的前提和基础，衡量一对色谱峰分离的程度可用分离度 R 表征：

$$R=\frac{t_{R1}-t_{R2}}{\frac{Y_1+Y_2}{2}}=\frac{2\Delta t_R}{Y_1+Y_2}$$

式中，t_{R1}、t_{R2} 和 Y_1、Y_2 分别指两组分的保留时间和峰底宽度。R=1.5 时两组分完全分离，实际应用中 R=1.0（分离度 98%）即可满足要求。因此，通过分离度指标可对各组分的分离进行评价。

【仪器和试剂】

仪器：气相色谱仪，色谱柱，FID 检测器，容量瓶，移液管等。

试剂：甲醇、乙醇、丙醇、丁醇均为分析纯，蒸馏水。

【实验步骤】

1．操作条件

柱温：初始温度 50℃，以 10℃/min 的速率升温至 120℃；汽化室温度 200℃；检测室温度 250℃；进样量 0.2μL；载气（高纯氮）流速 25mL/min；氢气流速 40mL/min；空气流速 400mL/min。

2．样品分析

通载气、启动仪器、设定以上温度参数，在初始温度下，按照火焰离子化检测器的操作方法，点燃 FID，调节气体流量。待基线走直后进样并启动升温程序，记录每一组分的保留温度。程序升温结束后，待柱温降至初始温度方可进行下一轮操作。

【注意事项】

1．工作站各设备开、关次序要按照操作规程进行。

2．注射器的正确使用方法：小心插针、快速注入、匀速拔出、及时归位。

3．进样操作与注入要保持同步性。

4．氢气使用要注意安全。

【数据处理】

要求用色谱软件进行谱图处理和定量计算。采用已知物对照定性，采用峰面积归一化法定量测定混合物中各组分的含量，计算各峰的分离度。

① 定性：程序可通过储存在“组分表”中纯物质的信息的对比、分析，自动给出混合样中相应组分的名称，使色谱定性简单、准确。

② 定量：以峰面积归一化法对样品中各组分进行定量分析。

③ 各组分分离评价：计算各峰的分离度。

数据处理结果表

序号	名称	保留时间	峰底宽	峰面积	校正因子	含量	峰分离度
1	甲醇						
2	乙醇						
3	丙醇						
4	丁醇						

【练习题】

一、填空题

1．分离度是________、________影响因素的总和，反映了色谱过程中的热力学和动力学因素的影响，故可用作色谱柱的________指标。

2．程序升温是指柱温按________的增加，适宜于________的试样的分析。

3．FID 检测器的中文全称是________，它适宜于测定________。

二、思考题

1．本实验中进样量是否需要非常准确？为什么？

2．分析醇同系物的混合样品为什么可选用改性聚乙二醇为固定相？

3．在气相色谱分析中，欲提高分离度，应采取什么措施？欲缩短分析时间呢？

实验 32 高效液相色谱法分析阿维菌素原料药

【实验目的】

1．掌握高效液相色谱仪的基本原理与构造。

2．学习高效液相色谱分析的样品处理方法，初步掌握获取谱图和数据的一般操作程序与技术，学会优化分析条件。

3．掌握高效液相色谱法保留值定性和外标法定量的方法。

【实验原理】

阿维菌素（Avermectin，AVM）是从阿维链霉菌的发酵产物中分离出来的大环内酯类化合物，具有抗生素类杀虫、杀螨、杀线虫等生物活性，对动、植物的寄生线虫和节肢动物均有高效的驱杀作用。随着 AVM 在我国的广泛使用，需要建立阿维菌素的分析方法，以利于农作物农药残留的监测。

高效液相色谱法（HPLC）一般在室温下进行分离和分析，适于分离分析高沸点、热稳定性差、生理活性以及分子量比较大的物质，因此已被应用于内酯、核酸、肽类、多环芳烃、人体代谢产物、生物大分子、高聚物、药物、表面活性剂、抗氧剂、除莠剂等的分析中。

本实验采用高效液相色谱法分离分析阿维菌素原料药中的阿维菌素，选用 C_{18} 键合相色谱柱（4.6mm×150mm i.d.），流动相为甲醇∶水=85∶18（体积比），检测器为紫外检测器（波长 245nm）。高效液相色谱法定性和定量分析的原理、方法与气相色谱法相同，即在一定的色谱操作条件下，每种物质有一定的保留值，而被测物质的质量与检测器产生的信号——色谱峰的峰面积或峰高成正比。本实验采用保留时间进行定性分析，采用外标法进行定量分析。

所谓外标法就是应用欲测组分的纯物质来制作标准曲线，即用欲测组分的纯物质加稀释剂（液体试样用溶剂稀释）配成不同质量分数的标准溶液，取固定量标准溶液进样分析，从所得色谱图上测出响应信号（峰面积或峰高等），然后绘制响应信号（纵坐标）对质量分数（横坐标）的标准曲线。分析样品时，在相同的色谱条件下，取和制作标准曲线时同样量的试样，测得该试样的响应信号，由标准曲线即可查出其质量分数。在实际分析中，可采用单点校正法，即配制一个和被测组分含量十分接近的标准溶液，定量进样，由被测试样和标准溶液中组分峰面积比或峰高比来求被测组分的质量分数。外标法的优点是操作简单，计算方便，但结果的准确度主要取决于进样量的重现性和操作条件的稳定性。

【仪器和试剂】

仪器：高效液相色谱仪，色谱柱，电子天平，容量瓶（25mL），吸量管。

试剂：甲醇（色谱纯），超纯水，阿维菌素标准品，滤膜。

【实验步骤】

1．标样溶液的配制与处理

称取阿维菌素标样 0.05g（精确至 0.2mg），置于 100mL 容量瓶中，用甲醇溶解并稀释至刻度，摇匀，超声波脱气 15min，过滤。

2．试样溶液的配制与处理

称取含阿维菌素 1.0%的试样 5.0g（精确至 0.2mg），置于 100mL 容量瓶中，用甲醇溶解并稀释至刻度，摇匀，超声波脱气 15min，过滤。

3．色谱条件

色谱柱：C_{18} 键合相色谱柱（4.6mm×150mm i.d.）；流动相：甲醇∶水=85∶18（体积比）；检测波长 245nm；流速 1mL/min；柱温 25℃。

4．进样

根据实验条件，将仪器按照操作步骤调节至进样状态，待仪器液路和电路系统达到平衡，色谱工作站或记录仪上基线平直时，即可进样。标样和试样溶液的进样量均为 20μL。

5．定性分析

对照比较标样溶液阿维菌素组分峰与试样组分峰的保留时间，确认试样中阿维菌素组分峰的归属。

6．定量分析

采用简单的外标法——单点校正法，对试样溶液中阿维菌素组分的含量进行分析。同样操作条件下，测定标样溶液和试样溶液中阿维菌素组分峰的峰面积，据此计算试样中阿维菌素的质量分数 x：

$$x=\frac{A_2 m_1 P}{A_1 m_2}\times 100\%$$

式中，A_1 为标样溶液中阿维菌素的峰面积；A_2 为试样溶液中阿维菌素的峰面积；m_1 为标样的质量，g；m_2 为试样的质量，g；P 为标样中阿维菌素的质量分数，％ 。

7．实验结束后，按要求关好仪器

【注意事项】

1．流动相、标准样及待测样品在进样前都要进行脱气处理。

2．流动相、标准样及待测样品在进样前都要用滤膜过滤。

【数据处理】

1．依据标样溶液中阿维菌素组分峰的保留时间，确认试样中阿维菌素组分峰的归属。

2．采用单点校正法，对试样溶液中阿维菌素组分的含量进行分析。在一定操作条件下，依据标样溶液和试样溶液中阿维菌素的峰面积之比，计算试样中阿维菌素的质量分数 x。

3．平行实验数据之间的相对标准偏差（RSD）一般不应大于 5%；实验结果的误差应不超过±2%。

【练习题】

一、填空题

1．HPLC 是在经典的液相柱色谱法的基础上，引入了气相色谱法的理论，在技术上采用了________、________和________而实现的。

2．在液-液色谱法中，流动相的极性小于固定液的极性的称为________色谱法，而流动相的极性大于固定液的极性的称为________色谱法。

3．紫外光度检测器的作用原理是基于被分析试样组分对特定波长________的选择性吸收，组分浓度与吸光度的关系遵守________定律。

二、思考题

1．高效液相色谱仪由哪几个基本部分组成？与气相色谱仪的主要区别是什么？

2．用外标法进行色谱定量分析的优缺点是什么？

3．高效液相色谱分析中对样品进行处理的目的是什么？

实验 33 GC-MS 测定苯系物

【实验目的】

1．了解 GC-MS 的基本结构，熟悉工作站软件的使用。

2．了解运用 GC-MS 分析简单样品的基本过程。

【实验原理】

气相色谱法（Gas Chromatography，GC）是利用不同物质在固定相和流动相中的分配系数不同，使不同化合物从色谱柱流出的时间不同，达到分离化合物的目的。质谱法（Mass Spectrometry，MS）是利用带电粒子在磁场或电场中运动规律，按其质荷比（m/z）实现分离分析，测定离子质量及强度分布。它可以给出化合物的分子量、元素组成、分子式和分子结构信息，具有定性专属性、灵敏度高、检测快速等优点。

气相色谱-质谱联用仪兼备了色谱的高分离能力和质谱的强定性能力，可以把气相色谱理解为质谱的进样系统，把质谱理解为气相色谱的检测器。

【仪器和试剂】

仪器：岛津 GC-MS2010。

试剂：苯、甲苯、二甲苯、甲醇均采用色谱纯标准试剂。

【实验步骤】

1．分别用移液器取 1mL 苯、甲苯、二甲苯混合后，用甲醇稀释 1000 倍后待用。

2．用移液器取 2mL 稀释液，使用 0.45μm 的有机相微孔膜过滤后，转移至标准样品瓶中待测。

3．设定好 GC-MS 操作参数后，可进样分析。

4．设置样品信息及数据文件保存路径后，按下“Start run”键，待“Pre-run”结束，系统提示可以进样时，使用 10μL 进样针准确吸取 1μL 样品溶液（不能有气泡），将进样针插入进样口底部，快速推出溶液并迅速拔出进样针，然后按下色谱仪操作面板上的“Start”按钮，分析开始。

【注意事项】

进样口温度：250℃；

质谱离子源温度：230℃；

色质传输线温度：250℃；

质谱四极杆温度：150℃；

柱温：程序升温从 60℃开始以 20℃/min 升到 100℃，再以 5℃/min 升到 120℃，保持 3min；

载气流速：1.0mL/min；

进样量：1μL；

分流比：50∶1。

【数据处理】

1．对得到的总离子流图（TIC），通过检索工具检索在不同保留时间处相应的质谱图。

2．在质谱图中，双击鼠标右键，得到相应的匹配物质，根据匹配度可对各峰定性。

3．列出所有物质，并结合其他知识确定各峰所对应的具体物质名称。

4．绘制样品的总离子流色谱图，给出色谱峰定性结果（含质谱检索结果、物质名称、保留时间）。

【练习题】

一、填空题

1．气相色谱法是利用不同物质在________相和________相中的分配系数不同，使不同化合物从色谱柱流出的时间不同，而达到分离目的。

2．气相色谱仪包括气路系统、________、________、温控系统、检测系统等。

二、选择题

1．在气相色谱分析中，用于定性分析的参数是________。

A．保留值　　B．峰面积　　C．分离度　　D．半峰宽

2．下列不属于气相色谱常用载气的是______。

A．氢气　　B．氮气　　C．氦气　　D．氧气

三、思考题

1．GC-MS 是如何得到总离子流图的？

2．解释：溶剂延迟、分流比。

3．GC-MS 联用系统一般由哪几部分组成？

实验 34　傅里叶红外光谱定性分析方法

【实验目的】

1．掌握红外光谱定性分析的基本原理。

2．掌握红外光谱法对试样的要求和制样技术。

3．学会红外光谱定性分析方法。

【实验原理】

红外吸收光谱分析方法主要是依据分子内部原子间的相对振动和分子转动等信息进行物质测试的方法。

利用物质分子对红外辐射的吸收，并由其振动及转动运动引起偶极矩的净变化，使得分子由基态振动和转动能级跃迁到激发态，获得分子的振动-转动光谱，即红外吸收光谱。它反映了分子中各基团的振动特征。

由于不同分子的振动能级和转动能级不同，能级间的能量差值不同，不同物质对红外光的吸收波长必然不同。所以根据物质的红外吸收波长就可以对物质进行定性分析。同时，物质对红外辐射的吸收符合朗伯-比耳定律，故可用于定量分析。

1．红外吸收的条件

① 某红外光刚好能满足物质振动能级跃迁时所需要的能量；

② 红外光与物质之间有偶合作用。即分子的振动必须是能引起偶极矩变化的红外活性振动。

2．红外吸收光谱

当物质受到频率连续变化的红外光照射时，分子吸收了某些频率的辐射，并由其振动或转动运动引起偶极矩的净变化，产生分子振动和转动能级从基态到激发态的跃迁，使相应于这些吸收区域的透射光强度减弱。记录红外光的百分透射比（吸光度）与波数或波长的关系曲线，就得到红外吸收光谱。

3．影响基团频率发生位移的因素

（1）内部因素

① 电子效应：包括诱导效应、共轭效应和中介效应，它们都是由于化学键的电子分布不均匀引起的。

② 氢键效应：氢键对红外光谱的主要作用是使峰变宽，使基团频率发生位移。

③ 振动的偶合效应：两个化学键或基团的振动频率相近（或相等），位置上直接相连或接近时，它们之间的相互作用使原来的谱带分裂成两个峰，一个频率比原来的谱带高，一个频率低于原来谱带，这就称为振动偶合。

（2）外部因素

物态的影响（包括试样的状态、粒度、温度）和溶剂（溶剂和溶质的相互作用不同，因此测得光谱吸收带的频率也不同）的影响；样品的制样方法也会引起红外光谱吸收频率的改变。

4．红外光谱吸收区域的划分

① 3750～2500cm^{-1} 区，此区为各类 A—H 单键的伸缩振动区（包括 C—H、O—H、X—H 的吸收带）。3000cm^{-1} 以上为不饱和碳的 C—H 键的伸缩振动区，而 3000cm^{-1} 以下为饱和碳的 C—H 键的伸缩振动区。

② 2500～2000cm^{-1} 区，是三键和累积双键的伸缩振动区，包括碳碳三键、碳氮三键、C═C═O 等基团以及 X—H 基团化合物的伸缩振动。

③ 2000～1300cm^{-1} 区，是双键伸缩振动区，C═O 键在此区有一强吸收峰，其位置按酸酐、酯、醛（酮）、酰胺等不同而异。在 1650～1550cm^{-1} 外还有 N—H 键的弯曲振动吸收峰。

④ 1300～667cm^{-1} 区，包括 C—H 键的弯曲振动。此区在鉴别链的长短、烯烃双键取代强度、构型基本转换等方面可提供有用的信息。

【仪器和试剂】

仪器：

（1）傅里叶变换红外光谱仪

该仪器利用一个迈克尔逊干涉仪获得入射光的干涉图，通过数学运算（傅里叶变换）把干涉图变为红外光谱图。

傅里叶变换红外光谱仪没有色散元件，主要由光源（硅碳棒、高压汞灯）、干涉仪、检测器、计算机和记录仪组成。核心部分为干涉仪，它将光源发出的信号以干涉图的形式送往计算机进行傅里叶变换数学处理，最后将干涉图还原成光谱图。它与色散型红外光度计的主要区别在于干涉仪和电子计算机两部分。

迈克尔逊干涉仪的作用是将光源发出的光分成两束光后，再以不同的光程差重新组合，发生干涉现象。当两束光的光程差为 $\lambda/2$ 的偶数倍，则落在检测器上的相干光相互叠加产生明线；相反，为 $\lambda/2$ 的奇数倍时，相干光相互抵消产生暗线。此为单色光的干涉图。由于多色光的干涉图等于所有各单色光干涉图的相加，故得到的是具有中心极大，并向两边迅速衰减的对称干涉图。干涉图包含光源的全部频率和与该频率相对应的强度信息，所以如有一个有红外吸收的样品放在干涉仪的光路中，由于样品能吸收特征波数的能量，结果所得到的干涉图强度曲线就会相应地产生一些变化。包括每个频率强度信息的干涉图，可借数学上的傅里叶变换技术对每个频率的光强进行计算，从而得到吸收强度（或透过率）随波数（或波长）变化的普通光谱图。

（2）傅里叶红外光谱仪的优点如下。

① 扫描速度极快：傅里叶变换仪器是在整扫描时间内同时测定所有频率的信息，一般只要 1s 左右即可。因此，它可用于测定不稳定物质的红外光谱。而色散型红外光谱仪，在任

何一瞬间只能观测一个很窄的频率范围，一次完整扫描通常需要 8～30s 等。

② 具有很高的分辨率：通常傅里叶变换红外光谱仪分辨率达 0.1～0.005cm^{-1}，而一般棱镜型的仪器分辨率在 1000cm^{-1} 处有 3cm^{-1}，光栅型红外光谱仪分辨率也只有 0.2cm^{-1}。

③ 灵敏度高：因傅里叶变换红外光谱仪不用狭缝和单色器，反射镜面又大，故能量损失小，到达检测器的能量大，可检测 10^{-8}g 数量级的样品。

除此之外，还光谱范围宽；测量精度高，重复性好；杂散光干扰小；样品不受因红外聚焦而产生的热效应的影响；特别适合于与气相色谱联机或研究化学反应。

试剂：苯甲酸（A.R.），无水丙酮（A.R.），溴化钾（G.R.）。

【实验步骤】

溴化钾压片法：先取微量样品置于玛瑙研钵中，样品须干燥，可预先在红外灯下烘 1h 或在烤箱内恒温 105℃下烤 1h。再加入干燥的光谱纯溴化钾（溴化钾的量约是样品的 150 倍），充分研磨混匀后，取适量的混合样品移置于压模中，使其分布均匀，把压模水平放置于压片机座上，加压至 8～10t，保持 1min。取出供试片，用目视检查应均匀、无残缺、表面平滑且透光好。新手一般一次很难压出理想的效果，可以多尝试几次。

浆糊法：取干燥供试样约 15mg，置玛瑙研钵中，研磨足够细。用滴管滴加适当量的石蜡油，混合研匀使其成糊状，用不锈钢小勺取出，均匀地涂在溴化钾窗片上，再用另一窗片压紧即可。

涂膜法：将液体样品滴加或涂抹在盐片或窗片上制成液膜，即可进行分析。有些固体聚合物，经熔融涂膜、热压成膜、溶液铸膜的方法，也可得到适于分析的薄膜。常用盐片有 KBr、NaCl。常用水不溶性窗片有 CaF_2、BaF_2。

液体池法：液体样品注入不同规格和材料的液体池进行分析。池的厚度在 0.01～1mm 之间，池材料由 KBr、NaCl 等构成。样品为水溶液时，可选用对水不溶解的 KRS-5、AgCl 窗片。由于液体池的拆装不甚方便，只有在使用红外光谱做定量分析方法时才使用。

注意：样品制备所用溴化钾一定要是光谱纯的，且要干燥。潮湿的溴化钾会引起很大的水汽干扰峰，且试片易破碎。如不是光谱纯的溴化钾，光谱会有其他杂峰。

1．固体样品苯甲酸的红外光谱的测绘（KBr 压片法）

① 取预先在 110℃烘干 48h 以上，并保存在干燥器内的溴化钾 150mg 左右，置于洁净的玛瑙研钵中，研磨成均匀粉末，颗粒粒度约为 2μm 以下。

② 将溴化钾粉末转移到干净的压片模具中，堆积均匀，用手压式压片机用力加压约 30s，制成透明试样薄片。小心从压模中取出晶片，装在磁性样品架上，并保存在干燥器内。

③ 另取一份 150mg 左右溴化钾置于洁净的玛瑙研钵中，加入 1～2mg 苯甲酸标样，同上操作研磨均匀、压片并保存在干燥器中。

④ 将红外光谱仪按仪器操作步骤调节至正常。

⑤ 将溴化钾参比晶片和苯甲酸试样晶片分别置于主机的参比窗口和试样窗口上，测绘苯甲酸试样的红外吸收光谱。

⑥ 扫谱结束后，取出样品架，取下薄片，将压片模具、试样架等擦洗干净，置于干燥器中保存好。

2．液体试样丙酮的红外光谱的测绘（液膜法）

用滴管取少量液体样品丙酮，滴到液体池的一块盐片上，盖上另一块盐片（稍转动驱走气泡），使样品在两盐片间形成一层透明薄液膜。固定液体池后将其置于红外光谱仪的样品室中，测定样品红外光谱图。

【注意事项】

1．实验条件

①压片压力 1.2×10^5kPa；②测定波数范围 4000～650cm^{-1}（波长 2.5～15μm）；③扫描速度 3 挡；④室内温度 18～20℃；⑤室内相对湿度＜65%。

2．KBr 应干燥无水，固体试样研磨和放置均应在红外灯下，防止吸水变潮；KBr 和样品的质量比约在（100～200）∶1 之间。

3．可拆式液体池的盐片应保持干燥透明，切不可用手触摸盐片表面；每次测定前后均应在红外灯下反复用无水乙醇及滑石粉抛光，用镜头纸擦拭干净，在红外灯下烘干后，置于干燥器中备用。盐片不能用水冲洗。

4．必须严格按照仪器操作规程进行操作；实验未涉及的命令禁止乱动。

5．谱图处理时，平滑参数不要选择太高，否则会影响谱图的分辨率。

【数据处理】

1．记录实验条件。

2．在苯甲酸、丙酮试样红外吸收光谱图上，标出各特征吸收峰的波数，并确定其归属。

3．使用分子式索引、化合物名称索引从萨特勒标准红外光谱图集中查得苯甲酸、丙酮的标准红外光谱图，将苯甲酸、丙酮试样光谱图与其标样光谱图中各吸收峰的位置、形状和相对强度逐一进行比较，并得出结论。

【练习题】

一、填空题

1．红外实验室对_____和_____需要维持一定的指标，其原因是_____。

2．一般红外光谱图的纵坐标为______，横坐标为______。

3．红外光谱分析法定性的依据________以及_________。

二、选择题

1．在红外光谱分析中，溴化钾作为样品池，原因是____。

A．KBr 在 4000～400cm^{-1} 不会散射红外光

B．KBr 在 4000～400cm^{-1} 有特征红外吸收

C．KBr 在 4000～400cm^{-1} 无特征红外吸收

D．KBr 在 4000～400cm^{-1} 不会反射红外光

2．红外光谱是____。

A．分子光谱　　B．原子光谱　　C．离子光谱　　D．电子光谱

三、思考题

1．红外吸收光谱测绘时，对固体试样的制样有何要求？

2．如何着手进行红外吸收光谱的定性分析？

3．芳香烃和羰基化合物的红外谱图各有什么主要特征？

第5章

综合实验

实验35　蛋壳中碳酸钙含量的测定（酸碱返滴定法）

【实验目的】

1．掌握蛋壳中碳酸钙含量的测定原理与方法。

2．掌握返滴定法的原理和操作技术。

【实验原理】

蛋壳的主要成分是$CaCO_3$，此外，还有少量有机物，将其研碎后可以溶于过量的盐酸标准溶液，发生如下反应：

$$CaCO_3(s)+2H^+(aq) = Ca^{2+}(aq)+CO_2(g)+H_2O(l)$$

过量的HCl用NaOH标准溶液回滴，根据所加入的HCl标准溶液的浓度和体积及回滴使用的NaOH标准溶液的浓度和体积，即可测定出蛋壳中碳酸钙的含量。

【仪器和试剂】

仪器：滴定管（50mL），移液管（25mL），分析天平，台秤，小口试剂瓶（500mL），研钵，筛（80目）。

试剂：NaOH溶液（0.5mol/L），HCl溶液（0.5mol/L），邻苯二甲酸氢钾（A.R.，s），无水Na_2CO_3（A.R.，s），酚酞指示剂，甲基橙指示剂，研磨好的鸡蛋壳样品。

【实验步骤】

1．0.5mol/L NaOH溶液的标定

准确称取2.0～3.0g邻苯二甲酸氢钾3份，分别置于250mL锥形瓶中，加30mL蒸馏水溶解后，加1～2滴酚酞指示剂，用NaOH标准溶液滴定至微红色，30s不褪色为终点，记录NaOH的消耗量，平行滴定三次。

2．0.5mol/L HCl溶液的标定

准确称取0.7～1.0g无水碳酸钠3份，分别置于250mL锥形瓶中，加20mL蒸馏水溶解后，加1～2滴甲基橙指示剂，用HCl标准溶液滴定黄色至橙色，30s不褪色即为终点，记录HCl的消耗量，平行滴定三次。

3．样品测定

取洗净烘干的蛋壳（蛋壳样品的内膜须剥离干净）研碎，过筛。准确称取此粉末样品 0.2g 左右，置于 250mL 锥形瓶中，用移液管加入 HCl 标准溶液 25.00mL，摇匀，反应 30min，加入 1～2 滴甲基橙指示剂，用 NaOH 标准溶液回滴至溶液由红色变为黄色即为终点，记录 NaOH 溶液消耗的体积，平行滴定三次。

4．蛋壳中碳酸钙含量计算

$$w(CaCO_3)=\frac{\frac{1}{2}[c(HCl)V(HCl)-c(NaOH)V(NaOH)]M(CaCO_3)}{m_s}$$

式中，c(HCl)为 HCl 溶液浓度，mol/L；V(HCl)为加入 HCl 溶液的体积，mL；c(NaOH)为 NaOH 溶液浓度，mol/L；V(NaOH)为滴定锥形瓶中过量 HCl 溶液加入 NaOH 溶液的体积，mL；m_s 为蛋壳样品质量，g；$M(CaCO_3)$为 $CaCO_3$ 摩尔质量，g/mol。

【思考题】

1．如果蛋壳没有完全溶解，测定结果会产生正误差还是负误差？

2．实验中 CO_2 对滴定结果的影响。

实验 36　阳离子交换树脂工作交换容量的测定

【实验目的】

1．掌握离子交换树脂交换容量的测定原理和方法。

2．学会离子交换树脂的处理方法。

3．理解离子交换树脂交换容量的含义。

【实验原理】

交换容量一般是指每克干树脂所交换的相当于一价离子的物质的量，是衡量树脂性能的重要指标，一般树脂的交换容量为 3～6mmol/g。有时也用每毫升湿树脂所能交换的相当于一价离子的物质的量表示，单位为 mmol/mL。

离子交换树脂的交换容量分为总交换容量和工作交换容量。

总交换容量的测定采用静态法：向一定量的 H 型阳离子树脂加入一定过量的 NaOH 标准溶液浸泡，当交换反应达到平衡时：

$$RH+NaOH \!=\!=\!= RNa+H_2O$$

用 HCl 标准溶液滴定过量的 NaOH。

工作交换容量的测定采用动态法：将一定量 H 型阳离子树脂装入交换柱中，用 Na_2SO_4 溶液以一定的流量通过交换柱。Na^+与 RH 发生交换反应，交换下来的 H^+用 NaOH 标准溶液滴定。

交换反应为：$RH+Na^+ \!=\!=\!= RNa+H^+$

滴定反应为：$H^++OH^- \!=\!=\!= H_2O$

【仪器和试剂】

仪器：滴定管（50mL），锥形瓶（250mL，3 只），移液管（25mL），分析天平，台秤，小口试剂瓶（250mL），玻璃交换柱（1.5cm×30cm，1 支），容量瓶（250mL），玻璃棉（或脱脂棉），烧杯。

试剂：邻苯二甲酸氢钾（s），NaOH 标准溶液（0.1mol/L），HCl 溶液（3mol/L），酚酞指示剂，Na_2SO_4 溶液（0.5mol/L），732 型阳离子交换树脂。

【实验步骤】

1．0.1mol/L NaOH 标准溶液的配制与标定

（1）配制

在台秤上称取约 1g NaOH 固体（烧杯中称量），倒入烧杯中，加入已除 CO_2 的蒸馏水稀释至 250mL 左右，搅拌摇匀后，贮于细口瓶中，贴上标签备用。

（2）标定

准确称取 0.4～0.6g 邻苯二甲酸氢钾 3 份，分别置于 250mL 锥形瓶中，加入 30mL 蒸馏水溶解，再滴加 1～2 滴酚酞指示剂，用 NaOH 标准溶液滴定至微红色，30s 内不褪色，即为终点。

2．阳离子交换树脂工作交换容量的测定

（1）树脂的预处理

市售的阳离子交换树脂一般为 Na 型，使用前须将其用酸处理成 H 型。称取一定量（参考量 20g）的 732 型阳离子交换树脂于烧杯中，加入适量 3mol/L HCl 溶液（没过树脂 1～2cm 即可），搅拌，浸泡 1～2 天，以溶解除去树脂中的杂质，并使树脂充分溶胀。若浸出的溶液呈较深的黄色，应换新鲜的 HCl 溶液再浸泡一些时间（1～2 天），经常搅拌，倾出上层 HCl 清液（保留），然后用纯水漂洗树脂中溶液 pH 与蒸馏水 pH 相同，即得到 H 型阳离子交换树脂 RH。

（2）装柱

用长玻璃棒将润湿的玻璃棉塞在交换柱的下部（具砂芯的忽略此步），使其平整，加 10mL 纯水。将已处理成 H 型的树脂（如果未漂洗到中性，需先完成此步骤），转移到烧杯中，加入约 20mL 蒸馏水，用玻璃棒搅拌，连水一起分多次缓缓转移到交换柱中，要防止混入气泡。加入树脂时，关闭活塞，加入一批树脂后，打开活塞，放掉多余的水，再关闭活塞，继续倒入未倒完的树脂。在装柱和以后的使用过程中，必须使树脂层始终浸泡在液面以下约 1～2cm 处。

（3）交换

向交换柱不断加入 0.5mol/L Na_2SO_4 溶液，用 250mL 容量瓶收集流出液，调节流速为 40～60 滴/min，经常检测流出液的 pH（每隔 5mL 左右），直至流出液的 pH 与加入的 Na_2SO_4 溶液 pH 相同时停止交换（停止加入 Na_2SO_4 溶液）。将收集液稀释至刻度，摇匀。

（4）测定

用移液管准确移取定容后的流出液 25mL 于 250mL 锥形瓶中，加入 2 滴酚酞，用 NaOH 标准溶液滴至微红色，半分钟不褪即为终点，平行测定三份。

（5）树脂的回收

实验完毕，取出玻璃棉，将交换柱中的树脂用蒸馏水分多次冲到干净的烧杯中，以便再生。

（6）树脂的再生

待回收的树脂自然沉降到烧杯底部后，倒掉上面的水，然后用玻璃棒将树脂颗粒转移到回收盆中再生，回收盆内装有 3mol/L 盐酸。

【数据处理】

实验次数	1	2	3
树脂质量/g	$m\times\frac{25.00}{250.0}$		
移取流出液的体积/mL	25.00		
初读数/mL			
终读数/mL			
NaOH 溶液的用量/mL			
工作交换容量/(mmol/g)			
平均值/(mmol/g)			
个别测定的绝对偏差/(mmol/g)			
相对平均偏差/%			

【思考题】

1．什么是离子交换树脂的交换容量？两种交换容量的测定原理是什么？

2．为什么树脂层中不能存留有气泡？若有气泡，如何处理？

3．如何处理树脂？装柱时应注意什么问题？

实验 37　土壤阳离子交换容量的测定（乙酸铵交换法）

【实验目的】

1．掌握乙酸铵交换法测定土壤阳离子交换量的方法和原理。

2．初步学习了解蒸馏操作。

【实验原理】

阳离子交换量（cation exchange capacity，CEC），是指土壤胶体所能吸附的各种阳离子的总量，其数值以每千克土壤的物质的量（cmol）表示（cmol/kg）。阳离子交换量的大小，可作为评价土壤保肥能力的指标。阳离子交换量是土壤缓冲性能的主要来源，是改良土壤和合理施肥的重要依据，因此，对于反映土壤负电荷总量及表征土壤性质重要指标的阳离子交换量的测定十分重要。

阳离子交换量的测定方法主要有乙酸铵法（适用于酸性和中性土壤）、氯化钡-硫酸镁法（适用于高度风化酸性土壤）、氯化铵-乙酸铵法（适用于石灰性土壤）和乙酸钠-火焰光度法（适用于石灰性土壤和盐碱土）四种。

本文采用乙酸铵法，该方法原理如下：用 pH7 的 1mol/L 的 NH_4Ac 溶液反复处理土壤，使土壤成为 NH_4^+ 饱和土。然后用淋洗法或离心法将多余的乙酸铵用 95%乙醇反复洗去后，用水将土壤洗入凯氏烧瓶中，加固体氧化镁蒸馏。蒸馏出来的氨用硼酸溶液吸收，然后用盐酸标准溶液滴定。根据 NH_4^+ 量计算土壤阳离子交换量。本方法适用于酸性和中性土壤。此法的优点是：乙酸铵有强的缓冲容量，以保证交换过程中溶液 pH 恒定；乙酸铵与碱性不饱和土壤作用时，释放出来的乙酸，不致破坏土壤吸收复合体；多余乙酸铵易被分解除去，故交换后的提取液同时可以作为交换性碱性的待测液。

【仪器和试剂】

仪器：电动离心机（3000～4000r/min），离心管（100mL），凯氏烧瓶（150mL），蒸馏装置（见图 5.1）。

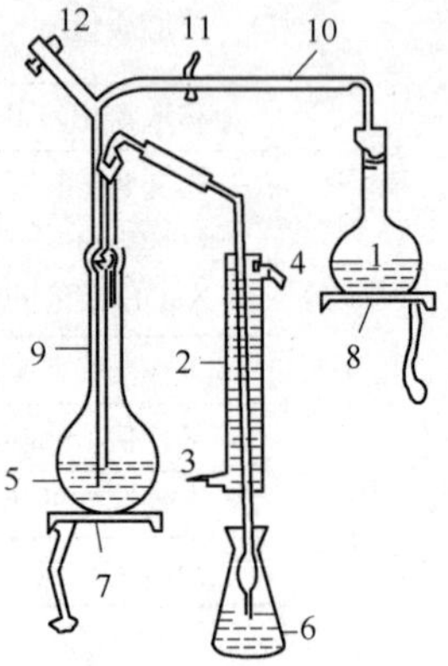

试剂：液体石蜡（C.P.）。

NH_4Ac 溶液（1.0mol/L）：称取 77.09g 乙酸铵（C.P.），用水溶解，加水稀释至近 1L，用 1∶1 氨水或稀乙酸调节至 pH7.0，然后稀释至 1L。

甲基红-溴甲酚绿混合指示剂：称取 0.099g 溴甲酚绿和 0.066g 甲基红置于玛瑙研钵中，加入少量 95%乙醇，研磨至指示剂完全溶解为止，最后加 95%乙醇至 100mL。

硼酸指示剂溶液：称取 20g 硼酸（C.P.）溶于 1L 水中。每升硼酸溶液中加入 20mL 甲基红-溴甲酚绿混合指示剂，并用稀酸或稀碱调至紫红色（葡萄酒色），此时该溶液的 pH 为 4.5。

盐酸标准溶液（0.05mol/L）：每升水中加入 4.5mL 浓盐酸，充分混匀。

图 5.1　蒸馏装置

1—蒸汽发生器；2—冷凝系统；3—冷凝水进口；4—冷凝水出口；5—凯氏烧瓶；6—吸收瓶；7，8—电炉；9—Y 形管；10—橡胶管；11—螺丝夹；12—弹簧夹

pH10 缓冲溶液：称取 67.5g 氯化铵（C.P.），溶于无二氧化碳的水中，加入新开瓶的浓氨水（C.P.，ρ=0.9g/mL，含氨 25%）570mL，用无二氧化碳水稀释至 1L，贮于塑料瓶中，并注意防止吸入空气中的二氧化碳。

K-B 指示剂：称取 0.5g 酸性铬蓝 K 和 1.0g 萘酚绿 B，加入 100g 于 105℃烘过的氯化钠一同研细磨匀，贮于棕色瓶中。

氧化镁：将固体氧化镁（C.P.）在 500～600℃高温电炉中灼烧 30min，冷却后贮藏在密闭的玻璃瓶中。

纳氏试剂：称取 134g 氢氧化钾（A.R.），溶于 460mL 水中。称取 20g 碘化钾（A.R.）溶于 50mL 水中，加入 3g 碘化汞（A.R.），使溶解至饱和状态，然后将两溶液混合即成。

【实验步骤】

1．盐酸标准溶液的标定

准确称取 1.9～2.0g（精确至 0.1mg）硼砂（$Na_2B_4O_7 \cdot 10H_2O$），加 150mL 蒸馏水溶解后，定量转移到 250mL 容量瓶中，再加蒸馏水稀释至刻度，摇匀备用。用移液管准确吸取 25.00mL 硼砂标准溶液置于 250mL 锥形瓶中，加 2 滴甲基红-溴甲酚绿混合指示剂，用盐酸标准溶液滴定至溶液呈酒红色为终点。平行测定 3～5 次。

2．试样制备

风干粉末土样，粒度小于 2mm，称样测定时，另称取一份试样测定吸附水，最后换算成烘干试样计算结果。

3．阳离子交换量的测定

① 称取通过 2mm 筛孔的风干土样 2.00g（精确至 0.01g），置于 100mL 离心管中（质地轻的土样称取 5.00g，精确至 0.01g），沿离心管壁加入少量 1.0mol/L 乙酸铵溶液，用橡皮头玻璃棒搅拌土样，使其成为均匀的泥浆状态。再加入 1.0mol/L 乙酸铵溶液至总体积约为 60mL，并充分搅拌均匀，然后用 1mol/L 乙酸铵溶液洗净橡皮头玻璃棒，洗液收入离心管内。

② 将离心管成对放在托盘天平的两盘上，用 1mol/L 乙酸铵溶液使之质量平衡。平衡好的离心管对称地放入离心机中，离心 3～5min，3000～4000r/min。如不测定交换性碱性时，每次离心后的清液即可弃去；如需测定交换性碱性时，每次离心后的清液收集在 250mL 容量瓶中，用 1mol/L 乙酸铵溶液处理 3～5 次，直到最后浸出液中无钙离子反应为止（检查浸出液中的钙离子，可取最后一次乙酸铵浸出液 5mL 置于试管中，加 1mL pH 10 缓冲溶液，再加少许酸性铬蓝 K-萘酚绿 B 混合指示剂。如浸出液呈蓝色，表示无钙离子；如呈紫红色，表示有钙离子，还需用乙酸铵溶液继续浸提）。收集的浸出液最后用 1mol/L 乙酸铵溶液定容，作测定交换性碱性用。

③ 向盛土的离心管中加入少量 95%乙醇，用橡皮头玻璃棒搅拌土样，使其成为泥浆状态。再加入 95%乙醇至总体积约 60mL，并充分搅拌均匀，以便洗去土粒表面多余的乙酸铵溶液，切不可有小土团存在。然后将离心管成对放在托盘天平的两盘上，用 95%乙醇使之质量平衡。平衡好的离心管对称地放入离心机中，离心 3～5min，转速 3000～4000r/min，弃去乙醇溶液。如此反复用 95%乙醇洗涤 3～4 次，直至最后一次乙醇溶液中无铵离子为止（用纳氏试剂检查无黄色反应）。

④ 洗净多余的铵离子后，用水冲洗离心管的外壁，向离心管内加入少量水，并搅拌成糊状，用水将泥浆洗入 150mL 凯氏烧瓶中，并用橡皮头玻璃棒擦洗离心管的内壁，使全部土样转入凯氏烧瓶内，洗涤水的体积应控制在 50～80mL。蒸馏前向凯氏烧瓶内加 2mL 液体石蜡和 1g 氧化镁，立即将凯氏烧瓶安放在蒸馏装置上。

⑤ 将盛有 25mL 硼酸指示剂溶液的 250mL 锥形瓶，用缓冲管连接在冷凝管的下端。打开螺丝夹，通入蒸汽（蒸汽发生器内的水要先加热至沸），随后摇动凯氏烧瓶内的溶液使其混合均匀。开启凯氏烧瓶下的电炉，接通冷凝系统的流水。用螺丝夹调节蒸汽流速，使流速保持一致，蒸馏约 20min，待馏出液约达到 80mL 后，用纳氏试剂检查蒸馏是否完全（检查方法：取下缓冲管，在冷凝管下端取几滴馏出液于白瓷比色板的孔穴中，立即往馏出液内加 1 滴纳氏试剂，如无黄色反应，即表示蒸馏完全）。

⑥ 将缓冲管连同锥形瓶内的吸收液一起取下，用水冲洗缓冲管的内外壁（洗液洗入锥形瓶内）。然后加入 2 滴甲基红-溴甲酚绿混合指示剂，用盐酸标准溶液滴定至溶液呈酒红色为终点。同时做空白试验。

【注意事项】

1．本法也可改用过滤洗涤法代替离心机离心法操作。

2．标定用硼砂必须保存于相对湿度 60%～70%的空气中，以确保硼砂含有 10 个化合水。通常可在干燥器的底部放置氯化钠和蔗糖的饱和溶液（有两者的固体存在），此时干燥器中空气的相对湿度即为 60%～70%。

3．用乙醇洗去多余的 NH_4Ac，必须严格掌握“洗净程度”，如洗不净多余的 NH_4Ac，则使测定结果偏高。反之，如洗净后还过度洗，则可能使一些吸附交换的 NH_4^+ 也被洗去，还会溶解一定量的有机质而引起负误差。

【数据处理】

参考前面的实验，以表格形式记录和处理数据，对应的定量计算公式如下。

1．盐酸标准溶液的浓度按下式计算：

$$c(\text{HCl})=\frac{2m_{\text{硼砂}}\times\frac{25.00}{250.0}}{M_{\text{硼砂}}V}\times1000$$

2．按下式计算土壤阳离子交换量：

$$\text{CEC}=\frac{c(\text{HCl})(V-V_0)}{mK\times10}\times1000$$

式中，CEC 为土壤阳离子交换量，cmol/kg；c（HCl）为盐酸标准溶液的浓度，mol/L；V 为盐酸标准溶液的用量，mL；V_0 为空白试验盐酸标准溶液的用量，mL；m 为风干土样的质量，g；10 为将 mmol 换算成 cmol 的系数；K 为风干土样换算成烘干土样的水分换算系数。

【思考题】

1．什么是土壤阳离子交换容量？测定该量有何意义？

2．测定土壤阳离子交换容量有哪些方法？各有何特点？

3．土壤交换容量测定的方法原理？为什么选用 1mol/L NH_4Ac 作为中性和酸性土壤交换量测定的交换剂？

4．乙醇洗涤的作用是什么？乙醇用量对测定有什么影响？

5．能否用氢氧化钠标准溶液直接滴定 NH_4^+？为何采用蒸馏法将 NH_4^+ 蒸馏出来 NH_3 并以硼酸溶液吸收后，就可用盐酸标准溶液滴定？

实验 38　硼镁矿中硼含量的测定

【实验目的】

1．掌握离子交换法进行分离的原理和基本操作技术。

2．了解离子交换法测定硼镁矿中硼含量的原理和方法。

3．练习用熔融法分解矿样的操作技术。

4．学会用酸碱滴定法测定极弱酸含量时的强化处理方法和原理。

【实验原理】

硼镁矿含有硼酸镁以及硅酸盐和铁、铝的氧化物等，是制取硼酸盐、硼化物的主要原料。分解硼镁矿可用酸溶法或碱熔法，本实验采用碱熔法。试样经碱熔融并加盐酸溶解熔块时，硼以硼酸形式存在，硅酸盐成为不溶性残渣，铁、铝等则以阳离子形式存在。由于硼含量是以酸碱滴定法测定的，故易水解的铁、铝等的阳离子含量较高时有干扰，应先将这些离子除去。本实验采用离子交换法将试液通过阳离子交换树脂，使铁、铝、镁等的阳离子交换于树脂上，而硼酸则通过树脂床达到分离的目的。

因为硼酸是极弱的酸（K_a=5.8×10^{-10}），不能以碱溶液直接滴定，但可以使这种极弱的酸强化后，再进行滴定。强化方法是用甘油或甘露醇等多羟基化合物与之作用，形成一种酸性较强的配合酸，此酸的离解常数 K_a 在甘露醇浓度为 0.1～0.5mol/L 的条件下为 1×10^{-6}～3×10^{-5}，因此可以用 NaOH 标准溶液直接测定，终点时 pH=9.1，可用酚酞为指示剂。

【仪器和试剂】

仪器：玻璃纤维，玻璃珠（装离子交换柱用），分析天平，滴定管（50mL）。

试剂：HCl 溶液（2mol/L 及 6mol/L），NaOH 溶液（0.05mol/L 及 200g/L），甲基红指示剂，酚酞指示剂，甘露醇，阳离子交换树脂（苯乙烯磺酸钠型）。

【实验步骤】

1．阳离子交换柱的准备

将 25～30g 粒度为 0.3～1mm 的 732 苯乙烯磺酸钠型强酸性阳离子交换树脂置于烧杯中，注入约 150mL 2mol/L HCl 溶液，搅拌，浸泡 1～2 天，倾出上层 HCl 溶液，重新用 2mol/L HCl 溶液再浸泡 1～2 天，不时加以搅拌。再倾出 HCl 溶液，换用去离子水浸漂树脂数次，然后再用去离子水浸泡树脂，备用。

取离子交换柱 1 支或用洁净的 50mL 碱式滴定管代替，下面加一夹子，把少量玻璃纤维轻轻塞入滴定管底部，用水充满滴定管，然后放开夹子，除尽管内所有气泡，重新用水装至半满。取上述准备好的树脂，放在小烧杯中，加少量水用搅拌棒搅拌，将此树脂悬浮液逐步倒入离子交换柱或滴定管中，密切注意不使空气进入树脂床，并使树脂一直保持在水面以下。当水或溶液过多时，可放开夹子让它流出。如此反复，连水带树脂装入柱中约 250mm 高度。然后开启夹子（或旋塞），从管口分批加入水，以淋洗树脂柱，直至最后流出的淋洗液呈中性为止（以 pH 试纸进行检验）。

2．试样的分解

准确称取在 105℃干燥后的硼镁矿试样（已研磨通过 120 筛孔）0.2～0.3g，置于底部装有 1.5～2g 粒状 NaOH 的银坩埚中，上面再覆盖 1.5～2g NaOH，上下层 NaOH 共计 3～4g。将坩埚放入高温炉中，从低温开始升高温度至 700℃，熔融至呈透明状，继续加热约 20min，然后取出，慢慢转动坩埚，使熔融物冷凝在坩埚内壁上成薄层。冷却后，用 20mL 6mol/L HCl 溶液分数次溶解熔块，用水洗净坩埚，溶液转移置 100mL 容量瓶中，最后以水稀释至刻度，摇匀。

3．离子交换和滴定

准确吸取上述溶液 25.00mL 于 100mL 烧杯中，用 200g/L NaOH 溶液中和至 pH 2～3。溶液的酸度可以这样调节：加 NaOH 溶液至铁、铝等的氢氧化物沉淀刚刚产生，然后加 2mol/L HCl 溶液至沉淀刚刚溶解，或以广泛 pH 试纸试之（注意：检验溶液酸度时，每次加碱或酸后要将溶液不断搅拌均匀）。将此调好酸度的溶液以 10mL/min 的流速通过离子交换柱，流出液收集于 250mL 烧杯中，并用 100mL 左右的水洗涤交换柱，洗涤液一并收集于烧杯中。

在流出液中加入数滴甲基红指示剂，用 200g/L NaOH 溶液滴定至溶液刚呈黄色，然后逐滴加入 2mol/L HCl 溶液至刚刚呈红色，再用 0.05mol/L NaOH 标准溶液调节至红色刚褪去而呈橙黄色（不必读下 NaOH 耗用量），此时溶液 pH 值为 6。加入 1g 甘露醇，充分搅拌后再加酚酞指示剂 5～10 滴，以 0.05mol/L NaOH 标准溶液滴定，此时开始计量，滴定至呈粉红色，再加入 0.5g 甘露醇，如红色褪去，继续以 NaOH 溶液滴定，直至加入甘露醇后，红色在 30s 内不褪即为终点，记下消耗 NaOH 标准溶液的体积。重复测定 3 次，结果以 B_2O_3 的质量分数表示。

【注意事项】

1．将树脂悬浮液倒入离子交换柱或滴定管中，密切注意不使空气进入树脂床，如果有空气进入树脂床，树脂应重装。

2．加浓盐酸后所得的试液，如不以 NaOH 溶液中和至 pH 为 2～3，而直接进行交换，则因其酸度过大，交换不完全，将使结果偏高。

3．试液通过交换柱前的 pH 约为 2～3，通过交换柱后，由于各种阳离子被交换上去而 H^+ 被交换下来，故溶液酸度又增大。在滴定前必须将此部分酸中和。这一步操作很重要：此时如加入 NaOH 的量不足，将使分析结果偏高，如加入 NaOH 量过多，则将使结果偏低。

【数据处理】

参考前面的实验，以表格形式记录和处理数据，对应的定量计算公式如下：

$$w(B_2O_3)=\frac{c(\text{NaOH})V(\text{NaOH})\times\dfrac{100.00}{25.00}M(B_2O_3)}{m_{\text{硼镁矿}}}\times100\%$$

式中，c(NaOH）是 NaOH 溶液的浓度，mol/L；V(NaOH）是消耗 NaOH 溶液的体积，L；$M(B_2O_3)$是 B_2O_3 的摩尔质量，g/mol；$m_{\text{硼镁矿}}$是称量试样的质量，g。

【思考题】

1．用离子交换法分离硼试液中干扰离子的原理是什么？

2．硼酸是极弱酸，本实验为什么可用 NaOH 标准溶液滴定？

3．离子交换前试液酸度的要求是什么？为什么需这样要求？怎样调节酸度？

4．以 NaOH 溶液滴定硼酸时为什么要以酚酞为指示剂？是否可用甲基橙？

5．本实验中的 NaOH 标准溶液为什么采用低浓度（0.05mol/L）？

实验 39　水泥熟料全分析——SiO_2、Fe_2O_3、Al_2O_3、CaO 及 MgO 的含量测定

【实验目的】

1．了解重量法测定水泥熟料中 SiO_2 含量的原理和方法。

2．进一步掌握配位滴定法的原理，特别是通过控制试液的酸度、温度及选择恰当的掩蔽剂和指示剂，在铁、铝、钙、镁共存时分别直接测定它们的方法。

3．掌握配位滴定的几种方法——直接滴定法、返滴定法和差减法，以及这几种测定方法的计算方法。

4．掌握水浴加热、沉淀、过滤、洗涤、灰化及灼烧等操作技术。

【实验原理】

水泥熟料是调和生料经 1400℃以上的高温煅烧而成的。通过熟料的分析，可以检验熟料质量和煅烧情况的好坏。根据分析结果，可及时调节原料的配比以控制生产。

普通硅酸盐水泥熟料的主要化学成分及其含量的范围见表 5.1。

表 5.1　普通硅酸盐水泥熟料的主要化学成分及其含量的范围

主要化学成分	含量范围（质量分数）/%	一般控制范围（质量分数）/%
SiO_2	18～24	20～24
Fe_2O_3	2.0～5.5	3～5
Al_2O_3	4.0～9.5	5～7
CaO	60～68	63～68
MgO	<5	<4.5

对水泥熟料进行全分析也就是对水泥熟料中所含的主要化学成分 SiO_2、Fe_2O_3、Al_2O_3、CaO 及 MgO 的含量进行分析。

水泥熟料中碱性氧化物占 60%以上。水泥熟料中主要为硅酸三钙、硅酸二钙、铝酸三钙和铁铝酸四钙等化合物的混合物，易为酸所分解。当这些化合物与盐酸作用时，生成硅酸和可溶性的氯化物：

$$2CaO \cdot SiO_2 + 4HCl \longrightarrow 2CaCl_2 + H_2SiO_3 + H_2O$$

$$3CaO \cdot SiO_2 + 6HCl \longrightarrow 3CaCl_2 + H_2SiO_3 + 2H_2O$$

$$3CaO \cdot Al_2O_3 + 12HCl \longrightarrow 3CaCl_2 + 2AlCl_3 + 6H_2O$$

$$4CaO \cdot Al_2O_3 \cdot Fe_2O_3 + 20HCl \longrightarrow 4CaCl_2 + 2AlCl_3 + 2FeCl_3 + 10H_2O$$

硅酸是一种很弱的无机酸，在水溶液中绝大部分以溶胶状态存在（分散在水溶液中），其化学式应以 $SiO_2 \cdot nH_2O$ 表示。用浓酸和加热蒸干等方法处理后，能使绝大部分硅酸水溶胶脱水成水凝胶析出，因此可以利用沉淀分离的方法把硅酸与水泥中的铁、铝、钙、镁等其他组分分开。本实验以重量法测定 SiO_2 的含量，Fe_2O_3、Al_2O_3、CaO 及 MgO 的含量以 EDTA 配位滴定法测定。

在水泥经酸分解后的溶液中，采用加热蒸发近干和加固体氯化铵两种措施，使水溶性胶状硅酸尽可能全部脱水析出。蒸干脱水是将溶液控制在 100～110℃温度下进行的。由于 HCl 的蒸发，硅酸中所含的水分大部分被带走，硅酸水溶液即成为水凝胶析出。由于溶胶中的 Fe^{3+}、Al^{3+}等在温度超过 110℃时易水解生成难溶性的碱式盐，而混在硅酸凝胶中，这样将使 SiO_2 的含量偏高，而 Fe_2O_3、Al_2O_3 等的含量偏低，故加热蒸干宜采用水浴以严格控制温度。

加入固体 NH_4Cl 后，由于 NH_4Cl 的水解，夺取了硅酸中的水分，从而加速了脱水过程，促使含水二氧化硅由较稳定的水溶胶变为不溶于水的水凝胶。

含水硅酸的组成不固定，故沉淀经过滤、洗涤、烘干后，还需经 950～1000℃高温灼烧成固定组分 SiO_2，然后称重，根据沉淀的质量计算 SiO_2 的质量分数。

灼烧时，硅酸凝胶不仅失去吸附水，还进一步失去结合水。脱水过程的变化如下：

$$H_2SiO_3 \cdot nH_2O \xrightarrow{110℃} H_2SiO_3 \xrightarrow{950～1000℃} SiO_2$$

灼烧所得 SiO_2 沉淀是雪白而又疏松的粉末。如所得沉淀呈灰色、黄色或红棕色，说明沉淀不纯。在要求比较高的测定中，应用氢氟酸-硫酸处理后重新灼烧，此时 SiO_2 变为 SiF_4 挥发逸出，称量，扣除混入杂质的质量。

水泥熟料中的铁、铝、钙、镁等组分分别以 Fe^{3+}、Al^{3+}、Ca^{2+}、Mg^{2+}等形式存在于过滤沉淀后的滤液中，它们都能与 EDTA 形成稳定的配离子。但这些配离子的稳定性有较显著的差别，因此只要控制适当的酸度，就可用 EDTA 分别滴定它们。

铁的测定：溶液酸度控制在 pH 1.5～2.5，则溶液中共存的 Al^{3+}、Ca^{2+}、Mg^{2+}等不干扰测定。一般以磺基水杨酸或其钠盐为指示剂，其水溶液为无色，在 pH 1.5～2.5 时，与 Fe^{3+}形成的配合物为红紫色。Fe^{3+}与 EDTA 的配合物是亮黄色，因此终点时溶液由红紫色变为亮黄色。反应一般在 60～70℃的条件下进行，其滴定反应式如下。

滴定反应：$Fe^{3+}+H_2Y^{2-} \longrightarrow FeY^-$（亮黄色）$+2H^+$

指示剂显色反应：$Fe^{3+}+HIn^-$（无色）$\longrightarrow FeIn^+$（红紫色）$+H^+$

终点时：$FeIn^+$（红紫色）$+H_2Y^{2-} \longrightarrow FeY^-$（亮黄色）$+HIn^-$（无色）$+H^+$

用 EDTA 滴定铁的关键，在于正确控制溶液的 pH 和掌握适宜的温度。实验表明，溶液的酸度控制不当对测定铁的结果影响很大。在 $pH<1.5$ 时，结果偏低；$pH>3$ 时，Fe^{3+}开始形成红棕色氢氧化物，往往无滴定终点，共存的 Ti^{4+}和 Al^{3+}影响也显著增加。滴定时溶液的温度以 60～70℃为宜，当温度高于 75℃，并有 Al^{3+}存在时，Al^{3+}亦可与 EDTA 配合，使铁的测定结果偏高，而铝的测定结果偏低。当温度低于 50℃时，则反应速率缓慢，不易得出准确的终点。

铝的测定：以 PAN 为指示剂的铜盐回滴法是普遍采用的一种测定铝的方法。

因为 Al^{3+}与 EDTA 的配合作用进行得较慢，不宜采用直接滴定法，所以一般先加入过量的 EDTA 标准溶液，再调节 pH 4.3，并加热煮沸使得 Al^{3+}与 EDTA 充分反应，然后以 PAN 为指示剂，用 $CuSO_4$ 标准溶液滴定溶液中过量的 EDTA。

Al-EDTA 配合物是无色的，而 Cu-EDTA 配合物是淡蓝色的，PAN 指示剂在 pH 4.3 的条件下是黄色的，所以滴定开始前溶液是黄色的，随着 $CuSO_4$ 标准溶液的加入，Cu^{2+}不断地与过量的 EDTA 生成 Cu-EDTA 配合物，溶液逐渐由黄色变为绿色。在过量的 EDTA 与 Cu^{2+}完全反应后，继续加入 $CuSO_4$，过量的 Cu^{2+}即与 PAN 配合生成深红色配合物，由于溶液中存在蓝色的 Cu-EDTA，而使终点由绿色变为紫色。滴定过程的反应式如下。

滴定反应：$Al^{3+}+H_2Y^{2-} \longrightarrow AlY^-$（无色）$+2H^+$

用铜盐返滴定过量的 EDTA：$H_2Y^{2-}+Cu^{2+} \longrightarrow CuY^{2-}$（蓝色）$+2H^+$

终点时变色反应：Cu^{2+}+PAN（黄色）$\longrightarrow$ Cu-PAN（深红色）

这里需要注意的是，溶液中存在 3 种有色物质，而它们的浓度又在不断变化，溶液的颜色取决于三种物质的相对浓度，因此终点颜色的变化比较复杂。终点是否敏锐，关键是 Cu-EDTA 配合物浓度大小。终点时，Cu-EDTA 的量等于加入的过量 EDTA 的量，一般来说，在 100mL 溶液中加入的 EDTA 标准溶液（浓度约为 0.015mol/L）以过量 10mL 为宜。在这种情况下，实际观察到的终点颜色为紫红色。

钙的测定：在 $pH>12$ 时进行钙含量的测定，此条件下，与之共存的 Mg^{2+}形成 $Mg(OH)_2$ 沉淀而被掩蔽，不仅不干扰 Ca^{2+}的测定，而且使终点比 Ca^{2+}单独存在时更敏锐。pH 的调节一般采用 NaOH。Fe^{3+}、Al^{3+}的干扰用三乙醇胺消除。选用钙指示剂，在 $pH>12$ 时，钙指示剂与 Ca^{2+} 配合物呈酒红色，随着 EDTA 标准溶液的不断加入，钙指示剂不断被游离出来，在与 Mg^{2+}共存的条件下，溶液呈纯蓝色，即为滴定终点。

镁的测定：镁的含量采用差减法求得。即在 pH 10 用 EDTA 标准溶液测定钙、镁的总量，从总的含量中减去钙的含量，即为镁的含量。

测定钙、镁的总量时，常用的指示剂是铬黑 T 和酸性铬蓝 K-萘酚绿 B 混合指示剂（K-B 指示剂），铬黑 T 易受某些金属离子所封闭，所以采用 K-B 指示剂作为 EDTA 滴定钙、镁总含量的指示剂。Fe^{3+}的干扰需要用三乙醇胺和酒石酸钾钠联合掩蔽，这是因为三乙醇胺和 Fe^{3+}生成的配合物能破坏酸性铬蓝 K 指示剂，使萘酚绿 B 的绿色背景加深，易使终点提前到达。当溶液中酒石酸钾钠与三乙醇胺一起对 Fe^{3+}进行掩蔽时，上述现象可以消除。Al^{3+}的干扰也能由三乙醇胺和酒石酸钾钠进行掩蔽，此法滴定终点时溶液呈纯蓝色。

【仪器和试剂】

仪器：分析天平，托盘天平，滴定管（50mL），试剂瓶（500mL），移液管（25mL），容量瓶（250mL），量筒（10mL、100mL），锥形瓶（250mL），蒸发皿，表面皿，瓷坩埚，高温炉，电炉，水浴锅，干燥器，烧杯，漏斗，中速定量滤纸，沉淀帚，试管，精密 pH 试纸（pH 3.8～5.4）。

试剂：水泥熟料，NH_4Cl（s），Na_2CO_3（s），HCl（浓），HNO_3（浓），HNO_3（2mol/L），稀盐酸（3∶97），$AgNO_3$ 溶液（0.1mol/L），溴甲酚绿指示剂（0.05%），氨水（1∶1），HCl 溶液（1∶1），磺基水杨酸（100g/L），EDTA 标准溶液（0.015mol/L），HAc-NaAc 缓冲溶液（pH 4.3），PAN 指示剂(0.2%)，$CuSO_4$ 标准溶液(0.015mol/L)，三乙醇胺溶液(1∶1)，NaOH 溶液(100g/L)，固体钙指示剂（s），酒石酸钾钠溶液（10%），NH_3-NH_4Cl 缓冲溶液（pH 10），K-B 指示剂。

【实验步骤】

1．SiO_2 含量的测定

准确称取试样 0.5g 左右（准确至 0.1mg），加入 0.3g 无水碳酸钠，置于干燥的 50mL 烧杯（或 100～150mL 瓷蒸发皿）中，用平头玻璃棒混合均匀。滴加 3mL 浓 HCl 和 1 滴浓 HNO_3（加入硝酸的目的是使铁全部以三价状态存在），充分搅拌均匀，使所有深灰色试样变为淡黄色糊状物。加入 2g 固体 NH_4Cl，小心压碎块状物，盖上表面皿，将烧杯置于沸水浴上，加热蒸发至近干（约需 10～15min）（为什么要蒸至近干？），取下，加 10mL 热的稀盐酸（3∶97），搅拌，使可溶性盐类溶解，以中速定量滤纸过滤，用胶头淀帚以热的（3∶97）稀盐酸擦洗玻璃棒及烧杯，并洗涤沉淀至洗涤液中不含 Cl^- 为止。Cl^- 可用 $AgNO_3$ 溶液检验（检验方法：用表面皿接滤液 1～2 滴，加 1 滴 2mol/L HNO_3 酸化，加入 2 滴 $AgNO_3$，若无白色浑浊产生，表明 Cl^- 已洗干净）。滤液及洗涤液保存在 250mL 容量瓶中，并用蒸馏水稀释至刻度，摇匀，供测定 Fe^{3+}、Al^{3+}、Ca^{2+}、Mg^{2+} 等含量使用。

将沉淀和滤纸充分灰化，然后在 950～1000℃的高温炉内灼烧 30min。取出，稍冷，再移放于干燥器中，冷却至室温（约需 15～40min），称量。如此反复灼烧，直至恒重。

2．铁含量的测定

用移液管准确移取分离 SiO_2 后的滤液 50.00mL，置于 500mL 烧杯中，加 2 滴 0.05%溴甲酚绿指示剂（溴甲酚绿指示剂在 pH<3.8 时呈黄色，pH>5.4 时呈绿色），此时溶液呈黄色。逐滴滴加 1∶1 氨水，使之成绿色。然后用 1∶1 盐酸溶液调节溶液酸度，溶液呈黄色后再过量 3 滴，此时溶液酸度约为 2。放电炉上加热至约 70℃取下，加 10 滴 100g/L 磺基水杨酸，以 0.015mol/L 的 EDTA 标准溶液滴定。滴定开始时溶液呈红紫色，此时滴定速度宜稍快些，当溶液开始呈淡红紫色时，滴速放慢，一定要每加一滴，摇匀，并观察现象，然后再加一滴，必要时加热，直至滴定至溶液变为亮黄色，即为终点。记录消耗 EDTA 标准溶液的体积。保留溶液供测定 Al^{3+} 使用。

3．铝含量的测定

在滴定 Fe^{3+} 后的溶液中加入 0.015mol/L 的 EDTA 标准溶液约 20mL（准确至 0.01mL），记下读数，然后用蒸馏水稀释至 200mL，用玻璃棒搅拌均匀。然后加入 15mL pH4.3 的 HAc-NaAc 缓冲溶液，用精密 pH 试纸检查。煮沸 1～2min，取下，冷却至 90℃左右，加入 4 滴 0.2% PAN 指示剂，以 0.015mol/L 的 $CuSO_4$ 标准溶液滴定。滴定开始时溶液呈黄色，随着

$CuSO_4$标准溶液的加入，溶液颜色逐渐变绿并加深（由蓝绿色变为灰绿色），直至加入一滴突然变为亮紫色，即为滴定终点。记录消耗 $CuSO_4$ 溶液的体积。

4．钙含量的测定

用移液管准确移取分离 SiO_2 后的滤液 10.00mL，置于 250mL 锥形瓶中，加蒸馏水稀释至约 50mL，加 4mL 1∶1 三乙醇胺溶液，充分搅拌均匀后，再加 5mL 100g/L NaOH 溶液，充分摇匀，加入约 0.01g 固体钙指示剂（用药勺小头取一点），此时溶液呈酒红色。然后以 0.015mol/L 的 EDTA 标准溶液滴定至溶液呈纯蓝色，即为滴定终点。记录消耗 EDTA 标准溶液的体积。

5．镁含量的测定

用移液管准确移取分离 SiO_2 后的滤液 10.00mL，置于 250mL 锥形瓶中，加蒸馏水稀释至约 50mL，加 1mL 10%酒石酸钾钠溶液和 4mL 1∶1 三乙醇胺溶液，充分搅拌均匀后，再加入 8mL pH10 的 NH_3-NH_4Cl 缓冲溶液，再摇匀，然后加入适量的 K-B 指示剂，以 0.015mol/L 的 EDTA 标准溶液滴定至溶液呈蓝色，即为滴定终点。记录消耗 EDTA 标准溶液的体积。根据此结果计算所得的是钙、镁的合量，由此减去钙量，即为镁量。

【注意事项】

1．测定 SiO_2 时加入浓硝酸的目的是使得铁全部以三价状态存在。

2．测定 SiO_2 时以热的稀盐酸溶解残渣是为了防止三价铁离子和三价铝离子水解成氢氧化物沉淀而混在硅酸中，以及防止硅酸胶溶。

3．测定 Fe^{3+}时，分离 SiO_2 后的滤液需节约使用（例如清洗移液管时，用少量溶液润洗，最好用干燥的移液管），尽可能多保留一些溶液，以便必要时用于进行重复滴定。

4．测定 Fe^{3+}时，溴甲酚绿不宜多加，若加多了，黄色的底色深，对准确观察终点颜色变化有影响。

5．测定 Fe^{3+}实验中，加热时注意防止剧沸，否则三价铁离子会水解形成氢氧化铁，使实验失败。

6．测定 Al^{3+}时，根据试样中 Al_2O_3 的大致含量进行粗略计算，从而控制 EDTA 的加入量。以过量 15mL 左右为宜。

7．SiO_2、Fe_2O_3、Al_2O_3、CaO、MgO 是水泥熟料的主要成分，其总和很高，但不可能是 100%。因为水泥熟料中还含有 MnO、TiO_2、K_2O、Na_2O、SO_3 等，如果总和超过 100%，这是不合理的，应分析原因。

8．测定 Fe^{3+}实验，可采用邻二氮菲分光光度法，此法灵敏度较高。

【数据处理】

1．称取试样的质量

m=________g。

2．SiO_2 含量的测定

项目	第一次称量	第二次称量	……	恒重时
瓷坩埚的质量/g				
瓷坩埚+SiO_2 的质量/g				
SiO_2 的质量/g				
$w(SiO_2)$/%				

3．铁含量的测定

项目	1	2	3
V（试液）/mL			
V(EDTA)/mL			
$w(Fe_2O_3)$/%			
$\overline{w}$ (Fe_2O_3)/%			
相对平均偏差/%			

4．铝含量的测定

项目	1	2	3
V（试液）/mL			
V(EDTA)/mL			
$V(CuSO_4)$/mL			
$w(Al_2O_3)$/%			
$\overline{w}$ (Al_2O_3)/%			
相对平均偏差/%			

5．钙、镁含量的测定

项目	1	2	3
V（试液）/mL			
V_1(EDTA)/mL			
w(CaO)/%			
$\overline{w}$ (CaO)/%			
钙含量相对平均偏差/%			
V_2(EDTA)/mL			
V_2(EDTA)−V_1(EDTA)/mL			
w(MgO)/%			
$\overline{w}$ (MgO)/%			
镁含量相对平均偏差/%			

【思考题】

1．如何分解水泥熟料试样？写出分解时的化学反应。

2．试样分解后加热蒸发的目的是什么？操作中应注意些什么？

3．沉淀的洗涤操作中应注意些什么？沉淀在高温灼烧前，为什么需经干燥、炭化？

4．在 Fe^{3+}、Al^{3+}、Ca^{2+}、Mg^{2+}等共存的溶液中，以 EDTA 分别滴定其各自的含量时，是怎样消除其他共存离子的干扰的？反应条件控制应注意些什么？

5．测定 Al^{3+}时，为什么要注意 EDTA 标准溶液的加入量？测定 Ca^{2+}时，为什么要先加三乙醇胺，后加 NaOH 溶液？

实验 40　铅精矿中铅含量的测定（沉淀分离-配位滴定法）

【实验目的】

1．考查学生定量分析的综合能力。

2．了解矿样分析的一般处理过程。

【实验原理】

铅精矿一般是由铅矿石经破碎、球磨、泡沫浮选等工艺生产得到的，是生产金属铅、铅合金、铅化合物等的主要原料。由于铅精矿的基体复杂，要测定其中的铅含量，应先将铅进行分离处理，再采用适宜的方法进行分析，如可采用 EDTA 容量法。

试样用氯酸钾饱和的浓硝酸分解，在硫酸介质中铅形成硫酸铅沉淀，通过过滤与共存的元素分离。硫酸铅用乙酸-乙酸钠缓冲溶液溶解，以二甲酚橙为指示剂，在 pH5～6 时，用 EDTA 标准溶液滴定，由消耗的 EDTA 标准溶液的体积计算矿样中铅的质量分数。

【仪器和试剂】

仪器：漏斗，慢速定量滤纸，电炉，烧杯（100mL、500mL），量筒（10mL、50mL），滴定管（50mL），容量瓶（250mL），锥形瓶（250mL）。

试剂：二甲酚橙溶液（1g/L），HCl（1∶1），H_2SO_4（2∶98），氯酸钾（饱和），硝酸（浓），抗坏血酸，氨水（1∶1），六亚甲基四胺溶液（200g/L），基准物 ZnO。

乙酸-乙酸钠缓冲溶液（pH 5.5～6.0）：称取 150g 无水乙酸钠溶于蒸馏水中，加入 20mL 冰醋酸，用蒸馏水稀释至 1000mL，混匀。

EDTA 标准溶液：称取 8g 乙二胺四乙酸二钠溶于 400～500mL 蒸馏水中，微热溶解，冷却，稀释至 1L，转移至 1L 试剂瓶中，摇匀。

【实验步骤】

1．EDTA 标准溶液的标定

① 锌标准溶液的配制：准确称取在 800～1000℃灼烧过（需 20min 以上）的基准物 ZnO 0.5～0.6g（精确至 0.1mg）于 100mL 烧杯中，用少量蒸馏水润湿，然后逐滴加入 1∶1 HCl，边滴加边搅拌至完全溶解为止。然后定量转移到 250mL 容量瓶中，用蒸馏水稀释至刻度并摇匀。

② 标定：移取 25.00mL 锌标准溶液于 250mL 锥形瓶中，加约 30mL 蒸馏水、2～3 滴二甲酚橙指示剂，先加氨水（1∶1）至溶液由黄色刚变为橙色（不能多加），然后滴加 200g/L 六亚甲基四胺溶液至溶液呈稳定的紫红色再多加 3mL，用待标定的 EDTA 溶液滴定至溶液由紫红色变为亮黄色，即为终点。

2．样品的测定

① 准确称取矿样约 0.3g 于 300mL 烧杯中，用少量蒸馏水润湿，缓缓加入 15mL 氯酸钾饱和的浓硝酸，盖上表面皿，置于电炉上低温加热溶解，待试样完全溶解后取下稍冷。

② 加入 10mL 浓硫酸，继续加热至冒浓烟约 2min，取下冷却。

③ 用蒸馏水吹洗表面皿及烧杯壁，加蒸馏水 50mL，加热微沸 10min，冷却至室温，放置 1h。

④ 用慢速定量滤纸过滤，用硫酸（2∶98）洗涤烧杯 2 次，洗涤沉淀 4 次，用蒸馏水洗涤烧杯 1 次，洗涤沉淀 2 次，弃去滤液。

⑤ 将滤纸展开，连同沉淀移入原烧杯中，加入 30mL 乙酸-乙酸钠缓冲溶液，用蒸馏水吹洗杯壁，盖上表面皿加热微沸 10min，搅拌使沉淀溶解，取下冷却。

⑥ 加入 0.1g 抗坏血酸和 3～4 滴 1g/L 二甲酚橙溶液，用 EDTA 标准溶液滴定至溶液由酒红色变为亮黄色，即为终点。

【注意事项】

1. 乙酸钠缓冲溶液应控制 pH 5.5～6.0，配制时应检查 pH，如不符合，应进行调整。

2. 冒烟的温度不宜太高，时间不宜过长，否则铁、铝、铋等元素易生成难溶性硫酸盐，夹杂在硫酸铅沉淀中。

3. Fe^{3+}会封闭二甲酚橙，使终点变化不明显，故必须洗净或用抗坏血酸掩蔽。

4. 若待测液中含铋量大于 1mg 时，可在滴定前加入 2～4mL 体积分数为 1%的巯基乙酸后再滴定。

【数据处理】

参考前面的实验，以表格形式记录和处理数据，对应的定量计算公式如下：

1. 计算 EDTA 标准溶液的浓度 c(EDTA)

$$c(\text{EDTA})=\frac{m(\text{ZnO})\times\dfrac{25.00}{250.0}}{M(\text{ZnO})V(\text{EDTA})}\times1000$$

2. 矿样中 Pb 的质量分数的计算

$$w(\text{Pb})=\frac{c(\text{EDTA})V(\text{EDTA})\times207.2}{1000m_{\text{矿样}}}\times100\%$$

【思考题】

1. 测定 Pb^{2+}时，样品中的铁、铝、铜、锌等的干扰如何排除？

2. EDTA 滴定 Pb^{2+}时，选什么作缓冲液？Pb（Ⅱ）在此缓冲液中以什么形式存在？

3. 铅被硫酸沉淀时，有哪些离子也会生成沉淀？

4. 把 HAc-NaAc 加入 $PbSO_4$ 沉淀，并让其微沸一定时间有何作用？

5. 如 $PbSO_4$ 沉淀中含有少量铁时，对测定有何影响，应如何消除？

实验 41　石灰石中钙含量的测定（高锰酸钾滴定法）

【实验目的】

1. 掌握氧化还原滴定法间接测定目标物质的基本原理。

2. 了解氧化还原反应条件对滴定的影响。

3. 掌握高锰酸钾的配制方法，掌握对沉淀、过滤、洗涤的基本操作。

【实验原理】

石灰石主要成分为碳酸钙，并含有少量铁、铝、硅、镁等杂质。利用 $KMnO_4$ 法测定石灰石中钙的含量，只能采用间接法测定。将样品用酸处理成溶液，使 Ca^{2+}溶解在溶液中。Ca^{2+}在一定条件下与 $C_2O_4^{2-}$ 作用，形成 CaC_2O_4 沉淀。过滤洗涤后再将 CaC_2O_4 沉淀溶于热的稀 H_2SO_4 中。用 $KMnO_4$ 标准溶液滴定与 Ca^{2+} 1∶1 结合的 $C_2O_4^{2-}$ 含量。其反应式如下：

$$Ca^{2+}+C_2O_4^{2-} \longrightarrow CaC_2O_4\downarrow$$

$$CaC_2O_4+2H^+ \longrightarrow Ca^{2+}+H_2C_2O_4$$

$$5H_2C_2O_4+2MnO_4^-+6H^+ \longrightarrow 2Mn^{2+}+10CO_2\uparrow+8H_2O$$

沉淀 Ca^{2+}时，为了得到易于过滤和洗涤的粗大的晶形沉淀，必须很好地控制沉淀的条件。通常是在含 Ca^{2+}的酸性溶液中加入足够的$(NH_4)_2C_2O_4$沉淀剂。由于酸性溶液中 $C_2O_4^{2-}$ 大部分是以 $HC_2O_4^-$ 形式存在的，需慢慢滴加氨水后，与溶液中 H^+逐渐中和，$C_2O_4^{2-}$ 浓度缓慢地增加，因而缓慢地析出 CaC_2O_4 沉淀，这样控制可获得粗大颗粒的 CaC_2O_4 沉淀。沉淀完毕，溶液 pH 值在 3.5～4.5 之间，既可防止其他难溶性钙盐的生成，又不致使 CaC_2O_4 的溶解度太大。加热 30min 使沉淀陈化。过滤后，沉淀表面吸附的 $C_2O_4^{2-}$ 必须洗净，否则分析结果偏高。为了减少 CaC_2O_4 在洗涤时的损失，则先用稀$(NH_4)_2C_2O_4$ 溶液洗涤，然后再用微热的蒸馏水洗到不含 $C_2O_4^{2-}$ 时为止。将洗净的 CaC_2O_4 沉淀溶解于稀 H_2SO_4 中，加热至 75～85℃，用 $KMnO_4$ 标准溶液滴定。

【仪器和试剂】

仪器：滴定管（50mL，1 支），烧杯（500mL、100mL 各 3 个），量筒（100mL、25mL 及 10mL 各 1 个），表面皿（3 块），玻璃棒（3 根），长颈三角漏斗（3 个），慢速定量滤纸。

试剂：$Na_2C_2O_4$ 标准试剂（105～110℃下烘 2h），HCl（1∶1），H_2SO_4（1∶2），甲基橙指示剂（0.1%水溶液），氨水（1∶1），$(NH_4)_2C_2O_4$ 溶液（4%，0.1%）。

$KMnO_4$ 标准溶液（0.01mol/L）：用台秤称取约 1.6g $KMnO_4$，溶于 500mL 水中，盖上表面皿，加热煮沸 1h，静置 7～10d 后，用玻璃砂心漏斗抽滤，滤液贮存于棕色玻璃瓶中待标定。

【实验步骤】

1．$KMnO_4$ 标准溶液的标定

准确称取 0.15～0.2g 干燥过的基准 $Na_2C_2O_4$ 三份，分别置于 250mL 烧杯中，加入 150mL 水溶解，加热近沸，加入 1∶2 H_2SO_4 10mL，此时溶液温度应在 70～85℃之间，立即用 $KMnO_4$ 标准溶液滴定。开始时，$KMnO_4$ 溶液加入后褪色很慢，所以必须等前一滴溶液褪色后再加第二滴。当接近终点时，反应亦较慢，必须保持温度不低于 60℃，并小心逐滴加入，直到溶液出现粉红色并 30s 内不褪即为终点。记下所耗 $KMnO_4$ 溶液的体积，计算其浓度。

2．石灰石中钙的测定

准确称取于 105～110℃下干燥 1h 的样品 0.20～0.25g 三份，分别置于 300～400mL 烧杯中，加入少量水湿润，盖上表面皿，由烧杯嘴小心地加入 1∶1 HCl 15mL，加热溶解，并煮沸除去 CO_2。然后用水吹洗表面皿及杯壁，加入水 150mL、4% $(NH_4)_2C_2O_4$ 30mL。加热溶液至近沸，加 0.1%甲基橙指示剂 2 滴，在不断搅拌下逐滴加入 1∶1 氨水至溶液由红色变为黄色（pH>4），放置 30min。用慢速定量滤纸以倾析法过滤，以 0.1% $(NH_4)_2C_2O_4$ 洗涤烧杯及沉淀各 5～6 次，最后用冷蒸馏水洗涤烧杯及沉淀各 3 次。将滤纸取下，摊开贴于烧杯壁上，用沸水 150mL 将沉淀洗入烧杯，并加入 1∶2 H_2SO_4 10mL，此时溶液温度应在 70～85℃之间。用 $KMnO_4$ 标准溶液标定至出现稳定的粉红色，再用玻璃棒将滤纸移入溶液，继续用 $KMnO_4$ 溶液滴定至微红色并 30s 内不褪色即为终点。由所消耗的 $KMnO_4$ 溶液的体积及其浓度，计算石灰石中 CaO 的质量分数。

【注意事项】

1. 若试样中含有大量镁，则需进行重沉淀，或者用草酸二甲酯均匀沉淀来减少镁的共沉淀。

2. 若试样用酸溶解不完全，则残渣可用 Na_2CO_3 熔融，再用酸浸取，浸取液与试液合并后进行测定。

【数据处理】

参考前面的实验，以表格形式记录和处理数据，对应的定量计算公式如下：

1. 计算 $KMnO_4$ 标准溶液的浓度

$$c(KMnO_4)=\frac{2}{5}\times\frac{m(Na_2C_2O_4)}{M(Na_2C_2O_4)}\times\frac{1000}{V(KMnO_4)}$$

2. 计算石灰石中 CaO 的质量分数

$$w(CaO)=\frac{5}{2}\times\frac{c(KMnO_4)V(KMnO_4)M(CaO)}{1000m_s}\times100\%$$

【思考题】

1. 本实验中 CaC_2O_4 沉淀的生成条件进行控制的目的是什么？其原因是什么？

2. 为什么要先用 0.1% $(NH_4)_2C_2O_4$ 溶液洗涤沉淀，而不一开始就用水洗涤？

3. 在滴定至红色出现后，尚需将滤纸转入溶液内并再继续滴定至红色，为什么不把滤纸在开始滴定时就浸入溶液中滴定？

4. 滴定时应控制溶液的温度在 60～90℃之间，这是为什么？

5. 本实验的结果偏高或偏低的主要因素有哪些？

实验 42 水中化学需氧量的测定

【实验目的】

1. 了解测定化学需氧量（COD）的意义。

2. 掌握酸性 $KMnO_4$ 法测定水样 COD 的分析方法。

【实验原理】

化学需氧量（COD）是环境水质标准及废水排放标准的控制项目之一。COD 是指在一定条件下，氧化 1L 水样中还原性物质所消耗的强氧化剂的量，通常以 O_2 的浓度(mg/L)表示。水中还原性物质主要包括有机物和硝酸盐、硫化物等无机物。由于有机物污染极为普遍，故通常以 COD 作为有机污染物的综合指标。COD 值越高，说明水体受污染的程度越严重。

测定 COD 有 $KMnO_4$ 法（酸性 $KMnO_4$ 法、碱性 $KMnO_4$ 法）和 $K_2Cr_2O_7$ 法，$KMnO_4$ 法简单，耗时短，适用于较清洁的水体，而 $K_2Cr_2O_7$ 法对有机物氧化完全，适用于各种水体。本实验采用酸性 $KMnO_4$ 法。在酸性条件下加入一定量且过量的 $KMnO_4$ 于水样中。加热煮沸，将水中的还原性物质氧化，剩余的 $KMnO_4$ 用过量的 $H_2C_2O_4$ 还原，再用 $KMnO_4$ 返滴定剩余的 $H_2C_2O_4$，得出水样的 COD。

测定反应式如下：

$$4MnO_4^- + 5C + 12H^+ \longrightarrow 4Mn^{2+} + 5CO_2\uparrow + 6H_2O$$

$$2MnO_4^- + 5C_2O_4^{2-} + 16H^+ \longrightarrow 2Mn^{2+} + 10CO_2\uparrow + 8H_2O$$

测定结果按下式计算：

$$\text{COD}(O_2,\ \text{mg/L}) = \frac{\left[\frac{5}{4}c(\text{KMnO}_4)(V_1+V_2) - \frac{1}{2}c(\text{H}_2\text{C}_2\text{O}_4)V(\text{H}_2\text{C}_2\text{O}_4)\right]\times 32.00\times 1000}{V_{水样}}$$

式中，V_1 是首次加入过量 $KMnO_4$ 溶液的体积，mL；V_2 是返滴定过量 $H_2C_2O_4$ 溶液消耗的 $KMnO_4$ 溶液的体积，mL；$c(KMnO_4)$是 $KMnO_4$ 溶液的浓度，mol/L；32.00 是 O_2 的摩尔质量，g/mol；$V_{水样}$为所取水样体积，mL。

标定反应式如下：

$$2MnO_4^- + 5H_2C_2O_4 + 6H^+ \longrightarrow 2Mn^{2+} + 10CO_2\uparrow + 8H_2O$$

标定结果按下式计算：

$$c(\text{KMnO}_4) = \frac{2}{5}\times\frac{m(\text{Na}_2\text{C}_2\text{O}_4)/M(\text{Na}_2\text{C}_2\text{O}_4)}{V(\text{KMnO}_4)}$$

因为加热的温度和时间、反应的酸度、$KMnO_4$ 溶液的浓度、试剂加入的顺序对测定的准确度均有影响，因此必须严格控制反应条件，一般以加热水样 100℃后再沸腾 10min 为标准。

当水样中氯含量大于 300mg/L 时，将影响测定结果。加水稀释降低 Cl^-浓度可消除干扰，如不能消除其干扰可加入 Ag_2SO_4，通常加入 1g Ag_2SO_4 可消除 200mg Cl^-的干扰。如使用 Ag_2SO_4 不便，可采用碱性高锰酸钾法测定水中的 COD。

【仪器和试剂】

仪器：分析天平，称量瓶，容量瓶（250mL），锥形瓶（250mL），滴定管（50mL），移液管（50mL、25mL、10mL），电炉，水浴锅。

试剂：$KMnO_4$ 溶液（0.02mol/L），$Na_2C_2O_4$（105～110℃烘干备用），H_2SO_4（6mol/L），受污染水样。

【实验步骤】

1．0.005mol/L $Na_2C_2O_4$标准溶液的配制

准确称取基准物质草酸钠 0.17g 左右，置于小烧杯中，加 30mL 蒸馏水溶解，并定量转移至 250mL 容量瓶中，加水稀释至刻度，即得 0.005mol/L $Na_2C_2O_4$ 标准溶液。计算其准确浓度。

2．0.002mol/L $KMnO_4$溶液的配制和标定

用量筒量取 25mL 0.02mol/L $KMnO_4$ 标准溶液于 250mL 棕色试剂瓶中，以新煮沸且冷却的蒸馏水稀释至刻度。

准确移取 25.00mL $Na_2C_2O_4$ 标准溶液于 250mL 锥形瓶中，加入 10mL 6mol/L H_2SO_4，摇匀后置于水浴上加热至 75～80℃，趁热用 0.002mol/L $KMnO_4$ 溶液滴定。开始时反应速率较慢，待溶液中产生 Mn^{2+}后，反应速率逐渐加快，故滴定速度要与之相适应，直至溶液呈微红色且在 30s 内不褪色即为终点，平行测定 3 份，计算 $KMnO_4$ 标准溶液的浓度。

3．水样测定

根据水质污染程度取水样 10～100mL，置于 250mL 锥形瓶中，加 6mol/L H_2SO_4 溶液 10mL，记录滴定管初读数，再由滴定管准确加入约 15mL 0.002mol/L $KMnO_4$ 溶液，立即加热至沸，若此时红色褪去，说明水样中有机物含量较多，应再滴加适量 $KMnO_4$ 溶液，直到试样溶液呈现稳定的红色。从溶液冒第一个大气泡开始计时，用小火微沸 10min，取下锥形瓶，趁热加入 10.00mL 0.005mol/L $Na_2C_2O_4$ 标准溶液，摇匀，此时溶液应当由红色转为无色，再用 0.002mol/L $KMnO_4$ 标准溶液滴定至稳定的浅粉色，30s 不褪色即为终点。记录滴定管液面末读数，平行测定 3 次。

另取 100mL 蒸馏水代替水样，操作同上，求得空白值，计算化学需氧量时将空白值减去。

【注意事项】

1．水样取后应立即进行分析。如需放置，可加入少量的硫酸铜以抑制生物对有机物的分解。必要时在 0～5℃保存，应在 48h 内测定。取水样的量由外观可初步判断：洁净、透明的水样取 100mL，污染严重、浑浊的水样取 10～30mL，补加蒸馏水至 100mL。

2．溶液加热时容易暴沸，因此需不断摇动。

【数据处理】

1．$KMnO_4$标准溶液的标定

项目	1	2	3
$m(Na_2C_2O_4)$/g			
$c(Na_2C_2O_4)$/(mol/L)			
$V(Na_2C_2O_4)$/mL			
$KMnO_4$ 终读数/mL			
$KMnO_4$ 初读数/mL			
消耗 $KMnO_4$ 体积 V/mL			
$c(KMnO_4)$/(mol/L)	c_1=	c_2=	c_3=
$c(KMnO_4)$的平均值/(mol/L)	$\overline{c}=\dfrac{c_1+c_2+c_3}{3}=$		
相对平均偏差/%	$\overline{d}_r=\dfrac{\lvert c_1-\overline{c}\rvert+\lvert c_2-\overline{c}\rvert+\lvert c_3-\overline{c}\rvert}{3\overline{c}}\times100\%=$		

2．COD 测定

项目	1	2	3
$\overline{c}$ ($Na_2C_2O_4$)/(mol/L)			
$V(Na_2C_2O_4)$/mL			
水样体积 V/mL			
$c(KMnO_4)$/(mol/L)			
$KMnO_4$ 终读数/mL			
$KMnO_4$ 初读数/mL			
消耗 $KMnO_4$ 体积/mL			
$COD(O_2)$/(mg/L)			
平均值 $COD(O_2)$/(mg/L)			
相对平均偏差/%			

【思考题】

1．测定水中 COD 的意义何在？有哪些方法测定 COD？

2．水样的采集及保存应当注意哪些事项？

3．水样中加入 $KMnO_4$ 煮沸后，若紫红色消失说明什么？应采取什么措施？

实验 43 果蔬中维生素 C 含量的测定（二氯靛酚氧化滴定法）

【实验目的】

1．掌握果蔬中维生素 C 的测定方法。

2．了解果蔬中提取维生素 C 的方法。

3．熟悉采样、样品处理、称量、过滤、定容、滴定等基本操作。

【实验原理】

维生素 C（简称 Vc）是人类营养中最重要的维生素之一，缺少时会患维生素 C 缺乏症，因此又称抗坏血酸，分子式为 $C_6H_8O_6$。自然界存在两种形式的维生素 C：抗坏血酸（还原型 Vc）和脱氢抗坏血酸（氧化型 DHVc），还原型抗坏血酸具有烯二醇式结构，因此具有强还原性。可用氧化还原滴定的方法进行定量测定。

由于维生素 C 的还原性很强，较易被溶液和空气中的氧氧化，在碱性介质中这种氧化作用更强，因此滴定宜在酸性介质中进行，以减少副反应的发生。

2,6-二氯靛酚是一种染料，其颜色受形态（氧化态或还原态）和酸度影响：还原态——无色；氧化态——碱性中深蓝色，酸性中浅红色。因此用蓝色的碱性染料 2,6-二氯靛酚标准溶液对含抗坏血酸的试样酸性浸出液进行氧化还原滴定，2,6-二氯靛酚被还原为无色，当到达滴定终点时，多余的 2,6-二氯靛酚在酸性介质中显浅红色，由 2,6-二氯靛酚的消耗量计算样品中抗坏血酸的含量。本方法适用于乳粉、蔬菜、水果及其制品中抗坏血酸总量的测定。

【仪器和试剂】

仪器：滴定管（50mL），移液管（1mL，10mL，25mL），容量瓶（250mL），锥形瓶（100mL，250mL），研钵，分析天平，减压过滤装置，粉碎机，水果刀。

试剂：$H_2C_2O_4$（20g/L），$NaHCO_3$（A.R.，s），2,6-二氯靛酚（2,6-二氯靛酚钠盐，$C_{12}H_6Cl_2NNaO_2$，（A.R.，s），抗坏血酸标准品（$C_6H_8O_6$，纯度≥99%），新鲜水果。

【实验步骤】

1．试剂的配制及样品的制备

（1）0.5mg/mL 抗坏血酸标准溶液的配制

准确称取 0.5g 抗坏血酸标准品，草酸溶液溶解定容至 1000mL，计算准确浓度。该贮备液在 2～8℃避光条件下可保存一周。

（2）2,6-二氯靛酚（2,6-二氯靛酚钠盐）溶液的配制和标定

称取碳酸氢钠 0.2g 溶解在 200mL 热蒸馏水中，然后称取 2,6-二氯靛酚 0.2g 溶解在上述碳酸氢钠溶液中。冷却并用水稀释至 1000mL，过滤至棕色瓶内，于 4～8℃环境中保存。

准确吸取 0.5mL 抗坏血酸标准溶液于 100mL 锥形瓶中，加入 10mL 草酸溶液，摇匀，用 2,6-二氯靛酚溶液滴定至粉红色，保持 15s 不褪色为止。同时另取 10mL 草酸溶液做空白试验。平行测定 3 次。

2,6-二氯靛酚溶液的滴定度按下式计算：

$$T = \frac{cV}{V_1 - V_0}$$

式中，T 为 2,6-二氯靛酚溶液的滴定度，即每毫升 2,6-二氯靛酚溶液相当于抗坏血酸的质量（mg），mg/mL；c 为抗坏血酸标准溶液的质量浓度，mg/mL；V 为吸取抗坏血酸标准溶液的体积，mL；V_1 为滴定抗坏血酸标准溶液所消耗 2,6-二氯靛酚溶液的体积，mL；V_0 为滴定空白所消耗 2,6-二氯靛酚溶液的体积，mL。

（3）样品的制备

准确称取番石榴（去皮）的可食部分 50g，放于研钵中，加入 50mL 草酸溶液，迅速研磨成匀浆。用草酸溶液将样品转移至 1000mL 容量瓶，并用草酸溶液稀释至刻度，摇匀后抽滤。若滤液有颜色，可按每克样品加 0.4g 白陶土脱色后再过滤。

2．样品测定

准确移取 10mL 滤液于 100mL 锥形瓶中，用 2,6-二氯靛酚溶液滴定，直至溶液呈粉红色 15s 不褪色为止。同时另取 10mL 草酸溶液做空白试验。平行测定 3 次。

试样中 L(+)-抗坏血酸含量按下式计算：

$$X = \frac{(V - V_0)TA}{m} \times 100$$

式中，X 为试样中抗坏血酸含量，mg/100g；V 为滴定试样所消耗 2,6-二氯靛酚溶液的体积，mL；V_0 为滴定空白所消耗 2,6-二氯靛酚溶液的体积，mL；T 为 2,6-二氯靛酚溶液的滴定度，即每毫升 2,6-二氯靛酚溶液相当于抗坏血酸的质量（mg），mg/mL；A 为样品定容的体积除以滴定时移取的体积；m 为试样质量，g。

计算结果以重复性条件下获得的三次独立测定结果的算术平均值表示，结果保留三位有效数字。

3．精密度

在重复性条件下获得的三次独立测定结果的绝对差值，在抗坏血酸含量大于 20mg/100g 时不得超过算术平均值的 2%。在抗坏血酸含量小于或等于 20mg/100g 时不得超过算术平均值的 5%。

【注意事项】

1．抗坏血酸标准溶液要现用现配，尽量精确，避免 Vc 氧化，避免标准溶液的误差导致系统误差。

2．研磨样品时，一定要加入草酸溶液，保护 Vc；研磨要迅速。

3．整个操作过程要迅速，防止 Vc 被氧化。滴定过程一般不超过 2min，滴定所用的染料不应小于 1mL 或多于 4mL，如果样品 Vc 太高或太低时，可增减样品液用量或改变提取液稀释度。

4．本实验必须在酸性条件下进行。在此条件下，干扰物反应进行得很慢。

【思考题】

1．加入 20g/L 草酸溶液的目的是什么？

2．为什么要取中间滤液？

3．过滤的规范操作应注意哪些方面？

实验 44　海盐的提纯及含量分析

【实验目的】

1．了解用化学方法提纯海盐的原理。

2．了解 Ca^{2+}、Mg^{2+}、SO_4^{2-} 的定性鉴定，NaCl 定量测定的方法。

3．掌握溶解、过滤、蒸发、结晶、干燥、滴定等基本操作。

4．掌握莫尔法的实际应用。

【实验原理】

食盐是人们生活中不可缺少的调味品，尤其是副食品加工中重要的辅料。食盐因其来源不同，可分为海盐、湖盐、井盐和岩盐（又叫矿盐），我国的食盐以海盐为主。海盐（大颗粒原盐）即粗食盐，其中含有不溶性和可溶性的杂质（如泥沙和 K^+、Mg^{2+}、Ca^{2+}、SO_4^{2-} 等）。不溶性杂质可通过溶解、过滤的方法除去；可溶性杂质则需加入沉淀剂，生成沉淀后过滤除去。在溶液中加入 $BaCl_2$ 可除去 SO_4^{2-}，而 Ca^{2+}、Mg^{2+} 以及多余的 Ba^{2+} 则可用饱和 Na_2CO_3 将其沉淀，过量的 NaOH 和 Na_2CO_3 可用 HCl 中和。K^+ 等其他可溶性杂质含量少，蒸发浓缩后不结晶，仍留在母液中，可通过抽滤除去。提纯有关离子的方程式如下：

$$SO_4^{2-} + Ba^{2+}\text{（过量）} \longrightarrow BaSO_4 \downarrow \text{（白色）}$$

$$Ca^{2+} + CO_3^{2-}\text{（过量）} \longrightarrow CaCO_3 \downarrow \text{（白色）}$$

$$Ba^{2+} + CO_3^{2-}\text{（过量）} \longrightarrow BaCO_3 \downarrow \text{（白色）}$$

$$2Mg^{2+} + 2OH^- + CO_3^{2-} \longrightarrow Mg_2(OH)_2CO_3 \downarrow \text{（白色）}$$

$$OH^- + H^+ \longrightarrow H_2O$$

$$CO_3^{2-} + 2H^+ \longrightarrow CO_2\uparrow + H_2O$$

NaCl 含量分析采用莫尔法。此法是在中性或弱碱性溶液中，以 K_2CrO_4 为指示剂，以 $AgNO_3$ 标准溶液进行滴定。由于 AgCl 的溶解度比 Ag_2CrO_4 小，因此溶液中首先析出 AgCl 沉淀，当 Cl^-定量沉淀后，过量的 $AgNO_3$ 溶液即与 CrO_4^{2-} 生成砖红色 Ag_2CrO_4 沉淀以指示终点。反应式如下：

$$Ag^+ + Cl^- \longrightarrow AgCl\downarrow \text{（白色）} \qquad (K_{sp}^{\ominus}=1.8\times10^{-10})$$

$$2Ag^+ + CrO_4^{2-} \longrightarrow Ag_2CrO_4\downarrow \text{（砖红色）} \qquad (K_{sp}^{\ominus}=2.0\times10^{-12})$$

【仪器和试剂】

仪器：烧杯（150mL），量筒（10mL，100mL），试管（10mL），滴定管（50mL），容量瓶（250mL），锥形瓶（250mL），移液管（25mL），玻璃棒，电炉，蒸发皿，漏斗架，普通漏斗，抽滤瓶，布氏漏斗，台秤，分析天平，滤纸。

试剂：海盐，HCl（2mol/L），NaOH（2mol/L），$BaCl_2$（1mol/L），Na_2CO_3（2mol/L），$(NH_4)_2C_2O_4$（0.5mol/L），镁试剂，pH 试纸，$AgNO_3$（0.5mol/L），K_2CrO_4（5% mol/L）。

【实验步骤】

1．海盐的提纯

（1）海盐的称量和溶解

在台秤上称取 8g 海盐，置于小烧杯中，加入 30mL 蒸馏水，加热使其溶解。

（2）SO_4^{2-} 的去除

在溶液中边搅拌边逐滴加入 1mol/L $BaCl_2$ 溶液 2mL，继续加热 5min 使沉淀颗粒长大而易于沉淀和过滤。为检验 SO_4^{2-} 是否沉淀完全，将烧杯从电炉上取下，待沉淀沉降后，沿烧杯内壁加 1～2 滴 $BaCl_2$ 溶液，观察上层清液中是否有浑浊现象，如无浑浊，说明已沉淀完全；如有浑浊，则需继续滴加 $BaCl_2$ 溶液，直至沉淀完全为止。沉淀完全后，继续加热 5min，用普通漏斗过滤，保留滤液。

（3）Mg^{2+}、Ca^{2+}、Ba^{2+}等的除去

在滤液中加入 1mL 2mol/L NaOH 溶液和 3mL 1mol/L Na_2CO_3 溶液，加热至沸。仿照（2）中方法检验 Mg^{2+}、Ca^{2+}、Ba^{2+}等沉淀完全后，继续加热 5min，用普通漏斗过滤，保留滤液。

（4）调节溶液 pH

在滤液中逐滴加入 2mol/L HCl 溶液，充分搅拌，并用玻璃棒蘸取滤液在 pH 试纸上测试，直至溶液呈微酸性（pH 2～3）为止。

（5）蒸发浓缩

将中和好的溶液转移至蒸发皿中，放在电炉上加热，边加热边搅拌，蒸发浓缩至溶液呈稀稠状为止，切不可将溶液蒸干。

（6）结晶、减压过滤、干燥

将浓缩液冷却至室温。用布氏漏斗减压过滤，尽量抽干。再将晶体转移至蒸发皿中，放于电炉上，用小火蒸干。待晶体冷却后称量，计算收率。

$$收率=\frac{m_{精盐}}{m_{海盐}}\times100\%$$

2．产品纯度的检验

称取海盐和提纯后的精盐各 1g，分别溶于 10mL 蒸馏水中，分别盛于 3 支试管中，组成 3 组，对照检验其纯度。

（1）SO_4^{2-} 的检验

在第一组溶液中分别加入 2 滴 1mol/L $BaCl_2$ 溶液，再加 1 滴 2mol/L HCl，观察现象（在提纯后的精盐溶液中应无 $BaCO_3$ 沉淀产生）。

（2）Ca^{2+}的检验

在第二组溶液分别加入 2 滴 0.5mol/L $(NH_4)_2C_2O_4$ 溶液，观察现象。

（3）Mg^{2+}的检验

在第三组溶液中分别加入 5 滴 2mol/L NaOH 溶液使溶液呈碱性，再加入几滴镁试剂，如有蓝色沉淀产生，表示有 Mg^{2+}存在。

3．产品 NaCl 含量的测定

称取提纯后的精盐 1.8～2.0g（准确至 0.1mg）于烧杯中，加水溶解，定量转移至 250mL 容量瓶中，定容，摇匀。

用移液管准确移取 25.00mL 精盐溶液于 250mL 锥形瓶中，加入 25mL 蒸馏水和 1mL 5% K_2CrO_4，在不断摇动下，用 $AgNO_3$ 标准溶液滴定至溶液呈现砖红色沉淀即为终点。记录所消耗 $AgNO_3$ 溶液的体积，平行测定 3 次。计算精盐中 NaCl 的含量。

$$w(\mathrm{NaCl})=\frac{c(\mathrm{AgNO_3})V(\mathrm{AgNO_3})M(\mathrm{NaCl})\times10^{-3}}{m_{精盐}\times\frac{25.00}{250.00}}\times100\%$$

$$[M(\mathrm{NaCl})=58.44\mathrm{g/mol}]$$

【注意事项】

1．注意抽滤的正确操作方法。

2．在蒸发过程中要用玻璃棒不断搅拌溶液，以防止溶液局部受热而暴沸。

3．蒸发时不可将溶液蒸干。

4．滴定时，指示剂 K_2CrO_4 的用量要适量。

5．滴定时要充分摇动，以防止吸附而造成较大的误差。

【数据处理】

1．海盐的提纯

项目	数据
海盐的质量/g	
蒸发皿+玻璃棒的质量/g	
蒸发皿+玻璃棒+精盐的质量/g	
精盐的质量/g	
收率/%	

2．产品的检验

项目	海盐		精盐	
	现象	结论	现象	结论
SO_4^{2-} 的检验				
Ca^{2+}的检验				
Mg^{2+}的检验				

3．NaCl 含量的测定

项目	1	2	3
m(NaCl)/g			
$c(AgNO_3)$/(mol/L)			
$V(AgNO_3)$/mL			
NaCl 含量/%			
NaCl 含量的平均值/%			
相对平均偏差/%			

【思考题】

1．在除 Ca^{2+}、Mg^{2+}、SO_4^{2-} 等时，为什么先加 $BaCl_2$ 溶液，后加 Na_2CO_3 溶液？顺序能颠倒吗？

2．蒸发前为什么要用盐酸将溶液的 pH 调至 2～3？能否用其他酸代替盐酸，为什么？

3．蒸发时为何不可将溶液蒸干？

4．滴定中对指示剂的量是否要加以控制？为什么？

5．滴定过程中要求充分摇动锥形瓶的原因是什么？若不充分摇动，对测定结果有何影响？

实验 45　分光光度法测定植物组织中的总铁量

【实验目的】

1．学会植物样品的处理方法。

2．进一步学习分光光度法测定铁的原理和方法以及分光光度计的使用。

【实验原理】

作物充足含铁量一般在 50×10^{-6}～250×10^{-6}。铁以低价铁离子（Fe^{2+}）形态被植物根系吸收，并以螯合态铁被运移到根表面。铁既作为结构组分，又充当酶促反应的辅助因子。代谢需要亚铁离子（Fe^{2+}）且以此形态被作物吸收。Fe^{2+}活性高且有效地结合进生物分子结构。相反含铁离子（Fe^{3+}）的化合物可溶性低，这严重限制了 Fe^{3+}的有效性和植物对 Fe^{3+}的吸收，这也是为什么一些富含铁离子（Fe^{3+}）的植物组织却能出现缺铁症状的原因。植物组织总铁量应包含亚铁离子（Fe^{2+}）和铁离子（Fe^{3+}）的含量。

植物组织总铁量的测定，首先应将植物进行消解处理。消解方法分为湿法和干法。本实验采用干法，在高温（500～550℃）下，加热分解，灰化，所得灰分用适当溶剂溶解后进行测定。

邻二氮菲（phen）是测定微量铁的一种较好试剂。在 pH2～9 的条件下，Fe^{2+}和邻二氮菲反应生成极稳定的橙红色配合物$[Fe(phen)_3]^{2+}$，其 $\lg K_{稳}=21.3$，反应如下：

$$Fe^{2+}+3phen \longrightarrow [Fe(phen)_3]^{2+}$$

该配合物的最大吸收峰在 510nm 处，摩尔吸光系数 $\varepsilon_{510}=1.1\times10^4 L/(mol \cdot cm)$。

Fe^{3+}也能与邻二氮菲反应生成淡蓝色的配合物，其 $\lg K_{稳}=14.1$。因此，在显色之前应先用盐酸羟胺（$NH_2OH \cdot HCl$）将 Fe^{3+}还原成 Fe^{2+}，其反应式如下：

$$2Fe^{3+}+2NH_2OH \cdot HCl \longrightarrow 2Fe^{2+}+N_2\uparrow+2H_2O+4H^++2Cl^-$$

测定时，控制溶液酸度在 pH 5 左右为宜。酸度太高，反应较慢，酸度太低，则离子易水解，影响显色。

【仪器和试剂】

仪器：721 型或 722 型分光光度计，瓷坩埚，马弗炉，恒温干燥箱，可调电炉，分析天平，粉碎机。

试剂：铁标准溶液［100mg/L：准确称取 0.8640g $NH_4Fe(SO_4)_2 \cdot 12H_2O$ 于烧杯中，以 30mL 2mol/L HCl 溶液溶解后定量转移至 1L 容量瓶中定容，摇匀］，铁标准溶液（10mg/L），盐酸羟胺（100g/L，用时现配），邻二氮菲水溶液（1.5g/L），乙酸钠溶液（1mol/L），HCl 溶液（2mol/L），NaOH（0.4mol/L），HCl（浓）。

【实验步骤】

1．样品预处理

将干样品（如秸秆、玉米、大豆等）粉碎后，过 40 目筛，准确称取 4～5g（准确至 0.1mg）于瓷坩埚中，先放电炉上低温炭化（约 200℃），直至不再冒烟，完全变黑。将炭化的样品转入马弗炉中，在 525℃左右灼烧约 30min，直至残渣呈灰白色，冷却。然后在灰化后的样品中加入 1mL 浓 HCl 和 10mL 蒸馏水，加盖后放入 80℃烘箱内 30min，取出冷却后转入 50mL 容量瓶中定容，摇匀，备用。

2．条件试验

（1）吸收曲线的绘制

准确移取 10mg/L 铁标准溶液 0.8mL 于 50mL 容量瓶中，加入 1mL 100g/L 盐酸羟胺溶液，摇匀后放置 2min，再加入 2mL 1.5g/L 邻二氮菲水溶液和 5mL 1mol/L 乙酸钠溶液，用蒸馏水稀释至刻度，摇匀。放置 10min，在分光光度计上，用 1cm 比色皿，以蒸馏水作参比，在 430～570nm 波长范围内，每隔 10nm 测定一次溶液的吸光度 A，以波长为横坐标、吸光度为纵坐标，绘制吸收曲线，从而选择测定铁的最大吸收波长。

（2）配合物的稳定性试验

采用（1）步骤中数据确定的最大吸收波长（510nm）作为实验的入射光波长，按（1）配制溶液，加入显色后开始计时，每隔一定时间测定其吸光度，时间可设置为 5min、10min、30min、60min、90min 及 120min 等。然后以放置时间为横坐标、吸光度为纵坐标，绘制吸光度-时间曲线，对配合物的稳定性作出判断，得出适宜的显色时间。

（3）显色剂用量试验

在 7 只 50mL 容量瓶中，各加入 1.00mL 10mg/L 铁标准溶液和 1mL 100g/L 盐酸羟胺溶液，摇匀后放置 2min。分别加入 0.2mL、0.4mL、0.6mL、0.8mL、1.0mL、2.0mL 及 4.0mL 1.5g/L 邻二氮菲水溶液，再各加入 5mL 1mol/L 乙酸钠溶液，用蒸馏水稀释至刻度，摇匀。以蒸馏水作参比，测定各溶液的吸光度。以显色剂体积为横坐标、吸光度为纵坐标作图，从而确定显色剂最适宜的用量。

（4）溶液酸度的影响

在 9 只 50mL 容量瓶中，各加入 2.00mL 10mg/L 铁标准溶液和 1mL 100g/L 盐酸羟胺溶液，摇匀后放置 2min 后，各加 2mL 1.5g/L 邻二氮菲水溶液，然后分别加入 0.00mL、2.00mL、5.00mL、8.00mL、10.00mL、20.00mL、25.00mL、30.00mL 及 40.00mL 0.1mol/L NaOH 溶液，用水稀释至刻度，摇匀。用精密 pH 试纸或 pH 计分别测定其 pH。以水作参比，测定各溶液的吸光度。绘制 A-pH 曲线，确定适宜的酸度。

3．铁含量的测定

（1）标准曲线的绘制

在序号为 1～6 的 6 只 50mL 容量瓶中，分别加入 0.00mL、0.20mL、0.40mL、0.60mL、0.80mL、1.00mL 10.00mg/L 铁标准溶液和 1mL 100g/L 盐酸羟胺溶液，摇匀后放置 2min。再各加入 2.0mL 1.5g/L 邻二氮菲水溶液和 5mL 1mol/L 乙酸钠溶液，用蒸馏水稀释至刻度，摇匀。在最大吸收波长处测定各溶液的吸光度，以铁的含量为横坐标、吸光度为纵坐标，绘制标准曲线。

（2）样品铁含量的测定

移取样品溶液 10.00mL 于 50mL 容量瓶中，加入 1mL 100g/L 盐酸羟胺溶液，摇匀后放置 2min。再加入 2.0mL 1.5g/L 邻二氮菲水溶液和 5mL 1mol/L 乙酸钠溶液，用蒸馏水稀释至刻度，摇匀。在最大吸收波长处测定各溶液的吸光度，由标准曲线计算样品中铁的含量。

【注意事项】

标准曲线的绘制与样品铁含量的测定实验中溶液的配制和吸光度的测定应同时进行。

【数据处理】

1．吸收曲线的绘制

波长/nm	430	450	470	490	500	510	520	530	550	570
吸光度 A										

亚铁配合物的最大吸收波长 λ_{max}=________nm。

（其他条件试验的数据记录可仿照此表，请自行列表）

2．铁含量的测定

项目	铁标准溶液							待测试液
		1	2	3	4	5	6	7
加入体积/mL								
$c(Fe^{2+})$/(mol/L)								
吸光度 A								

待测试液中铁的含量=标准曲线上求得的组成量度×待测试液的稀释倍数

待测试液中铁的含量=________mol/L

【思考题】

1．植物样品中无机元素分析的样品前处理方法有哪些？各有何特点？

2．用邻二氮菲测定铁时，为什么加入盐酸羟胺要等一定时间才能进行实验？

3．在显色反应中哪些试剂加入的量必须准确，哪些必须过量？

4．在有关条件实验中，均以水为参比，为什么在测绘标准曲线和测定试液时，要以试剂空白溶液为参比？

5．显色时，加入还原剂、缓冲溶液与显色剂的顺序是否可以颠倒？为什么？

实验 46　萃取光度法测定水中的表面活性剂

【实验目的】

1．掌握氯仿萃取-亚甲基蓝分光光度法测定水中的阴离子表面活性剂的方法。

2．学习溶剂萃取的基本操作。

【实验原理】

阴离子表面活性剂是普通合成洗涤剂的主要活性成分，使用最广泛的阴离子表面活性剂是直链烷基苯磺酸钠（LAS）。本法采用 LAS 作为标准物，其烷基碳链在 C_{10}～C_{13}之间，平均碳数为 12，平均分子量为 344.4。

阳离子染料亚甲基蓝与阴离子表面活性剂作用，生成蓝色的盐类，统称亚甲基蓝活性物质（MBAS）。该生成物可被氯仿萃取，其色度与浓度成正比，用分光光度计在波长 652nm 处测量氯仿层的吸光度。可根据朗伯-比耳定律对阴离子表面活性剂定量。

本法适用于测定饮用水、地面水、生活污水及工业废水中的低浓度亚甲基蓝活性物质（MBAS），亦即阴离子表面活性物质。在实验条件下，主要被测物是 LAS、烷基磺酸钠和脂肪醇硫酸钠。

水样中除主要被测物以外其他有机的硫酸盐、磺酸盐、羧酸盐及无机的硫氰酸盐、氰酸盐、硝酸盐和氯化物等，与亚甲基蓝作用，生成可溶于氯仿的蓝色配合物，使测定结果偏高。通过水溶液反洗有机相可消除这些干扰（有机硫酸盐、磺酸盐除外，而氯化物和硝酸盐的干扰可除去大部分）。

萃取是利用物质在两种不互溶（或微溶）溶剂中溶解度或分配比的不同来达到分离、提取或纯化目的一种操作。例：将含有有机化合物的水溶液用有机溶剂萃取时，有机化合物就在两液相之间进行分配。在一定温度下，此有机化合物在有机相中和在水相中的浓度之比为一常数，即所谓“分配定律”。

【仪器和试剂】

仪器：容量瓶（50mL），分液漏斗（250mL），吸量管（1mL、5mL、10mL、25mL），分光光度计。

试剂：氢氧化钠（1mol/L），硫酸（0.5mol/L），氯仿，直链烷基苯磺酸钠贮备溶液（1.00mg/mL：称取 0.100g 标准物 LAS，准确至 0.1mg，溶于 50mL 水中，转移到 100mL 容量瓶中，稀释至标线并混匀。保存于 4℃冰箱中），直链烷基苯磺酸钠标准溶液（10.0μg/mL），亚甲基蓝溶液（称取 50g $NaH_2PO_4 \cdot H_2O$，溶解，转移到 1L 容量瓶中，缓慢加入 6.8mL 浓硫酸，另称取 30mg 亚甲基蓝，用 50mL 水溶解后也移入容量瓶，用水稀释至标线），洗涤液（称取 50g $NaH_2PO_4 \cdot H_2O$，溶解，转移到 1L 容量瓶中，缓慢加入 6.0mL 浓硫酸，用水稀释至标线），酚酞指示剂，异丙醇。

【实验步骤】

1．标准曲线的绘制

取 250mL 分液漏斗 6 个，分别加入 100mL、97mL、95mL、90mL、85mL 及 80mL 水，然后分别移入 0mL、3.00mL、5.00mL、10.00mL、15.00mL 及 20.00mL 直链烷基苯磺酸钠标准工作溶液，摇匀。加入 1 滴酚酞指示剂，逐滴加入 1mol/L 氢氧化钠溶液至水溶液呈桃红色，再滴加 0.5mol/L 硫酸至桃红色刚好消失。加入 25mL 亚甲基蓝溶液，摇匀后再移入 10mL 氯仿与 5mL 异丙醇（消除乳化作用），激烈振摇 30s（注意放气），静置分层。将氯仿层放入预先盛有 50mL 洗涤液的另一个分液漏斗（R）中。再先后移取 10mL 氯仿于盛有残液（已经萃取的标准溶液）的分液漏斗，重复萃取两次（不必加异丙醇）。合并所有氯仿至分液漏斗 R 中（盛有洗涤液），激烈摇动 30s，静置分层。将氯仿层通过玻璃棉或脱脂棉，放入 50mL 干燥容量瓶中。再用氯仿萃取洗涤液两次（每次用量 5mL），此氯仿层也并入容量瓶中，加氯仿稀释至刻度。

在分光光度计上，以空白试剂为参比，以 1cm 比色皿于 652nm 处测量氯仿萃取液的吸光度。以测得的吸光度为纵坐标、相应的直链烷基苯磺酸钠浓度为横坐标，绘制工作曲线。

2．选择试样体积及试样测定

为了直接分析水和废水样品，应根据预计的水中 MBAS 的浓度确定试样体积，见下表：

预计的 MBAS 的质量浓度/(mg/L)	试样体积/mL
0.05～2.0	100
2.0～10	20
10～20	10
20～40	5

当预计的 MBAS 质量浓度超过 2mg/L 时，按上表选取试样体积后，用水稀释至 100mL。其他操作步骤均同工作曲线绘制的操作。

【注意事项】

注意萃取操作的规范性，并在操作过程中注意质量的控制。

【数据处理】

试液编号	标准溶液的体积/mL	活性剂的总含量/μg	吸光度 *A*
1			
2			
3			
4			
5			
6			
未知试液			

【思考题】

1．氯仿萃取-亚甲基蓝分光光度法测定水中阴离子表面活性剂的原理是什么？

2．萃取的原理是什么？萃取摇动时要注意什么？

3．萃取时加入异丙醇的作用是什么？若无该作用，会有何影响？

4．实验中采用重复萃取的方法有何好处？写出有关的计算式子说明。

5．本实验的空白试验该怎样操作？

实验 47 邻二氮菲分光光度法测定水样中的微量铁

【实验目的】

1．熟悉分光光度法的基本原理。

2．掌握 722 分光光度计的使用和标准曲线的绘制。

【实验原理】

铁的分光光度法所用的显色剂较多，有邻二氮菲（又称邻菲啰啉）及其衍生物、磺基水杨酸等。其中邻二氮菲分光光度法的灵敏度高，稳定性好，干扰容易消除，因而是目前普遍采用的一种方法。

邻二氮菲(phen)和 Fe^{2+}在 pH 3～9 的溶液中生成稳定的橙红色配离子$[Fe(phen)_3]^{2+}$，其反应如下：

$$Fe^{2+} + 3\,\text{phen} \rightleftharpoons [Fe(phen)_3]^{2+}$$

其 $\lg K_f=21.3$，摩尔吸光系数 $\varepsilon=1.1\times10^4 L/(mol\cdot cm)$，因而灵敏度高、稳定性好。红色配合物的最大吸收峰在 510nm 波长处。因此，本实验以朗伯-比耳定律为依据，采用标准曲线法测定铁含量。

当铁为+3 价时，可用盐酸羟胺还原，其反应式如下：

$$2Fe^{3+} + 2NH_2OH\cdot HCl = 2Fe^{2+} + N_2\uparrow + 2H_2O + 4H^+ + 2Cl^-$$

本方法的选择性很高，相当于含铁量 40 倍的 Sn^{2+}、Al^{3+}、Ca^{2+}、Mg^{2+}、Zn^{2+}、SiO_3^{2-}，20 倍 Cr^{3+}、Mn^{2+}、PO_4^{3-}，5 倍 Co^{2+}、Cu^{2+}等均不干扰测定。

分光光度法的实验条件，如测量波长、溶液酸度、显色剂用量等，都是通过实验来确定的。因此本实验在测定试样中铁含量之前，必须先做部分条件试验。条件试验的简单方法是：变动某实验条件，固定其余条件，测得一系列吸光度值，绘制吸光度-某实验条件的曲线，根据曲线确定某实验条件的适宜值或适宜范围。

【仪器和试剂】

仪器：722 型分光光度计，酸度计，容量瓶（25mL），吸量管（5mL、10mL）等。

试剂：铁标准溶液（10.00mg/L）：准确称取 0.7021g 分析纯硫酸亚铁铵［$FeSO_4\cdot(NH_4)_2SO_4\cdot 6H_2O$］于小烧杯中，加水溶解，加入 6mol/L HCl 溶液 50mL，定量转

移至 250mL 容量瓶中稀释至刻度，摇匀。所得溶液含铁 100.0mg/L。吸取此溶液 25.00mL 于 250mL 容量瓶中，用蒸馏水稀释至刻度，摇匀，所得溶液含铁 10.00mg/L。

邻二氮菲（又称邻菲啰啉）水溶液（0.15%）：称取 1.5g 邻二氮菲，先用 5～10mL 95% 乙醇溶解，再用蒸馏水稀释到 1L。

盐酸羟胺水溶液（10%，新鲜配制）。

NaAc 溶液（1mol/L）。

NaOH 溶液（1mol/L，6mol/L）。

【实验步骤】

1．实验条件的选择

（1）吸收曲线的制作和测量波长的选择

取 2 只 25mL 容量瓶编号分别为 0 号、1 号，用 5mL 吸量管分别加入 0.00mL、3.00mL 铁标准溶液（10.00 mg/L）。再向上述容量瓶分别加入 0.50mL 盐酸羟胺溶液、1.00mL 邻二氮菲溶液、2.50mL NaAc 溶液，用水稀释至刻度，摇匀。放置 10min 待测。

取 2 只 1cm 比色皿，用蒸馏水洗净后，再用 0 号、1 号溶液分别润洗 2～3 次，然后分别装入 0 号、1 号溶液。用擦镜纸或滤纸擦干比色皿外壁水珠，将比色皿放在吸收池架上（比色皿透光面对准架孔），准备测量。

旋动波长调节钮，依次调节波长在 440nm、460nm、480nm、500nm、505nm、510nm、520nm、540nm 及 560nm 等波长处，以 0 号溶液为参比溶液，测定 1 号溶液吸光度。注意每改变一次波长，均需用参比溶液重新调零。测定数据记录在表格内。

以波长 λ 为横坐标、吸光度 A 为纵坐标，绘制 λ 和 A 关系的吸收曲线。从吸收曲线上选择测定铁的适宜波长，一般选用最大吸收波长 λ_{max}。

（2）溶液酸度的选择

取 8 只 25mL 容量瓶，用吸量管各加入 4.00mL 的铁标准溶液、0.50mL 盐酸羟胺溶液和 1mL 邻二氮菲溶液，摇匀。然后分别加入 NaOH 溶液 0.00mL、0.10mL、0.25mL、0.50mL、0.75mL、1.00mL、1.25mL 及 1.50mL。用蒸馏水稀释至刻度，摇匀。放置 10min 后分别测定各溶液的 pH 和吸光度。吸光度测定条件为：1cm 比色皿，蒸馏水作参比，测定波长为 λ_{max}。以吸光度 A 为纵坐标、pH 为横坐标，绘制 A 和 pH 关系曲线。从曲线上选择测定适宜 pH。

（3）显色剂用量的选择

取 7 个 25mL 容量瓶，用吸量管依次加入 4.00mL 铁标准溶液、0.50mL 盐酸羟胺溶液，初步摇匀。再分别加入邻二氮菲溶液 0.05mL、0.15mL、0.25mL、0.40mL、0.50mL、1.00mL、2.00mL，最后向上述容量瓶中分别加入 2.50mL 的 NaAc 溶液，用蒸馏水稀释至刻度，摇匀。放置 10min 后测定各溶液的吸光度。吸光度测定条件为：1cm 比色皿，以蒸馏水作参比，测定波长为 λ_{max}。以吸光度 A 为纵坐标、显色剂用量 V 为横坐标，绘制 A 和 V 关系曲线。从曲线上选择测定适宜显色剂用量。

2．铁含量的测定

（1）标准曲线的制作

取 6 只 25mL 容量瓶，用吸量管分别加入体积为 0.00mL、1.00mL、2.00mL、3.00mL、

4.00mL、5.00mL 铁标准溶液，再向上述容量瓶分别加入 0.50mL 盐酸羟胺、1.00mL 邻二氮菲溶液、2.50mL NaAc 溶液，每加一种试剂后摇匀。然后，用水稀释至刻度，摇匀后放置 10min。用 1cm 比色皿，以试剂空白（即 0.00mL 铁标准溶液）为参比，在所选择的波长下，测量各溶液的吸光度。以铁浓度为横坐标、吸光度 A 为纵坐标，绘制标准曲线。

（2）试样中铁的测定

准确移取 3.00mL 未知试液于 25mL 容量瓶中，按标准曲线的制作步骤，加入各种试剂，测量吸光度。从标准曲线上查出和计算试液中铁的含量（mg/L）。

【注意事项】

1．不能颠倒各种试剂的加入顺序。
2．每改变一次波长，必须重新调零。
3．读数据时要注意 A 和 T 所对应的数据。
4．最佳波长选择好后不要再改变。
5．实验报告中要进行数据记录，并进行处理，最后要得出结论。

【数据处理】

1．吸收曲线绘制（λ_{max}=________nm）

波长/nm	440	460	480	500	505	510	520	540	560
吸光度 A									

2．绘制工作曲线

从工作曲线上找出待测溶液铁的含量，并计算试样中的铁含量（mg/L）。

序号	铁标准溶液						待测溶液
	1	2	3	4	5	6	7
加入体积/mL	0.00	1.00	2.00	3.00	4.00	5.00	
$\rho(Fe^{2+})$/(mg/L)							
吸光度 A							

（1）以铁质量浓度 ρ（mg/L）为横坐标、吸光度 A 为纵坐标，用 EXCEL 绘制标准曲线，得标准曲线的回归方程为：__________；相关系数 R^2 为______________。

（2）待测溶液的吸光度 A______________；从标准曲线上求得试样中的铁的含量（mg/L）__________。

（3）原试样中的铁的含量（mg/L）=__________。从标准曲线上求得试样中的铁的含量×稀释倍数（25/3）=__________________。

【思考题】

1．本实验量取各种试剂时应分别采取何种量器较为合适？为什么？
2．怎样用分光光度法测定水样中的全铁（总铁）和亚铁的含量？试拟出简单步骤。
3．吸收曲线与标准曲线有何区别？各有何实际意义？

实验48 分光光度法测定水样中的磷酸盐

【实验目的】

1．了解磷钼蓝法测定磷酸根的原理。

2．巩固分光光度计使用操作。

【实验原理】

在酸性介质中，活性磷酸盐与钼酸铵反应生成磷钼黄，抗坏血酸可将磷钼黄还原为磷钼蓝，磷钼蓝于波长700～900nm范围有最大吸光度。根据这一化学反应，并结合朗伯-比耳定律，可以在最大吸收波长处用分光光度法测定水体中磷酸盐浓度。

【仪器和试剂】

仪器：容量瓶（50mL、100mL、250mL），分光光度计，比色皿（1cm）。

试剂：钼酸铵，抗坏血酸（维C），硫酸，酒石酸锑钾，磷酸二氢钾。

硫酸（6mol/L）：搅拌下将300mLH_2SO_4缓缓加到600mL水中。

钼酸铵溶液（140g/L）：14g钼酸铵［$(NH_4)_6Mo_7O_{24}\cdot 4H_2O$］于100mL水中。

酒石酸锑钾溶液（30g/L）：溶解3g酒石酸锑钾 于100mL水中，贮存于聚乙烯瓶。

混合溶液：将45mL钼酸铵溶液加到200mLH_2SO_4中，加入5mL酒石酸锑钾溶液，贮存于棕色玻璃瓶中。

抗坏血酸溶液（100g/L）：10g抗坏血酸于100mL水中，贮存于棕色试剂瓶或聚乙烯瓶。5℃避光保存。

磷酸盐标准储备溶液（0.300mg/mL）：准确称取1.3180g KH_2PO_4（优级纯，110～115℃干燥1～2h）溶于10mLH_2SO_4中，全部转入1L容量瓶，定容、混匀。

磷酸盐标准溶液（3mg/L）：移取1.00mL磷酸盐标准储备溶液于100mL容量瓶中，定容、混匀。

【实验步骤】

1．选择最大吸收波长

准确移取2.00mL磷酸盐标准溶液于50mL容量瓶中，依次加入1mL混合溶液、1mL抗坏血酸溶液，定容、混匀，放置10min，在700～900nm波长范围内，用1cm比色皿，以空白调零，每隔10nm测定一次吸光度A。确定最大吸收波长。

2．绘制工作曲线

分别移取0mL、2.00mL、4.00mL、5.00mL、6.00mL、7.00mL磷酸盐标准溶液置于50mL容量瓶，再依次加入1mL混合溶液、1mL抗坏血酸溶液，混匀，放置10min，用1cm比色皿，以空白调零测定吸光度A。

3．样品测定

根据水样中磷酸盐含量移取适量试液于50mL容量瓶，依次加入1mL混合溶液、1mL抗坏血酸溶液，定容、混匀，放置10min，用1cm比色皿，以空白调零测定吸光度A。

4．计算水样中磷酸盐浓度

以吸光度为纵坐标、相应的磷酸盐浓度(mg/L)为横坐标，绘制校准曲线，确定直线方程，并计算实际水样中磷酸盐浓度。

【注意事项】

1．参考资料：尹明、李家熙主编，岩石矿物分析，第四分册，资源与环境调查分析技术，地质出版社。

2．本法也可用于海水中活性磷酸盐的测定。当海水中磷酸盐浓度过低时，可选择正己醇与三氯甲烷作萃取剂。海水中硫化物含量大于 1mg(S)/L 时，对本方法有明显的影响，此时，水样酸化后，通氮气 10min，可明显除去硫化物干扰；砷酸盐含量大于 0.5mg(As)/L、硅酸盐含量大于 1.4mg(Si)/L，对本方法有影响。

3．如果水样浑浊，应用玻璃砂芯漏斗过滤。

【数据处理】

1．吸收曲线绘制（λ_{max}=__________nm）

波长/nm	750	770	790	810	830	840	850	870	890
吸光度 *A*									

2．绘制工作曲线

从工作曲线上找出待测溶液 P 的含量，并计算试样中的 P 含量（mg/L）。

序号	P 标准溶液						待测溶液
	1	2	3	4	5	6	7
加入体积/mL	0.00	2.00	4.00	5.00	6.00	7.00	
ρ(P)/(mg/L)							
吸光度 *A*							

（1）以 P 质量浓度 ρ（mg/L）为横坐标、吸光度 *A* 为纵坐标，用 EXCEL 绘制标准曲线，得标准曲线的回归方程为：____________；相关系数 R^2 为____________。

（2）待测溶液的吸光度 *A*____________；从标准曲线上求得试样中的 P 的含量（mg/L）____________。

（3）原试样中的 P 的含量（mg/L）____________，从标准曲线上求得试样中的 P 的含量×稀释倍数=____________。水样中 P 的含量____________mg/mL。

【思考题】

1．水样中的 P 有哪些主要的存在形式？若 P 含量过高，对生态有何影响？

2．什么是磷钼蓝？显色时加入抗坏血酸的作用是什么？

实验 49　微波消解–分光光度法测定大豆中的磷含量

【实验目的】

1．掌握磷钼蓝分光光度法测定磷含量的方法。

2．熟练分光光度计的使用。

3．掌握微波消解的基本方法。

【实验原理】

在微波辅助加热的条件下，大豆中的有机物经酸氧化分解，使磷转化为正磷酸盐。在酸性介质中，活性磷酸盐与钼酸铵反应生成磷钼黄，用抗坏血酸还原为磷钼蓝后，用分光光度计在波长 882nm 处测定磷钼蓝的吸光度值，以定量分析磷含量。

$$PO_4^{3-}+12MoO_4^{2-}+27H^+ \longrightarrow H_3[P(Mo_3O_{10})_4](\text{磷钼黄})+12H_2O$$

$$[P(Mo_3O_{10})_4]^{3-}+4SO_3^{2-}+3H^+ \longrightarrow H_3[P(Mo_3O_9)_4](\text{磷钼蓝})+4SO_4^{2-}$$

微波可以直接穿入试样的内部，在试样的不同深度，微波所到之处同时产生热效应，这不仅使加热更迅速，而且更均匀，大大缩短了加热时间，它比常规加热法一般要快 10～100 倍。目前，微波消解技术已广泛地应用于分析检测中样品处理。

【仪器和试剂】

仪器：分光光度计，容量瓶，量筒，吸量管，电子分析天平，普通天平，微波消解仪，电热板，赶酸器，烧杯等。

试剂：钼酸铵溶液（140g/L），抗坏血酸（维生素 C），硫酸（6mol/L），酒石酸锑钾（30g/L），磷酸二氢钾（3mg/L）。

混合溶液：将 45mL 钼酸铵溶液加到 200mL 浓度为 6mol/L 的 H_2SO_4 中，加入 5mL 酒石酸锑钾溶液，贮存于棕色玻璃瓶中。

【实验步骤】

1．样品溶液的制备

（1）先将大豆（黄豆）用粉碎机粉碎后待用。

（2）预消解

取干净且干燥的消化罐内罐两个，确认外观无明显变形，外盖、内塞完好，记录消化罐罐身及盖子编号，待用。

准确称取两份 0.2g 左右的大豆粉，将两份平行试样小心倒入两个洗净且已记录编号的消化罐。在通风柜内，先加入 2mL 30% H_2O_2，然后加入 4mL 浓硝酸，将其插入赶酸器的加热孔槽内，打开盖子；130℃下保温 25min。

（3）微波消解

预消化结束后，等待赶酸器温度降至 80℃以下，将其取出，再补加 3mL 浓硝酸，盖好内盖及外盖，将外盖拧紧。确认消化罐及外罐外壁无残留溶液，然后将消化罐转移到微波消解仪的套管内。内罐均匀放置在微波转盘上，优先从外圈放起。最后将装好消化罐的转盘放入微波消解仪内。打开微波消解仪电源，将排气管置于窗外。按以下方案设置消解流程：

阶段	目标温度/℃	升温时间/min	保温时间/min	功率/×100W
1	120	5	5	16
2	160	5	20	16

检查门是否关好，点击开始。运行结束后，转盘会继续转动，直至显示冷却到室温（28℃），然后将消化罐取出，开盖在通风柜内静置 2min 左右，待刺激性气体基本挥发完后，将消化罐内溶液定量转移到 50mL 容量瓶中，定容、摇匀，即得消解后的样品溶液。

2．工作曲线的绘制及样品测定

① 移取磷酸盐标准使用溶液 0.00mL、1.00mL、2.00mL、3.00mL、4.00mL 于 50mL 容量瓶中，按顺序各加 1.0mL 混合溶液、1.0mL 抗坏血酸溶液，定容、混匀。

② 准确移取 0.5mL 制备好的样品溶液于 50mL 容量瓶内，加 1.0mL 混合溶液、1.0mL 抗坏血酸溶液，定容、混匀。

③ 将上述①、②溶液显色 5min 后，注入 1cm 比色皿中，以未含 P 的溶液（加入 0.00mL）作参比，于最大吸收波长处（882nm）测定其吸光度 A。以吸光度 A 为纵坐标、相应的磷酸盐浓度（mg/L）为横坐标，绘制标准工作曲线。从标准曲线线性回归方程求得稀释后样品溶液的 P 的浓度，再根据稀释比例求大豆粉中的 P 的质量分数。

【数据处理】

1．标准溶液的吸光度

序号	1	2	3	4	5
磷酸盐标准使用溶液浓度/(mg/L)					
吸光度					

测量波长：________；比色皿厚度：________。

2．工作曲线绘制

线性回归方程：________；R^2：________。

3．结果计算

【思考题】

1．实验过程有哪些安全注意事项？

2．查阅文献，说明大豆中的 P 主要有哪些存在形式？

3．什么是磷钼蓝？显色时加入抗坏血酸的作用是什么？

4．微波加热与传统加热方式有何不同？

第 6 章 设计实验

实验 50 特色水果中总酸度的测定

【实验目的】

1．学会水果样品的前处理方法。

2．掌握用酸碱滴定法测水果样品中总酸度的原理和方法。

3．培养学生查阅文献资料、撰写实验方案和组织实施分析工作的能力。

【实验任务】

1．样品处理。

2．酸度测定。

【实验提示】

水果中富含有机酸，如柠檬酸、苹果酸、乙酸、酒石酸等，这些有机酸均为弱酸，可以用碱标准溶液滴定，以酚酞为指示剂。根据所消耗的碱的浓度和体积，即可求出水果中的总酸度。总酸度应标明是哪种有机酸。如苹果、梨、桃、杏、李子、番茄、莴苣主要含苹果酸，以苹果酸计；柑橘类、草莓、菠萝、刺梨、石榴、香蕉以柠檬酸计；葡萄以酒石酸计等。实验中 CO_2 的存在会多消耗碱标准溶液，产生正误差，故应将蒸馏水先煮沸，待冷却后立即使用，以消除 CO_2 的影响。

$$w（酸度）=\frac{c(\mathrm{NaOH})V(\mathrm{NaOH})K}{m_{样}}$$

式中，K 为换算系数（即毫摩尔质量），其中苹果酸为 0.067；柠檬酸为 0.064；酒石酸为 0.075；乳酸为 0.090。

【实验要求】

1．学会合理制定分析方案和安排实验步骤的实施顺序，做到合理安排分析时间，合理处理样品。

2．能熟练制备所需要的标准溶液。

3．能规范记录数据并进行数据处理。

实验 51　胃舒平药片中铝和镁含量的测定

【实验目的】

1．学习市售胃舒平药片中铝和镁含量的检测方法及其应用。

2．掌握胃舒平药片样品的前处理方法。

3．培养学生查阅文献资料、撰写实验方案和组织实施分析工作的能力。

【实验任务】

从市场上购买 2～3 种不同品牌的胃舒平药片，准确测定其中铝和镁的含量。

【实验提示】

胃舒平药片中铝和镁的含量测定主要采用返滴定法和置换法。在测定前，应详细了解胃舒平药片的主要成分。胃舒平，即复方氢氧化铝，主要成分为氢氧化铝、三硅酸镁、颠茄流浸膏。它具有中和胃酸、减少胃液分泌和解痉止疼的作用，主要用于胃酸过多、胃溃疡及胃痛等。为了能使药片成型，在加工过程中，加入了大量的糊精。

1．化学分析法

将药片用酸溶解，分离出去不溶于水的物质，配成混合溶液，然后分成均匀相同的两份，平行进行滴定。第一份先用返滴定法或者置换法测出铝的含量；而第二份试样采用除去或者掩蔽铝离子的方法，之后再使用合适的指示剂来单独滴定混合液中的镁离子。铝和镁的化学分析方法有很多，学生可根据实际情况和自己的想法进行选择。

2．仪器分析法

可采用适用于铝和镁元素分析的、灵敏的仪器分析方法，这样的方法有多种。例如通常使用原子吸收光谱法测定样品中镁的含量等。可通过查阅仪器分析教材或参考资料，同时结合现有实验条件选择恰当的方法。仪器分析法对样品的前处理要求较高，应选择合理的样品前处理方法。

不管是采用哪类方法，必须正确评估所选择的分析方法及实验结果的可靠性。

【实验要求】

1．通过查阅文献资料，选取可行的分析方法，并形成初步的分析方案。

2．拟定的初步方案经教师审定后，进一步拟定详细的实施方案和步骤。

3．在教师指导下，按测定原理、仪器类型和规格、所需试剂和材料、主要操作步骤、相关计算式、方法评价等方面，对初步方案进行讨论和完善。

4．开展并完成实验。

5．对实验数据进行处理，评价实验数据的精密度及可靠性。

实验 52　牛奶中钙含量的测定

【实验目的】

1．学习市售牛奶中钙含量的检测方法及其应用。

2．掌握牛奶样品的前处理方法。

3．培养学生查阅文献资料、撰写实验方案和组织实物分析工作的能力。

【实验任务】

从市场上购买 3～4 种不同品牌的奶粉或液态奶，准确测定其中钙的含量。

【实验提示】

牛奶中钙的含量测定既可选用化学分析法，也可选用仪器分析法。在测定前，应了解奶粉的主要成分。

1．化学分析法

测定牛奶中的钙可采取配位滴定法，用 EDTA 溶液滴定牛奶中的钙。奶粉中除了有钙离子外，还有镁、铁、锌、铝等共存阳离子，因此如果选用配位滴定法，需判断这些离子的存在是否会对钙离子的配位滴定产生干扰，如果有的话，请考虑如何消除干扰。此外，由于奶粉中含有大量的有机组分，还需要考虑奶粉在滴定分析前是否需要进行前处理，即是否需要通过消化除掉有机组分。

除了配位滴定外，是否还可以选用别的化学分析法，请自行考虑。

2．仪器分析法

可采用适用于牛奶样品中钙元素分析的仪器分析方法，这样的方法有多种，可查阅仪器分析教材或参考资料，同时结合现有实验条件选择适当的方法。仪器分析法对样品的前处理要求较高，必须选择恰当的前处理方法。

无论选取仪器分析法还是化学分析法，请考虑如何评估所选择的分析方法及实验结果的可靠性。

【实验要求】

1．通过查阅文献资料，选取可行的分析方法，并形成初步的分析方案。

2．拟定的初步方案经教师审定后，进一步拟定详细的实施方案和步骤。

3．在教师指导下，按测定原理、仪器类型和规格、所需试剂和材料、主要操作步骤、相关计算式、方法评价、注意事项等方面，对初步方案进行讨论和完善。

4．开展并完成实验。

5．对实验数据进行处理，评价实验数据的精密度及可靠性。

实验 53　果汁中抗坏血酸含量的测定

【实验目的】

1．学习市售果汁中抗坏血酸含量的检测方法及其应用。

2．培养学生查阅文献资料、撰写实验方案和组织实物分析工作的能力。

3．提高学生综合运用所学知识分析问题、解决问题的能力。

【实验任务】

从市场上购买 2～3 种不同果汁（无色、浅色和深色），准确测定其中抗坏血酸的含量。

【实验提示】

抗坏血酸是维生素 C 的俗称，因维生素 C 是人体重要的维生素之一，缺乏时会产生维生素 C 缺乏症，故维生素 C 才有抗坏血酸之称。其分子式为 $C_6H_8O_6$，分子量为 176.13，IUPAC 命名为 2,3,5,6-四羟基-2-己烯酸-4-内酯，键线式结构如下：

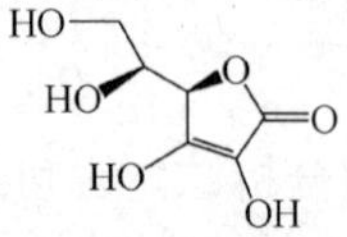

抗坏血酸属水溶性维生素。由于分子中烯二醇基的存在，它具有较强的还原性，能被 I_2 定量氧化成二酮基，该反应可用于建立碘量法，应用于果汁、果蔬、血液、注射液和药片等样品中抗坏血酸含量的测定。应用中应避免抗坏血酸在空气中被氧化，尤其是在碱性介质中，因此测定时加入醋酸使溶液呈弱酸性，减少抗坏血酸的副反应发生。碘量法有直接碘量法和间接碘量法两种。

（1）直接碘量法

采用 I_2 标准溶液直接滴定还原性较强的抗坏血酸含量。

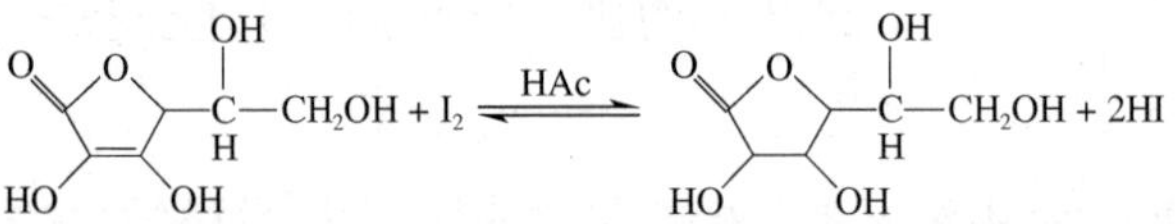

（2）间接碘量法

在试样中，加入过量的 I_2，然后再用 $Na_2S_2O_3$ 回滴。通过消耗掉的 $Na_2S_2O_3$ 的量间接测出抗坏血酸含量。

$$C_6H_8O_6\text{（维生素 C）} + I_2\text{（过量的碘）} \longrightarrow C_6H_6O_6\text{（脱氢抗坏血酸）} + 2HI$$

$$I_2 + 2Na_2S_2O_3 \longrightarrow 2NaI + Na_2S_4O_6$$

抗坏血酸结构中具有不饱和共轭 π 键，具有较强的紫外吸收。研究表明在 pH 5～10 范围内，抗坏血酸在波长 245nm 处有最大吸收峰，可在此条件下测定供试液的紫外吸光度，用对照品比较法求出样品含量。 此法的专属性较好，操作简便、快捷且精密度高，多种还原性物质以及多种药物辅料存在时，对抗坏血酸的测定均无干扰。此外，可供应用于抗坏血酸含量测定的仪器分析方法还有多种，如电分析法、色谱法和其他光谱分析法（可见分光光度法、荧光法、原子吸收间接测定法等），请查阅仪器分析教材或参考资料，同时结合现有实验条件选择恰当的方法。

无论采用哪种分析方法，都需要考虑选取恰当的样品前处理方法，并考虑如何评价所选择的分析方法及实验结果的可靠性。

【实验要求】

1．按照实验提示，通过查阅文献资料，选取可行的分析方法，并形成初步的分析方案。

2．拟定的初步方案经教师审定后，进一步拟定详细的实施方案和步骤。

3．在教师指导下，按测定原理、仪器类型和规格、所需试剂和材料、主要操作步骤、相关计算式、方法评价、注意事项等方面，对初步方案进行讨论和完善。

4．开展并完成实验。

5．对实验数据进行处理，评价实验数据的精密度和准确度。

实验 54 漂白粉中有效氯和总钙量的测定

【实验目的】

1．掌握碘量法测定漂白粉中有效氯的方法及原理。

2．掌握配位滴定法测定漂白粉中总钙的方法及原理。

3．培养学生查阅文献资料、撰写实验方案和组织实物分析工作的能力。

【实验任务】

从市场上购买漂白粉样品，拟定分析方案，准确测定其中有效氯和总钙的含量。

【实验提示】

漂白粉的化学式为 $Ca(OCl)_2 \cdot CaCl_2$，它们广泛用于作为纺织、印染、造纸等工业中的漂白剂。随着人们生活水平的提高以及对健康的重视，漂白粉又常用于饮水、地面、泳池、公共车辆的消毒，特别是灾后环境消毒。其中有效氯和总钙量是影响产品质量的两个重要指标。

（1）有效氯的测定原理

漂白粉的有效成分为 $Ca(OCl)_2$，在酸性溶液中与碘化钾反应析出碘，然后与标准 $Na_2S_2O_3$ 溶液反应，可用淀粉溶液作指示剂指示其终点。反应如下：

$$Ca(OCl)_2+4HCl \longrightarrow CaCl_2+2Cl_2\uparrow+2H_2O$$

上述反应中产生的 Cl_2 与 I^- 作用，其反应如下：

$$Cl_2+2I^- \longrightarrow 2Cl^-+I_2$$

再以淀粉为指示剂，用 $Na_2S_2O_3$ 溶液滴定析出的 I_2，其反应如下：

$$I_2+2Na_2S_2O_3 \longrightarrow 2NaI+Na_2S_4O_6$$

（2）配位滴定法测定固体总钙

可考虑采用 EDTA 配位滴定法测定样品中的总钙含量，应选择合适的指示剂，并控制适宜的实验条件，正确判断滴定终点的颜色变化。由于漂白粉中的次氯酸盐能使钙指示剂褪色，干扰测定，因此应考虑在配位滴定中避免次氯酸盐的影响。

【实验要求】

1．综述（关于漂白粉的化学组成、有效氯和总钙量测定的理论意义和实际应用意义、分析方法研究现状）。

2．完成实验方案的设计，交教师批阅。

3．按教师的批阅意见完善方案，开展实验，对实验数据进行处理并完成实验报告。

4．实验报告撰写格式：

（1）实验原理；

（2）试剂和仪器；

（3）实验步骤；

（4）数据处理；

（5）结果讨论与误差分析。

实验 55 茶叶中微量元素的鉴定与定量测定

【实验目的】

1．学习复杂样品（茶叶）中铁、铝等微量元素的鉴定操作。

2．掌握配位滴定法测定茶叶中钙、镁含量的方法和原理。

3．掌握分光光度法测定茶叶中微量铁的方法。

4．培养学生查阅文献资料、撰写实验方案和组织实物分析工作的能力。

【实验任务】

本实验要求从茶叶样品中定性鉴定 Fe、Al、Ca、Mg 等元素，而且对 Ca、Mg 总量（以 MgO 的质量分数表示）和 Fe 含量（以 Fe_2O_3 的质量分数表示）进行测定。

【实验提示】

1．茶叶尽量捣碎，利于灰化。茶叶灰化应彻底。若灰化后，酸溶解速度较慢时，可小火略加热。若酸溶后发现有未灰化物，应将未灰化的重新灰化。

2．制作 2 份试样，第 1 份试液用于分析 Ca、Mg 元素，第 2 份试液用于分析 Fe、Al 元素，勿混淆。可考虑将灰化完全的茶叶，用 6mol/L HCl 溶解，再用水稀释和 6mol/L $NH_3 \cdot H_2O$ 调节溶液 pH 为 6～7，有沉淀产生；过滤分离，滤液定容制得第 1 份试液，将滤纸上的沉淀用 6mol/L HCl 重新溶解制得第 2 份试液。

3．查阅相关文献，自行设计并完成对待测液中 Fe、Al、Ca、Mg 元素的定性鉴定。

4．采用 EDTA 配位滴定法对茶叶中 Ca、Mg 总量进行测定，以 MgO 的质量分数表示。

5．采用邻菲啰啉亚铁分光光度法测定茶叶中的 Fe 含量。实验中应绘制邻菲啰啉亚铁的吸收曲线，并确定最大吸收峰的波长 λ_{max}；控制显色反应条件；采用标准曲线法测定；茶叶中 Fe 的含量，以 Fe_2O_3 的质量分数表示。

【实验要求】

1．了解茶叶的主要化学成分。

2．按照实验提示，通过查阅文献资料，从样品处理，Fe、Al、Ca、Mg 元素的定性鉴定，茶叶中 Ca、Mg 总量的测定，茶叶中 Fe 含量的测定等方面选取可行方法，形成初步的分析方案。

3．设计的初步方案经教师审定后，进一步拟定详细的实施方案和步骤。

4．在教师指导下，按测定原理、仪器类型和规格、所需试剂和材料、主要操作步骤、相关计算式、方法评价、注意事项等方面，对初步方案进行讨论和完善。

5．开展并完成实验。

6．对实验数据进行处理，评价实验数据的精密度及可靠性。

实验 56 中药黄连素片中盐酸小檗碱的测定

【实验目的】

1．掌握黄连素片中盐酸小檗碱含量的间接碘量法测定原理和方法。

2．了解中药制剂中盐酸小檗碱的其他测定方法。

3．熟悉与巩固标准溶液的配制、标定与返滴定的相关方法和操作。

4．培养学生查阅文献资料、撰写实验方案和组织实物分析工作的能力。

【实验任务】

运用间接碘量法测定黄连素片中盐酸小檗碱的含量。

【实验提示】

中药黄连素片（糖衣片、胶囊）的主要成分为盐酸小檗碱（$C_{20}H_{18}ClNO_4 \cdot 2H_2O$，$M_r$=407.85），它具有还原性，能和 $K_2Cr_2O_7$ 定量反应，反应的计量关系为 n（$K_2Cr_2O_7$）∶n（盐酸小檗碱）=1∶2。因此，可用间接碘量法测定黄连素片中盐酸小檗碱的含量。

根据盐酸小檗碱溶于热水的特点，取若干黄连素片（糖衣片剥去糖衣，胶囊取其内容物），研细，取适量溶解于沸水，放冷定容得试液；取适量试液，准确加入过量的 $K_2Cr_2O_7$ 标准溶液，使之与盐酸小檗碱反应完全，剩下的 $K_2Cr_2O_7$ 标准溶液再与过量的 KI 作用，转化为一定量的 I_2，生成的 I_2 以淀粉溶液为指示剂，用 $Na_2S_2O_3$ 标准溶液滴定至终点。据此，可计算盐酸小檗碱的量。

为减小误差，间接碘量法测定中需注意：应防止 I_2 的挥发和 I^- 被空气中的 O_2 所氧化；滴定必须在中性或酸性溶液中进行，因为 I_2 在碱性溶液中会发生歧化反应。

【实验要求】

1．了解中药黄连素片的主要化学成分。

2．按照实验提示，通过查阅文献资料，设计间接碘量法测定黄连素片中盐酸小檗碱含量的分析方案。

3．设计的初步方案经教师审定后，进一步拟定详细的实施方案和步骤。

4．在教师指导下，按测定原理、仪器类型和规格、所需试剂和材料、主要操作步骤、相关计算式、方法评价等方面，对初步方案进行讨论和完善。

5．开展并完成实验。

6．对实验数据进行处理，评价实验数据的精密度及可靠性。

附 录

附录 1 常用化合物的分子量

分子式	分子量	分子式	分子量	分子式	分子量
Ag_3AsO_4	462.52	CaC_2O_4	128.10	$FeCl_3$	162.20
$AgBr$	187.77	$CaCl_2$	110.98	$FeCl_3 \cdot 6H_2O$	270.30
$AgCl$	143.32	$CaCl_2 \cdot 6H_2O$	219.08	$FeNH_4(SO_4)_2 \cdot 12H_2O$	482.19
Ag_2CrO_4	331.73	$Ca(OH)_2$	74.09	$Fe(NH_4)_2(SO_4)_2 \cdot 6H_2O$	392.14
AgI	234.77	$Ca_3(PO_4)_2$	310.18	$Fe(NO_3)_3$	241.86
$AgNO_3$	169.87	$CaSO_4$	136.14	$Fe(NO_3)_3 \cdot 6H_2O$	349.95
$AgSCN$	165.95	$CdCl_2$	183.32	FeO	71.84
$AlCl_3$	133.34	CdS	144.48	Fe_2O_3	159.69
$AlCl_3 \cdot 6H_2O$	241.43	$Ce(NH_4)_2(NO_3)_6 \cdot 2H_2O$	584.25	Fe_3O_4	231.54
$Al(NO_3)_3$	213.00	$Ce(NH_4)_4(SO_4)_4 \cdot 2H_2O$	632.55	$Fe(OH)_3$	106.87
$Al(NO_3)_3 \cdot 9H_2O$	375.13	$Ce(SO_4)_2$	332.24	FeS	87.91
Al_2O_3	101.96	$Ce(SO_4)_2 \cdot 4H_2O$	404.30	Fe_2S_3	207.88
$Al(OH)_3$	78.00	$CoCl_2$	129.84	$FeSO_4$	151.91
$Al_2(SO_4)_3$	342.15	$CoCl_2 \cdot 6H_2O$	237.93	$FeSO_4 \cdot 7H_2O$	278.01
$Al_2(SO_4)_3 \cdot 18H_2O$	666.43	$Co(NO_3)_2$	182.94	H_3AsO_3	125.94
As_2O_3	197.84	$Co(NO_3)_2 \cdot 6H_2O$	291.03	H_3AsO_4	141.94
As_2O_5	229.84	CoS	91.00	H_3BO_3	61.83
As_2S_3	246.04	$CrCl_3$	158.36	HBr	80.912
		$CrCl_3 \cdot 6H_2O$	266.45	HCN	27.025
$BaCl_2$	208.23	Cr_2O_3	151.99	$HCOOH$	46.025
$BaCl_2 \cdot 2H_2O$	244.26	$CuCl$	98.999	CH_3COOH	60.052
$BaCO_3$	197.34	$CuCl_2$	134.45	H_2CO_3	62.025
$BaCrO_4$	253.32	$CuCl_2 \cdot 2H_2O$	170.48	$H_2C_2O_4$	90.035
$Ba(OH)_2$	171.34	$CuSCN$	121.63	$H_2C_2O_4 \cdot 2H_2O$	126.07
$BaSO_4$	233.39	CuI	190.45	HCl	36.461
$Bi(NO_3)_3$	395.00	$Cu(NO_3)_2$	187.56	HF	20.006
$Bi(NO_3)_3 \cdot 5H_2O$	485.07	$Cu(NO_3)_2 \cdot 3H_2O$	241.60	HI	127.91
		CuO	79.545	HIO_3	175.91
CO	28.01	Cu_2O	143.09	HNO_2	47.013
CO_2	44.01	CuS	95.61	HNO_3	63.013
$CO(NH_2)_2$	60.06	$CuSO_4$	159.61	H_2O	18.015
CaO	56.08	$CuSO_4 \cdot 5H_2O$	249.68	H_2O_2	34.015
$CaCO_3$	100.09			H_3PO_4	98.00

续表

分子式	分子量	分子式	分子量	分子式	分子量
H_2S	34.081	$MgNH_4PO_4 \cdot 6H_2O$	245.41	$NH_4C_2H_3O_2$(乙酸盐)	77.08
H_2SO_3	82.08	MgO	40.31	NH_4Cl	53.491
H_2SO_4	98.08	$Mg(OH)_2$	58.32	$(NH_4)_2CO_3$	96.086
$HgCl_2$	271.50	$Mg_2P_2O_7$	222.55	$(NH_4)_2C_2O_4 \cdot H_2O$	142.11
Hg_2Cl_2	472.09	$MgSO_4 \cdot 7H_2O$	246.47	NH_4F	37.04
HgI_2	454.40	$MnCO_3$	114.95	NH_4HCO_3	79.06
HgO	216.59	$MnCl_2 \cdot 4H_2O$	197.91	NH_4NO_3	80.04
HgS	232.66	$Mn(NO_3)_2 \cdot 6H_2O$	287.04	$(NH_4)_2HPO_4$	132.06
$HgSO_4$	296.65	MnO	70.94	NH_4SCN	76.12
Hg_2SO_4	497.24	MnO_2	86.94	$(NH_4)_2S$	68.14
		MnS	87.00	$(NH_4)_2SO_4$	132.14
$KAl(SO_4)_2 \cdot 12H_2O$	474.39	$MnSO_4$	151.00	$NiCl_2 \cdot 6H_2O$	237.69
KBr	119.00	$MnSO_4 \cdot 7H_2O$	277.11	NiO	74.69
$KBrO_3$	167.00			$Ni(NO_3)_2 \cdot 6H_2O$	290.79
KCl	74.55	Na_3AsO_3	191.89	NiS	90.76
$KClO_3$	122.55	$Na_2B_4O_7 \cdot 10H_2O$	381.37	$NiSO_4 \cdot 7H_2O$	280.86
$KClO_4$	138.55	$NaBiO_3$	279.97	NO	30.006
KCN	65.116	$NaBr$	102.89	NO_2	46.006
K_2CO_3	138.21	$NaBrO_3$	150.89		
K_2CrO_4	194.19	$NaCl$	58.44	P_2O_5	141.94
$K_2Cr_2O_7$	294.18	$NaClO$	74.442	$PbCl_2$	278.1
$K_3Fe(CN)_6$	329.24	$NaCN$	49.007	$PbCrO_4$	323.2
$K_4Fe(CN)_6$	368.34	Na_2CO_3	105.99	$Pb(CH_3COO)_2$	325.3
$KHC_2O_4 \cdot H_2O$	146.14	$Na_2CO_3 \cdot 10H_2O$	286.14	$Pb(CH_3COO)_2 \cdot 3H_2O$	379.3
$KHC_2O_4 \cdot H_2C_2O_4 \cdot 2H_2O$	254.19	$Na_2C_2O_4$	134.00	PbI_2	461.0
$KHC_4H_4O_6$(酒石酸盐)	188.18	CH_3COONa	82.034	$Pb(NO_3)_2$	331.2
$KHC_8H_4O_4$(邻苯二甲酸盐)	204.22	$CH_3COONa \cdot 3H_2O$	136.08	PbO	223.2
$KHSO_4$	136.17	$NaHCO_3$	84.007	PbO_2	239.2
KI	166.00	$Na_2HPO_4 \cdot 12H_2O$	358.14	PbS	239.3
KIO_3	214.00	$Na_2H_2Y \cdot 2H_2O$	372.24	$PbSO_4$	303.3
$KIO_3 \cdot HIO_3$	389.91	$NaNO_2$	68.995		
$KMnO_4$	158.03	$NaNO_3$	84.995	SO_2	64.06
$KNaC_4H_4O_6 \cdot 4H_2O$	282.22	Na_2O	61.979	SO_3	80.06
KNO_2	85.10	Na_2O_2	77.978	Sb_2O_3	291.52
KNO_3	101.10	$NaOH$	39.997	Sb_2S_3	339.72
K_2O	94.20	Na_3PO_4	163.94	SiF_4	104.08
KOH	56.106	Na_2S	78.04	SiO_2	60.084
$KSCN$	97.18	$NaSCN$	81.07	$SnCl_2$	189.62
K_2SO_4	174.26	Na_2SO_3	126.04	$SnCl_2 \cdot 2H_2O$	225.63
		Na_2SO_4	142.04	SnO_2	150.71
$MgCO_3$	84.31	$Na_2S_2O_3$	158.11	SnS	150.78
$MgCl_2$	95.21	$Na_2S_2O_3 \cdot 5H_2O$	248.18	$SrCO_3$	147.63
$MgCl_2 \cdot 6H_2O$	203.30	NH_3	17.03	SrC_2O_4	175.64

续表

分子式	分子量	分子式	分子量	分子式	分子量
$SrCrO_4$	203.61	TiO_2	79.87	$Zn(NO_3)_2$	189.40
$Sr(NO_3)_2$	211.63	V_2O_5	181.88	$Zn(NO_3)_2 \cdot 6H_2O$	297.49
$Sr(NO_3)_2 \cdot 4H_2O$	283.69			ZnO	81.39
$SrSO_4$	183.68	WO_3	231.84	$Zn(OH)_2$	99.40
				ZnS	97.46
$TiCl_3$	154.23	$ZnCl_2$	136.30		

注：根据 1999 年国际原子量而得化合物的分子量。

附录 2　常用酸碱试剂的含量及密度

试剂	密度 ρ(293K)/(g/cm^3)	浓度/(mol/L)	质量分数/%
乙酸	1.04	6.2～6.4	36.0～37.0
冰醋酸①	1.05	17.4	G.R.，99.8；A.R.，99.5；C.P.，99.0
氨水	0.88	12.9～14.8	25～28
盐酸	1.18	11.7～12.4	36～38
氢氟酸	1.14	27.4	40
硝酸	1.40	14.4～15.3	65～68
高氯酸	1.75	11.7～12.5	70.0～72.0
磷酸	1.71	14.6	85.0
硫酸	1.84	17.8～18.4	95～98

① 冰醋酸的结晶点 G.R.=16.0℃，A.R.=15.1℃，C.P.=14.8℃。

附录 3　常用指示剂及其配制方法

1．酸碱指示剂

指示剂	变色范围 pH 值	颜色变化	pK_{HIn}	溶液配制方法
甲基紫（第一次变色）	0.13～0.5	黄～绿	0.8	0.1%的水溶液
甲基紫（第二次变色）	1.0～1.5	绿～蓝	—	0.1%的水溶液
百里酚蓝（第一次变色）	1.2～2.8	红～黄	1.6	0.1g 指示剂溶于 100mL 20%乙醇中
甲基紫（第三次变色）	2.0～3.0	蓝～紫	—	0.1%的水溶液
甲基黄	2.9～4.0	红～黄	3.3	0.1g 指示剂溶于 100mL　90%乙醇中
甲基橙	3.1～4.4	红～黄	3.4	0.05%的水溶液
溴酚蓝	3.1～4.6	黄～紫	4.1	0.1g 指示剂溶于 100mL 20%乙醇中
溴甲酚绿	3.8～5.4	黄～蓝	4.9	0.05%的水溶，每 100mg 指示剂加 0.05mol/L NaOH 2.9mL

指示剂	变色范围 pH 值	颜色变化	pK_{HIn}	溶液配制方法
甲基红	4.4～6.2	红～黄	5.2	0.1g 指示剂溶于 100mL 60%乙醇中
溴百里酚蓝	6.0～7.6	黄～蓝	7.3	0.1g 指示剂溶于 100mL 20%乙醇中
中性红	6.8～8.0	红～黄橙	7.4	0.1g 指示剂溶于 100mL 60%乙醇中
酚红	6.7～8.4	黄～红	8.0	0.1g 指示剂溶于 100mL 60%乙醇中
酚酞	8.00～9.6	无色～红	9.1	0.1g 指示剂溶于 100mL 90%乙醇中
百里酚蓝（第二次变色）	8.0～9.6	黄～蓝	8.9	0.1g 指示剂溶于 100mL 20%乙醇中
百里酚酞	9.4～10.6	无～蓝	10.0	0.1g 指示剂溶于 100mL 90%乙醇中

2．酸碱混合指示剂

指示剂的组成	变色点 pH 值	酸色	碱色	备注
一份 0.1%甲基黄乙醇溶液 一份 0.1%亚甲基蓝乙醇溶液	3.25	蓝紫	绿	pH=3.2 蓝紫色，pH=3.4 绿色
一份 0.1%甲基橙溶液 一份 0.25%靛蓝（二磺酸）水溶液	4.1	紫	黄绿	
一份 0.1%溴甲酚绿钠盐水溶液 一份 0.2%甲基橙水溶液	4.3	橙	蓝绿	pH=3.5 黄色，pH=4.05 黄绿色， pH=4.3 蓝绿色
三份 0.1%溴甲酚绿乙醇溶液 一份 0.2%甲基红乙醇溶液	5.1	酒红	绿	
一份 0.1%溴甲酚绿钠盐水溶液 一份 0.1%氯酚红钠盐溶液	6.1	黄绿	蓝绿	pH=5.4 蓝绿色，pH=5.8 蓝色， pH=6.0 蓝带紫，pH=6.2 蓝紫色
一份 0.1%中性红乙醇溶液 一份 0.1%亚甲基蓝乙醇溶液	7.0	蓝紫	绿	pH=7.0 蓝紫色
一份 0.1%甲酚红钠盐水溶液 三份 0.1%百里酚蓝钠盐水溶液	8.3	黄	紫	pH=8.2 玫瑰红 pH=8.2 清晰的紫色
一份 0.1%百里酚蓝 50%乙醇溶液 三份 0.1%酚酞 50%乙醇溶液	9.0	黄	紫	从到绿再到紫
一份 0.1%酚酞乙醇溶液 一份 0.1%百里酚酞乙醇溶液	9.9	无	紫	pH=9.6 玫瑰红，pH=10.0 紫色
二份 0.1%百里酚酞乙醇溶液 一份 0.1%茜素黄乙醇溶液	10.2	黄	紫	

3．金属指示剂

指示剂	In 色	MIn 色	适用 pH 值范围	配制方法	被滴定离子	干扰离子
铬黑 T（EBT）	蓝	酒红	6.0～11.0	与固体 NaCl 混合物（1∶100）或 0.5%水溶液	Ca^{2+}，Cd^{2+}，Hg^{2+}，Mg^{2+}，Mn^{2+}，Pb^{2+}，Zn^{2+}	Al^{3+}，Co^{2+}，Cu^{2+}，Fe^{3+}，Ga^{3+}，In^{3+}，Ni^{2+}，Ti^{4+}
二甲酚橙（XO）	柠檬黄	红	5.0～6.0	0.2%乙醇溶液或水溶液	Cd^{2+}，Hg^{2+}，La^{3+}，Pb^{2+}，Zn^{2+}	—
			2.5		Bi^{3+}，Th^{4+}	
钙试剂	亮蓝	酒红	>12.0	与固体 NaCl 混合物（1∶100）或 0.5%乙醇溶液	Ca^{2+}	—

指示剂	In 色	MIn 色	适用 pH 值范围	配制方法	被滴定离子	干扰离子
K-B 指示剂	蓝	酒红	8.5～11.0	0.2g 酸性铬蓝 K 和 0.4g 萘酚绿 B 溶于 100mL 蒸馏水	Ca^{2+}，Ba^{2+}，Mg^{2+}，Sr^{2+}	Al^{3+}，Fe^{3+}，Bi^{3+}，Cd^{2+}，Co^{2+}，Pb^{2+}
吡啶偶氮萘酚（PAN）	黄	红	2.0～12.0	0.1%乙醇水溶液	Al^{3+}，Cu^{2+}，Zn^{2+}，TiO^{2+}	Bi^{3+}，Cd^{2+}，Co^{2+}，Hg^{2+}，Sc^{3+}，Pb^{2+}，Zn^{2+}，Th^{4+}
磺基水杨酸	无	紫红	1.5～2.5	1%水溶液	Fe^{3+}	Al^{3+}，TiO^{2+}

4．氧化还原指示剂

指示剂	氧化型颜色	还原型颜色	$E^{\ominus}$ ([H^+]=1mol/L)/V	配制方法
二苯胺	紫	无色	+0.76	将 1g 二苯胺在搅拌下溶于 100mL 浓硫酸和 100mL 浓磷酸
二苯胺磺酸钠	紫红	无色	+0.85	0.5%水溶液
亚甲基蓝	蓝	无色	+0.532	0.1%水溶液
中性红	红	无色	+0.24	0.1%乙醇溶液
N-邻苯氨基苯甲酸	紫红	无色	+1.08	0.1g 指示剂溶于 50mL 5%的 Na_2CO_3 溶液，并用蒸馏水稀释至 100mL
邻二氮菲-Fe（Ⅱ）	浅蓝	红	+1.06	1.485g 邻二氮菲与 0.695g 硫酸亚铁混合，溶于 100mL 蒸馏水（0.025mol/L）
5-硝基邻二氮菲-Fe（Ⅱ）	浅蓝	紫红	+1.25	1.608g5-硝基邻二氮菲-Fe（Ⅱ）与 0.695g 硫酸亚铁混合，溶于 100mL 蒸馏水（0.025mol/L）

5．吸附指示剂

指示剂	被滴定离子	滴定剂	起点颜色	终点颜色	配制方法
荧光黄	Cl^-，Br^-，SCN^-	Ag^+	黄绿	玫瑰	1%钠盐水溶液
	I^-			橙	
二氯荧光黄	Cl^-，Br^-	Ag^+	红紫	蓝紫	1%钠盐水溶液
	SCN^-		玫瑰	红紫	
	I^-		黄绿	橙	
四溴荧光黄（曙红）	Br^-，I^-，SCN^-	Ag^+	橙	深红	1%钠盐水溶液
溴甲酚绿	Cl^-	Ag^+	紫	浅蓝绿	0.1%乙醇溶液（酸性）
二甲酚橙	Cl^-	Ag^+	玫瑰	灰蓝	0.2%水溶液
	Br^-，I^-			灰绿	
罗丹明 6G	Cl^-，Br^-	Ag^+	红紫	橙	0.1%水溶液
	Ag^+	Br^-	橙	红紫	
品红	Cl^-	Ag^+	红紫	玫瑰	0.1%乙醇溶液
	Br^-，I^-		橙		
	SCN^-		浅蓝		

附录 4 常用缓冲溶液及其配制方法

1．常用缓冲溶液的配制

缓冲溶液的组成	pK_a	缓冲溶液 pH 值	配制方法
氨基乙酸-HCl	2.35（pK_{a1}）	2.3	150g 氨基乙酸溶于 500mL 蒸馏水后，加 80mL 浓盐酸溶液，用蒸馏水稀释至 1L
一氯乙酸-NaOH	2.86	2.8	200g 一氯乙酸溶于 200mL 蒸馏水后，加 40g NaOH，溶解后用蒸馏水稀释至 1L
邻苯二甲酸氢钾-HCl	2.95（pK_{a1}）	2.9	500g 邻苯二甲酸氢钾溶于 500mL 蒸馏水后，加 80mL 浓盐酸溶液，用蒸馏水稀释至 1L
甲酸-NaOH	3.76	3.7	95g 甲酸与 40g NaOH 混合，溶于 500mL 蒸馏水后，用蒸馏水稀释至 1L
HAc-NaAc	4.74	4.7	83g NaAc 溶于 200mL 蒸馏水后，加 60mL HAc，用蒸馏水稀释至 1L
六亚甲基四胺-HCl	5.15	5.4	40g 六亚甲基四胺溶于 500mL 蒸馏水后，加 10mL 浓盐酸，用蒸馏水稀释至 1L
NaH_2PO_4-Na_2HPO_4	7.20（pK_{a2}）	7.2	78g $NaH_2PO_4\cdot 2H_2O$ 与 179g $Na_2HPO_4\cdot 12H_2O$ 混合，溶于 500mL 蒸馏水后，用蒸馏水稀释至 1L
Tris①-HCl	8.21	8.2	25g Tris 试剂溶于 200mL 蒸馏水后，加 8mL 浓盐酸，用蒸馏水稀释至 1L
NH_3-NH_4Cl	9.26	9.2	54g NH_4Cl 溶于 200mL 蒸馏水后，加 63mL 浓氨水溶液，用蒸馏水稀释至 1L
氨基乙酸-NaOH	9.60（pK_{a2}）	9.6	150g 氨基乙酸与 40g NaOH 混合，溶于 500mL 蒸馏水后，用蒸馏水稀释至 1L
$NaHCO_3$-Na_2CO_3	10.25（pK_{a2}）	10.2	84g $NaHCO_3$ 与 179g Na_2CO_3 混合，溶于 500mL 蒸馏水后，用蒸馏水稀释至 1L

① 三羟甲基氨基甲烷。

2．常用标准缓冲溶液的 pH 值

温度/℃	0.05mol/L 草酸三氢钾	25℃饱和酒石酸氢钾	0.05mol/L 邻苯二甲酸氢钾	0.025mol/L NaH_2PO_4+0.025 mol/L Na_2HPO_4	0.01mol/L 硼砂	25℃饱和氢氧化钙
0	1.666	—	4.003	6.984	9.464	13.423
5	1.668	—	3.999	6.951	9.395	13.207
10	1.670	—	3.998	6.923	9.332	13.003
15	1.672	—	3.999	6.900	9.276	12.810
20	1.675	—	4.002	6.881	9.225	12.627
25	1.679	3.557	4.008	6.865	9.180	12.454
30	1.683	3.552	4.015	6.853	9.139	12.289
35	1.688	3.549	4.024	6.844	9.102	12.133
38	1.691	3.548	4.030	6.840	9.081	12.043
40	1.694	3.547	4.035	6.838	9.068	11.984
45	1.700	3.547	4.047	6.834	9.038	11.841
50	1.707	3.549	4.060	6.833	9.011	11.750
55	1.715	3.554	4.075	6.834	8.985	11.574
60	1.723	3.560	4.091	6.836	8.962	11.449

附录 5 常用基准物及其干燥条件

基准物质		干燥后组成	干燥条件/℃	标定对象
名称	分子式			
碳酸氢钠	$NaHCO_3$	Na_2CO_3	270～300	酸
碳酸钠	$Na_2CO_3 \cdot 10H_2O$	Na_2CO_3	270～300	酸
硼砂	$Na_2B_4O_7 \cdot 10H_2O$	$Na_2B_4O_7 \cdot 10H_2O$	放在含有 NaCl 和蔗糖饱和溶液的干燥器中	酸
碳酸氢钾	$KHCO_3$	K_2CO_3	270～300	酸
草酸	$H_2C_2O_4 \cdot 2H_2O$	$H_2C_2O_4 \cdot 2H_2O$	室温，空气干燥	碱或 $KMnO_4$
邻苯二甲酸氢钾	$KHC_8H_4O_4$	$KHC_8H_4O_4$	112～120	碱
重铬酸钾	$K_2Cr_2O_7$	$K_2Cr_2O_7$	140～150	还原剂
溴酸钾	$KBrO_3$	$KBrO_3$	130	还原剂
碘酸钾	KIO_3	KIO_3	130	还原剂
铜	Cu	Cu	室温干燥器中保存	EDTA 或还原剂
三氧化二砷	As_2O_3	As_2O_3	室温干燥器中保存	氧化剂
草酸钠	$Na_2C_2O_4$	$Na_2C_2O_4$	130	氧化剂
碳酸钙	$CaCO_3$	$CaCO_3$	110	EDTA
锌	Zn	Zn	室温干燥器中保存	EDTA
氧化锌	ZnO	ZnO	900～1000	EDTA
氯化钠	NaCl	NaCl	500～600	$AgNO_3$
氯化钾	KCl	KCl	500～600	$AgNO_3$
硝酸银	$AgNO_3$	$AgNO_3$	280～290	氯化物
氨基磺酸	$HOSO_2NH_2$	$HOSO_2NH_2$	在真空 H_2SO_4 干燥器中保存 48h	碱
氟化钠	NaF	NaF	铂坩埚中 500～550℃下保存 40～50min，H_2SO_4 干燥器中冷却	

附录 6 常用干燥剂

名称	分子式	吸水能力	干燥速度	酸碱性	再生方式
硫酸钙	$CaSO_4$	小	快	中性	在 163℃下脱水再生
氧化钡	BaO	—	慢	碱性	不能再生
五氧化二磷	P_2O_5	大	快	酸性	不能再生
氯化钙（熔融过的）	$CaCl_2$	大	快	含碱性杂质	200℃下烘干再生
高氯酸镁	$Mg(ClO_4)_2$	大	快	中性	烘干再生（251℃分解）
三水合高氯酸镁	$Mg(ClO_4)_2 \cdot 3H_2O$	—	快	中性	烘干再生（251℃分解）
氢氧化钾（熔融过的）	KOH	大	较快	碱性	不能再生
活性氧化铝	Al_2O_3	大	快		在 110～300℃下烘干再生
浓硫酸	H_2SO_4	大	快	酸性	蒸发浓缩再生

续表

名称	分子式	吸水能力	干燥速度	酸碱性	再生方式
硅胶	SiO_2	大	快	酸性	在 120℃下烘干再生
氢氧化钠（熔融过的）	$NaOH$	大	快	碱性	不能再生
氧化钙	CaO	—	慢	碱性	不能再生
硫酸铜	$CuSO_4$	大	—	微酸性	在 150℃下烘干再生
硫酸镁	$MgSO_4$	大	较快	中性、有的微酸性	在 200℃下烘干再生
硫酸钠	Na_2SO_4	大	慢	中性	烘干再生
碳酸钾	K_2CO_3	中	较慢	碱性	在 100℃下烘干再生
金属钠	Na	—		—	不能再生
分子筛	结晶的铝硅酸盐	大	较快	酸性	烘干，温度随型号而异

附录 7 常用熔剂和坩埚

熔剂（混合熔剂）名称	所用熔剂量（对试样量而言）	熔融用坩埚材料						熔剂的性质和用途
		铂	铁	镍	瓷	石英	银	
碳酸钠	6～8 倍	+	+	+	−	−	−	碱性熔剂，用于分析酸性矿渣黏土、耐火材料、不溶于酸的残渣、难溶硫酸盐等
碳酸氢钠	12～14 倍	+	+	+	−	−	−	碱性熔剂，用于分析酸性矿渣黏土、耐火材料、不溶于酸的残渣、难溶硫酸盐等
碳酸钠-碳酸钾（1+1）	6～8 倍	+	+	+	−	−	−	碱性熔剂，用于分析酸性矿渣黏土、耐火材料、不溶于酸的残渣、难溶硫酸盐等
碳酸钠-硝酸钾（12+1）	8～10 倍	+	+	+	−	−	−	碱性氧化熔剂，用于测定矿石中的总 S、As、Cr、V，分离 V、Cr 等物中的 Ti
碳酸钠钾-硼酸钠（3+2）	10～12 倍	+	−		+		−	碱性氧化熔剂，用于分析铬铁矿、钛铁矿等
碳酸钠-氧化镁（2+1）	10～14 倍	+	+		+	+	−	碱性氧化溶剂，用于分析铬铁矿铁、铁合金等
碳酸钠-氧化锌（2+1）	8～10 倍	−	−		+	+	−	碱性氧化熔剂，用于测定矿石中的硫
过氧化钠	6～8 倍	−	+		−	−	−	碱性氧化熔剂，用于测定矿石和铁合金中的 S、Cr、V、Mn、I、Si、P，辉钼矿中的 Mo 等
氢氧化钠（钾）	8～10 倍	−	+		−	−	+	碱性熔剂，用于测定锡石中的 Sn，分解硅酸盐等
碳酸钠-粉末结晶硫磺（2+1）	8～12 倍	−	−		+	+	−	碱性硫化熔剂，用于自铅、铜、银等中分离钼、锑、砷、锡；分解有色矿石烘烧后的产品，分离钛和钒等
硫酸氢钾（焦硫酸钾）	12～14 倍（8～10 倍）	+	−		+	+	−	酸性溶剂，用于分解硅酸盐、钨矿石、熔融 Ti、Al、Fe、Cu 等的氧化物
硼酸酐（熔融，研细）	5～8 倍	+	−		−	−	−	主要用于分解硅酸盐（当测定其中的碱金属时）

注："+"可以进行熔融，"−"不能用以熔融，以免损坏坩埚，近年来采用聚四氟乙烯坩埚代替铂器皿用于氢氟酸熔样。

附录 8 滤纸与滤器

1．常用滤纸规格

编号	102	103	105	120
类别	定量滤纸			
灰分	0.02mg/张			
滤速/(s/100mL)	60～100	100～160	160～200	200～240
滤速区别	快速	中速	慢速	慢速
盒上包带标志	蓝	白	红	橙
实用例	$Fe(OH)_3$-$Al(OH)_3$	H_2SiO_3-CaC_2O_4	$BaSO_4$	
编号	127	209	211	214
类别	定性滤纸			
灰分	0.02mg/张			
滤速/(s/100mL)	60～100	100～160	160～200	200～240
滤速区别	快速	中速	慢速	慢速
盒上包带标志	蓝	白	红	橙

2．玻璃砂芯滤器规格及其用途

滤板编号	滤板平均孔径/μm	一般用途
1	80～120	过滤粗颗粒沉淀，收集或分布粗分子气体
2	40～80	过滤较粗颗粒沉淀，收集或分布较粗分子气体
3	15～40	过滤化学分析中一般结晶沉淀和杂质。过滤水银，收集或分布一般气体
4	5～15	过滤细颗粒沉淀，收集或分布细分子气体
5	2～5	过滤极细颗粒沉淀，滤除较大细菌
6	<2	滤除细菌

3．玻璃滤器的化学洗涤液

过滤沉淀物	有效洗涤液
脂肪，脂膏	CCl_4或适当的有机溶剂
黏胶，葡萄糖	盐酸，热氨水，5%～10%碱液，或热硫酸和硝酸的混合酸
有机物质	热铬酸洗液，或含有少量 KNO_3 和 $KClO_4$ 的浓硫酸，放置过夜
$BaSO_4$	100℃浓硫酸，或含 EDTA 的氨溶液，浸泡
汞渣	热浓硝酸
HgS	热王水
AgCl	$NH_3 \cdot H_2O$ 或 $Na_2S_2O_3$ 溶液
铝和硅化合物残渣	先用 2% 氢氟酸，继用浓硫酸洗涤，立即用水洗，再用丙酮重复漂洗，至无酸痕为止

注：1.新玻璃滤器使用前应先以热盐酸或铬酸洗液抽滤一次，并随即用水冲洗干净，使滤器中可能存在的灰尘杂质完全清除干净。每次用毕或经过一段时间使用后，都必须进行有效的洗涤处理，以免因沉淀物堵塞而影响过滤效果。

2．玻璃滤器不宜过滤浓氢氟酸、热浓磷酸、热或冷的浓碱液，以免滤板的微粒被溶解，使滤孔扩大，或滤板脱裂。玻璃滤器不能用于过滤加过活性炭的溶液。

部分练习题参考答案
（基础实验 1～34）

实验 1

一、填空题

1．内壁应能被水均匀润湿而无挂水珠

2．润洗；垂直；弯月面的最凹处；刻度线相切；弯月面

3．0.1；0.2；0.01；20

二、选择题

1．D；2．C；3．C

实验 2

一、填空题

1．无水碳酸钠；硼砂

2．邻苯二甲酸氢钾；草酸

3．9.05；8.41～9.70

二、选择题

1．C；2．D；3．C

实验 3

一、填空题

1．8.73；7.75～9.70

2．0.1125

3．$cK_a \geqslant 10^{-8}$

二、选择题

1．A；2．B；3．B

实验 4

一、填空题

1．酚酞；甲基橙；以酚酞为指示剂，滴定至酚酞变浅红（接近无色）时，消耗 HCl 标准溶液的体积；继以甲基橙为指示剂，继续滴定至橙色时，消耗 HCl 标准溶液的体积

2．$NaOH+Na_2CO_3$；$Na_2CO_3+NaHCO_3$；NaOH；$NaHCO_3$；Na_2CO_3

3．3.75；7.63

二、选择题

1．A；2．C；3．B

实验 5

一、填空题

1．酚酞；甲基红

2．用 NaOH 溶液滴定时，HCO_3^-中的 H^+同时被滴定

3．5.07

二、选择题

1．D；2．D；3．A

实验 6

一、填空题

1．$Na_2B_4O_7 \cdot 10H_2O$；Na_2CO_3

2．0.1355

3．两；滴定反应速率较慢或反应物是固体

实验 7

一、填空题

1．酸效应；羟基配位效应；指示剂

2．pH≥12；在此条件下，符合钙指示剂使用要求，而 EDTA 与钙离子能形成更稳定的无色配合物，释放出钙指示剂，显蓝色

3．pH 5～6

实验 8

一、填空题

1．硬质玻璃瓶；聚乙瓶

2．三乙醇胺

3．12～13；$Mg(OH)_2$

二、选择题

1．B；2．A；3．B

实验 9

一、填空题

1．$\lg K'_f(MY) \geqslant 8$

2．严重；小；小

3．XO；EBT

二、选择题

1．B；2．C；3．D

实验 10

一、填空题

1. $KMnO_4$；无；浅红

2. 间接法；棕色瓶

3. MnO_2 和 $MnO(OH)_2$；酸性草酸和盐酸羟胺洗涤液

二、选择题

1. B；2. D；3. B

实验 11

一、填空题

1. 高锰酸钾；H_2SO_4

2. 上沿最高线

3. H_2O_2 作氧化剂的还原产物是 H_2O，不产生环境污染物

二、选择题

1. B；2. A；3. C

实验 12

一、填空题

1. 新煮沸并放冷；CO_2；弱碱性

2. $K_2Cr_2O_7$；置换；KI；I_2

3. 浅黄绿色

二、选择题

1. D；2. B；3. B

实验 13

一、填空题

1. NaF

2. KSCN

3. 还原剂、沉淀剂、配合剂

二、选择题

1. D；2. B；3. A

实验 14

一、填空题

1. 热盐酸；$Sn^{2+}+Fe^{3+} = Sn^{4+}+Fe^{2+}$；甲基橙

2. 降低 Fe^{3+}/Fe^{2+}电对的电势，使滴定突跃范围增大，同时消除 Fe^{3+}的黄色干扰

3. $FeCl_3$ 和 $FeCl_2$；$FeCl_2$ 和过量的 $SnCl_2$；$FeCl_2$ 和 Hg_2Cl_2；Cr^{3+}和 $FeHPO_4^+$；黄；近无色；白色沉淀；由绿变紫红

二、选择题

1. D；2. C；3. B

实验 15

一、填空题

1. 胡敏酸（HA）和富里酸（FA）

2. 腐殖质（胡敏酸和富里酸）总碳量（%）；重铬酸钾容量法

3. 滴定剩余的重铬酸钾

实验 16

一、填空题

1. 棕色瓶；分解；重新标定

2. Cl^-；酸式；腐蚀性

3. 金属银

二、选择题

1. C；2. A；3. C

实验 17

一、填空题

1. 稀硫酸；加入过量沉淀剂

2. 少量、多次

3. 加速过滤,不致因沉淀堵塞滤纸；在烧杯中洗沉淀可以搅动，洗涤效率高

二、选择题

1. B；2. B；3. C

实验 18

一、填空题

1. 丁二酮肟；因 Cu^{2+}和 Cr^{3+}与丁二酮肟生成可溶性配合物，不仅会多消耗沉淀剂，而且共沉淀现象也很严重，因此，可多加入一些沉淀剂并将溶液稀释

2. 掩蔽 Cu^{2+}、Fe^{3+}、Cr^{3+}

3. 34.99%

实验 19

一、填空题

1. 磷钼酸喹啉

2. 提取有效磷

实验 20

一、填空题

1. 1,5-二苯基碳酰二肼（DPC）；$K_2Cr_2O_7$

2. 增大；不变

3. 0.680；20.9%

二、选择题

1. C；2. B；3. B

实验 21

一、填空题

1. 参比；恒定

2. 离子迁移或扩散；指示电极；复合

3. 校正；蒸馏水；加液小孔；气泡

二、选择题

1. B；2. B；3. B

实验 22

一、填空题

1．液接电势

2．拐点；最高点；二级微商=0

3．待测试液；电动势

二、选择题

1．B；2．B；3．B

实验 23

一、填空题

1．调节离子强度；掩蔽干扰离子；调节 pH 值

2．小体积大浓度；既使待测组分浓度有变化，又使测定体系背景基本不变

3．NaF 溶液中浸泡活化

实验 24

一、填空题

1．加和性；各组分吸光度之和

2．可见

3．两种特定颜色的光按一定比例混合可以得到白光，这两种光称为互补色光

实验 25

一、填空题

1．200～400nm

2．可见；近紫外

3．蒸馏水；试剂空白；两个实验相对独立，且两种参比差别不大

实验 26

一、填空题

1．温度；相对湿度；会影响设备关键部件的正常使用和测定结果精确度

2．透光率；波数

3．官能团

实验 27

一、填空题

1．分析线；空心阴极灯电流；光谱带宽；燃烧器高度；燃气流量

2．高；好；小；低

3．系统；准确度

实验 28

一、填空题

1．待测元素；寿命缩短；光强度减弱

2．保护石墨管，隔开空气，吹散基体蒸气；使石墨炉降温

3．严重；氘灯；塞曼效应

实验 29

一、填空题

1．具有特征波长的光源照射；特征光谱；光

2．将样品中汞还原为原子态汞；作载气和屏蔽气

3．湿法；CO_2 和 H_2O

实验 30

一、填空题

1．保留值；峰面积

2．系统噪声；直线

3．渗透性；总柱效

实验 31

一、填空题

1．柱效能；选择性；总分离效能

2．预定的加热速率随时间作线性或非线性；沸点范围较宽

3．氢火焰离子化检测器；有机物

实验 32

一、填空题

1．高压泵；高效固定相；高灵敏度检测器

2．正相；反相

3．紫外线；比耳

实验 33

一、填空题

1．固定；流动

2．进样系统；分离系统

二、选择题

1．A；2．D

实验 34

一、填空题

1．温度；相对湿度；红外光谱仪中的光学元件容易受潮易变形，温度变化大，光学镜片光程差容易发生改变

2．波长或者波数；吸光度

3．吸收曲线的特征值；吸收曲线的形状

二、选择题

1．C；2．A

参 考 文 献

[1] 姚慧, 高嵩, 王晓峰. 分析化学实验[M]. 北京: 化学工业出版社, 2020.
[2] 范勇, 屈学俭, 徐家宁. 基础化学实验(无机化学实验分册)[M]. 2 版. 北京: 高等教育出版社, 2015.
[3] 胡坪, 王月荣, 王氢, 王燕. 仪器分析实验[M]. 3 版. 北京: 高等教育出版社, 2016.
[4] 严拯宇, 范国荣. 分析化学实验[M]. 2 版. 北京: 科学出版社, 2014.
[5] 李月云, 张慧, 王平, 张道鹏. 无机化学实验[M]. 2 版. 北京: 化学工业出版社, 2017.
[6] 李克安. 分析化学教程[M]. 北京: 北京大学出版社, 2017.
[7] 苗凤琴, 于世林, 夏铁力. 分析化学实验[M]. 4 版. 北京: 化学工业出版社, 2015.
[8] 北京大学化学与分子工程学院分析化学教学组. 基础分析化学实验[M]. 3 版. 北京: 北京大学出版社, 2017.
[9] 武汉大学. 分析化学实验[M]. 5 版. 北京: 高等教育出版社, 2011.
[10] 武汉大学化学与分子科学学院实验中心. 分析化学实验[M]. 2 版. 武汉: 武汉大学出版社, 2013.
[11] 四川大学化学工程学院, 浙江大学化学系. 分析化学实验[M]. 4 版. 北京: 高等教育出版社, 2015.
[12] 胡广林, 张雪梅, 徐宝荣. 分析化学实验[M]. 北京: 化学工业出版社, 2010.
[13] 罗盛旭, 范春蕾, 王小红. 无机及分析化学实验[M]. 北京: 现代教育出版社, 2008.
[14] 刘光崧. 土壤理化分析与剖面描述[M]. 北京: 中国标准出版社, 1997.
[15] 薛斌, 李月华, 白晓琳, 乔红运, 王建雅. 可见分光光度法对水样中痕量 Cr(Ⅲ)和 Cr(Ⅵ)的同时测定[J]. 沈阳工业大学学报, 2004, 26(1): 117-120.
[16] 常用玻璃量器检定规程: JJG 196—2006[S].
[17] 靳素荣, 王志花. 分析化学实验[M]. 武汉: 武汉理工大学出版社, 2009.
[18] 邸欣. 分析化学实验指导[M]. 4 版. 北京: 人民卫生出版社, 2016.